高职高专土建类立体化创新系列教材

建 筑 CAD

主　编　施佩娟
副主编　赵亚峰　李新天　汪伟亮
参　编　许　劼　梁颖慧　蔡　飞　潘红霞
　　　　杨　青　陆晓峰　陈　瑜　沈　华
　　　　黄凯华　杨　磊　郝建涛　许富艳

机械工业出版社

本书共 10 章，内容包括：AutoCAD 2011 基础知识、绘制图形、编辑图形、图层管理与查询命令、尺寸标注与参数化绘图、文本标注与表格、图块与外部参照工具、图形的输出与打印、三维建模工具、实体编辑工具。

本书可作为高职高专土建类及相关专业的教材，也可作为相关工程技术人员的参考用书。

图书在版编目（CIP）数据

建筑 CAD/施佩娟主编. —北京：机械工业出版社，2018.1（2023.1 重印）
高职高专土建类立体化创新系列教材
ISBN 978-7-111-58598-5

Ⅰ.①建⋯ Ⅱ.①施⋯ Ⅲ.①建筑设计-计算机辅助设计-AutoCAD 软件-高等职业教育-教材 Ⅳ.①TU201.4

中国版本图书馆 CIP 数据核字（2018）第 000069 号

机械工业出版社（北京市百万庄大街 22 号　邮政编码 100037）
策划编辑：张荣荣　责任编辑：张荣荣　李宣敏
责任校对：郑　婕　封面设计：张　静
责任印制：李　昂
北京中科印刷有限公司印刷
2023 年 1 月第 1 版第 4 次印刷
184mm×260mm·22 印张·540 千字
标准书号：ISBN 978-7-111-58598-5
定价：55.00 元

电话服务	网络服务
客服电话：010-88361066	机 工 官 网：www.cmpbook.com
010-88379833	机 工 官 博：weibo.com/cmp1952
010-68326294	金 书 网：www.golden-book.com
封底无防伪标均为盗版	机工教育服务网：www.cmpedu.com

前言

本书是为高职高专类建筑工程技术类专业 CAD 绘图需要而编写的计算机辅助技能教学与训练类课程教材。

本书以美国 Autodesk 公司的 AutoCAD 2011 中文版软件为平台。全书内容包括 AutoCAD 基础知识、绘制图形、编辑图形、图层管理、尺寸标注、文本标注、图块与外部参数和三维建模等相关 AutoCAD 知识。

书中由基础绘图到专业应用，把知识点由浅入深地引入到课程的重点，既能满足一般读者学习 AutoCAD 2011 中文版绘图技能的需要，又能帮助建筑工程技术类专业高职高专学生了解 AutoCAD 2011 在专业工作中的应用。

全书共 10 章，由上海城建职业学院教师、哈尔滨华德学院教师、黑龙江职业学院教师和河南信息统计职业学院教师共同编写，第 1 章 AutoCAD 2011 基础知识由沈华、施佩娟、梁颖慧编写，第 2 章绘制图形由黄凯华、杨青编写，第 3 章编辑图形由赵亚峰、施佩娟、郝建涛编写，第 4 章图层管理与查询命令由陈瑜、蔡飞编写，第 5 章尺寸标注与参数化绘图、第 6 章文本标注与表格由陆晓峰、杨磊编写，第 7 章图块与外部参照工具由许劼、许富艳编写，第 8 章图形的输出与打印由许劼、潘红霞编写，第 9 章三维建模工具、第 10 章实体编辑工具由李新天、汪伟亮编写，本书由施佩娟任主编，赵亚峰、李新天、汪伟亮任副主编。

本书编写过程中还得到了上海城建职业学院土木与交通学院张弘院长的关心与支持，编者在此表示由衷的谢意。

由于计算机技术在建筑行业中的广泛应用与蓬勃发展，AutoCAD 软件每年也推陈出新，而且大量基于 AutoCAD 的二次开发软件也得到了行业的广泛认可，在此编者只是以编写基础知识为主，以点带面地给读者介绍相关软件的应用。由于编者的水平有限，书中难免会有疏漏、欠妥，甚至错误之处，敬请读者指正与批评，编者在此深表谢意！

编　者

目录

前言
第1章　AutoCAD 2011基础知识 …… 1
　1.1　AutoCAD 2011的操作界面 …… 1
　1.2　命令调用方式 …… 9
　1.3　坐标系 …… 10
　1.4　设置图形单位和图形界限 …… 12
　1.5　AutoCAD 2011文件操作 …… 14
　1.6　修改绘图环境 …… 16
　1.7　选择对象的基本方法 …… 19
　1.8　使用辅助工具绘图 …… 22
　1.9　视图显示控制 …… 27
　1.10　本章练习 …… 28

第2章　绘制图形 …… 31
　2.1　绘图工具栏 …… 31
　2.2　绘制点类命令 …… 31
　2.3　绘制直线类命令 …… 34
　2.4　绘制圆类命令 …… 41
　2.5　绘制多边形类命令 …… 47
　2.6　图案填充 …… 50
　2.7　其他绘图命令 …… 52
　2.8　本章练习 …… 55

第3章　编辑图形 …… 61
　3.1　复制对象类命令 …… 61
　3.2　调整对象位置类命令 …… 67
　3.3　调整对象形状类命令 …… 70
　3.4　利用夹点编辑对象 …… 83
　3.5　其他编辑命令 …… 89
　3.6　特性编辑 …… 91
　3.7　清除及修复 …… 95
　3.8　本章练习 …… 95

第4章　图层管理与查询命令 …… 110
　4.1　图层的创建 …… 110
　4.2　图层的设置 …… 114
　4.3　图层工具栏 …… 118
　4.4　特性工具栏 …… 120
　4.5　查询对象特性 …… 121
　4.6　本章练习 …… 127

第5章　尺寸标注与参数化绘图 …… 128
　5.1　标注样式 …… 128
　5.2　常见的尺寸标注 …… 137
　5.3　编辑标注 …… 146
　5.4　公差标注 …… 150
　5.5　参数化图形 …… 153
　5.6　本章练习 …… 158

第6章　文本标注与表格 …… 165
　6.1　设置文字样式 …… 165
　6.2　创建文字 …… 168
　6.3　编辑修改文字 …… 174
　6.4　表格 …… 176
　6.5　本章练习 …… 185

第7章　图块与外部参照工具 …… 190
　7.1　图块 …… 190
　7.2　图块属性 …… 196
　7.3　修改与编辑图块 …… 206
　7.4　动态块 …… 210
　7.5　外部参照 …… 221
　7.6　本章练习 …… 227

第8章　图形的输出与打印 …… 230
　8.1　模型空间与布局空间 …… 230
　8.2　设置打印样式 …… 231

8.3 布局的页面设置 …………… 233
8.4 图纸集 …………………… 244
8.5 出图 ……………………… 246
8.6 本章练习 ………………… 251

第9章 三维建模工具 ……… 259
9.1 三维基础知识 …………… 259
9.2 绘制三维实体 …………… 268
9.3 绘制三维网格 …………… 284
9.4 绘制三维曲面 …………… 291
9.5 利用二维图形创建三维实体 … 299
9.6 本章练习 ………………… 305

第10章 实体编辑工具 ……… 307
10.1 利用布尔运算创建复合实体的编辑 …………………… 307
10.2 修改网格对象 …………… 313
10.3 修改三维子对象 ………… 321
10.4 三维操作 ………………… 327
10.5 使用夹点修改实体和曲面 … 336
10.6 修改曲面 ………………… 340
10.7 本章练习 ………………… 342

后记 ……………………………… 345
参考文献 ………………………… 346

第1章

AutoCAD 2011 基础知识

1.1 AutoCAD 2011 的操作界面

中文版 AutoCAD 2011 提供了"二维草图与注释""三维基础""AutoCAD 经典"、"三维建模"四种工作空间,可以根据绘图需要或用户的习惯来选择相应的工作空间。

1.1.1 AutoCAD 2011 操作界面的分类

对于习惯 AutoCAD 传统界面的用户来说,可以采用"AutoCAD 经典"工作空间,以沿用以前的绘图习惯和操作方式。在绘制三维图形时,采用"三维基础"和"三维建模"空间更为方便。"二维草图与注释"与"AutoCAD 经典"空间相比,工具栏转换为功能区,其他界面组成基本相同,主要由菜单栏、绘图窗口、命令窗口、状态栏等元素组成。如图 1-1 所示为 AutoCAD 2011 工作经典界面效果。

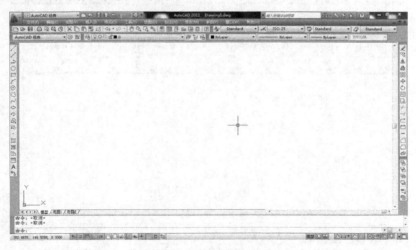

"AutoCAD经典"界面

图 1-1 AutoCAD 2011 工作经典界面效果

建筑CAD

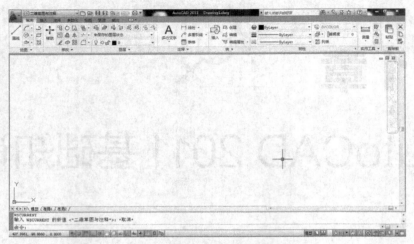

"二维草图与注释"界面

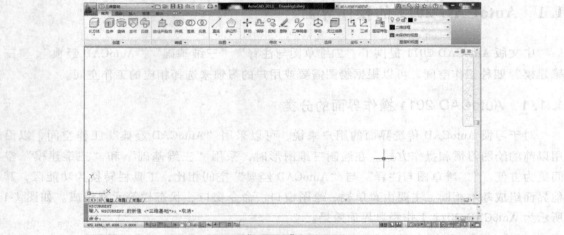

"三维基础"界面

"三维建模"界面

图1-1 AutoCAD 2011工作经典界面效果（续）

1.1.2 AutoCAD 经典界面

以上各种操作空间中,以 AutoCAD 经典界面最为常用,同时也为了兼容老版本用户,本书以 "AutoCAD 经典" 界面为例,对 AutoCAD 操作界面进行讲解。

"AutoCAD 经典"界面包括快速访问工具栏、菜单栏、工具栏、标题栏、十字光标、绘图区、命令行窗口、状态栏等,如图 1-2 所示。

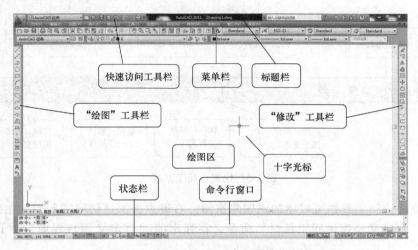

图 1-2 AutoCAD 2011 中文版操作界面

打开 AutoCAD 经典界面的方法如下:

1) 菜单栏:执行 "工具"→"工作空间"→"AutoCAD 经典"。

2) 状态栏:单击工作界面右下方的 "切换工作空间" 按钮 ,在弹出菜单中选择 "AutoCAD 经典" 选项,如图 1-3 所示。

3) 工具栏:单击工作界面左上方的工作空间列表,选择 "AutoCAD 经典" 选项,如图 1-4 所示。

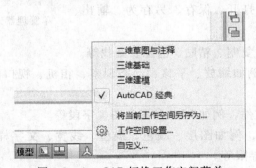

图 1-3 AutoCAD 切换工作空间菜单

图 1-4 工作空间下拉列表

1.1.3 标题栏

标题栏位于 AutoCAD 绘图窗口的最上端,它显示了系统正在运行的应用程序和用户正在使用的图形文件信息。第一次启动 AutoCAD 时,标题栏中显示的是 AutoCAD 启动时创建的图形文件名字 Drawing1.dwg，可以在保存时对其进行重命名。

1.1.4 快速访问工具栏

快速访问工具栏位于标题栏左上角，它包括了常用的快捷按钮，可以给用户提供更多的方便。默认状态下它由7个快捷按钮组成，依次为：新建、打开、保存、另存为、放弃、重做和打印等，如图1-5所示。

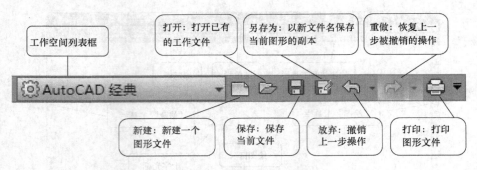

图1-5 快速访问工具栏

提示：快速访问工具栏可以增加或删除按钮，右键点击快速访问工具栏，在弹出的快捷菜单中选择"自定义快速访问工具栏"命令，在弹出的"自定义用户界面"对话框中进行设置。

1.1.5 菜单栏

菜单栏位于标题栏的下方，AutoCAD 2011 的菜单栏是下拉式的，在下拉菜单中包含了子菜单。

AutoCAD 2011 的菜单栏包括"文件""编辑""视图""插入""格式""工具""绘图""标注""修改""参数""窗口""帮助"共12个菜单，其作用分别如下：

1) 文件：用于管理图形文件，例如新建、打开、保存、另存为、输出、打印和发布等。

1.1.5 菜单管理器

2) 编辑：用于对文件进行编辑，例如剪切、复制、粘贴、清除、查找等。

3) 视图：用于 AutoCAD 操作界面的管理，例如缩放、平移、动态观察、相机、视口、三维视图、消隐和渲染等。

4) 插入：用于插入所需图块或其他格式的文件，例如 PDF 参考底图、字段等。

5) 格式：用于设置与绘图环境有关的参数，例如图层、颜色、线型、线宽、文字样式、标注样式、表格样式、点样式、厚度和图形界限等。

6) 工具：用于设置一些绘图的辅助工具，例如：选项板、工具栏、命令行、查询和向导等。

7) 绘图：提供绘制二维视图和三维视图的所有命令，例如直线、圆、矩形、正多边形、圆环、边界和面域等。

8) 标注：提供对图形进行尺寸标注所需的命令，例如线性标注、半径标注、直径标注、角度标注等。

9）修改：提供修改图形所需的命令，例如删除、复制、镜像、偏移、阵列、修剪、倒角和圆角等。

10）参数：提供对图形约束所需的命令，例如几何约束、动态约束、标注约束和删除约束等。

11）窗口：用于多文档状态时进行各个文档的屏幕设置，例如层叠，水平平铺和垂直平铺等。

12）帮助：提供在使用 AutoCAD 2011 所需的帮助信息。

提示：单击操作界面左上角的"菜单浏览器"按钮，可以展开 AutoCAD 2011 用于图形管理的相关命令，如图 1-6 所示。除此之外，通过"最近使用过的文档"列表，可以快速预览图形文件内容和打开文档。

菜单栏右边有一个"搜索"文本输入框，在其中输入关键字，即可显示与关键字相关的命令和信息，如图 1-7 所示。

图 1-6 "菜单浏览器"按钮菜单

图 1-7 搜索结果

1.1.6 工具栏

工具栏是一组图标型工具的集合，工具栏的每个图标都形象地显示了该工具的作用。AutoCAD 包含了大量的绘图工具和编辑工具，但是为了方便显示和操作，在默认状态下只显示绘图、修改等常用的工具栏，如果需要调用其他工具栏，可以在任意工具栏上右键单击鼠标，在弹出的快捷菜单中进行相应的选择即可。或者执行"工具"→"工具栏"→"AutoCAD"菜单命令，如图 1-8 所示。

1.1.7 十字光标

当鼠标在绘图区的时候，呈十字光标显示。该光标显示了当前鼠标在坐标系中的位置，

建筑CAD

十字光标的两条线与当前用户坐标系的 X、Y 轴分别平行。

光标的大小可以根据实际的需要设定。执行"工具"→"选项"菜单命令,打开"选项"对话框。单击"显示"选项卡,如图 1-9 所示。在"十字光标大小"选项区文本框输入"100",或者拖动文本框后的滑块到最右端位置,单击"确定"按钮,返回绘图窗口,十字光标效果如图 1-10 所示。

1.1.7 十字光标

图 1-8 工具栏菜单列表

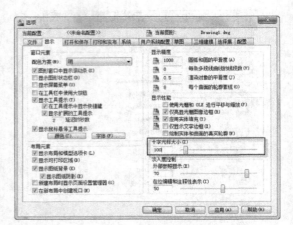

图 1-9 "选项"对话框

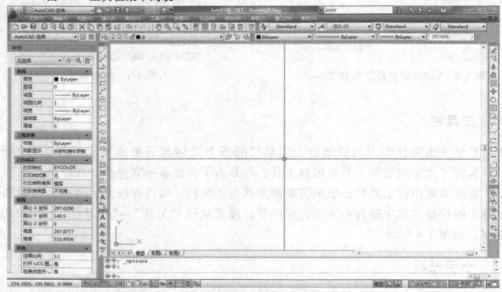

图 1-10 设置十字光标大小

1.1.8 绘图区

标题栏下方的大片空白区域就是绘图区，一幅图形设计的主要工作都是在绘图区完成的。有时为了增大绘图空间，可以根据需要关闭工具栏、选项板等。

1.1.9 命令行窗口

命令行窗口位于绘图窗口的底部，用于命令的接收和输入，并显示 AutoCAD 提示信息，如图 1-11 所示。

图 1-11　命令行窗口

AutoCAD 文本窗口的作用和命令窗口相同，它记录了对文档进行的所有操作。文本窗口的界面默认没有显示，可以通过按 F2 键将其调出，如图 1-12 所示。

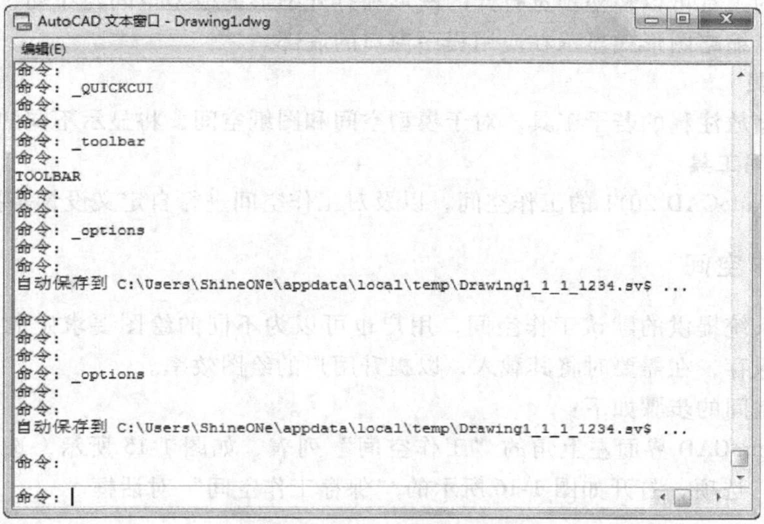

图 1-12　AutoCAD 文本窗口

提示：用户可以按住左键拖动鼠标调整命令窗口大小，如图 1-13 所示。

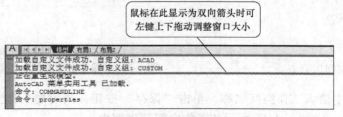

图 1-13　鼠标调整命令窗口大小

1.1.10 状态栏

状态栏位于屏幕的底部,它可以显示 AutoCAD 当前的状态,主要由 5 部分组成,如图 1-14 所示。

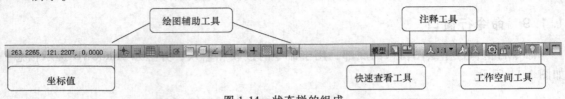

图 1-14 状态栏的组成

1. 坐标值

光标坐标值显示了绘图区中光标的位置,移动光标,坐标值也会随之变化。

2. 绘图辅助工具

主要用于控制绘图的性能,其中包括推断约束、捕捉模式、栅格显示、正交模式、极轴追踪、对象捕捉、三维对象捕捉、对象捕捉追踪、允许/禁止动态 UCS、动态输入、显示/隐藏线宽、显示/隐藏透明度、快捷特性和选择循环等工具。

3. 快速查看工具

使用其中的工具可以轻松预览打开的图形和打开图形的模型空间与布局,并在其中进行切换,图形将以缩略图形式显示在应用程序窗口的底部。

4. 注释工具

用于显示缩放注释的若干工具。对于模型空间和图纸空间,将显示不同的工具。

5. 工作空间工具

用于切换 AutoCAD 2011 的工作空间,以及对工作空间进行自定义设置等操作。

1.1.11 工作空间

除了使用系统提供的默认工作空间,用户也可以为不同的绘图要求定制不同的工作空间,然后将其保存,在需要时将其载入,以提升用户的绘图效率。

保存工作空间的步骤如下:

1) 展开 AutoCAD 界面左上角的"工作空间"列表,如图 1-15 所示,选择"将当前工作空间另存为"选项,打开如图 1-16 所示的"保存工作空间"对话框。

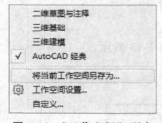

图 1-15 "工作空间"列表

图 1-16 "保存工作空间"对话框

2) 在文本框中输入工作空间名称,单击"保存"按钮,当前的工作空间即被保存。保存的工作空间会显示在如图 1-15 所示的工作空间列表框中。

第1章 AutoCAD 2011基础知识

3）如果下次需要回到这个工作空间，在"工作空间"下拉列表中选择该空间名称，即可进入这个工作空间。

1.2 命令调用方式

命令是 AutoCAD 中用户与软件交换信息的重要内容，有通过键盘输入、工具栏、下拉菜单栏、快捷菜单等几种调用方法。

1.2.1 命令调用

命令调用是进行 AutoCAD 绘图工作的基础，执行命令调用的方法有以下 4 种。
1）菜单栏调用命令，例如执行"修改"→"偏移"菜单命令。
2）工具栏调用命令，例如单击"修改"工具栏中的"偏移"按钮。
3）键盘输入调用命令，例如在命令行输入"OFFSET"并按 Enter 键。
4）使用快捷菜单调用命令，在屏幕的不同区域内单击鼠标右键时，可以显示不同的快捷菜单。快捷菜单上通常包含多种选项。

1.2.2 命令停止使用（Esc）和重复使用（MULTIPLE）

有些命令需要退出操作时才能输入下一个新的命令，常用的退出命令的方法有以下两种。
1）单击鼠标右键，在弹出的快捷菜单中选择"确定"选项。
2）任务完成后按 Enter 键或者按 Esc 键。

在绘图过程中经常会重复使用同一个命令，如果每一次都重复输入，会使绘图效率大大降低。下面介绍 3 种常用的重复使用命令的方法。
1）按 Enter 键或按空格键重复使用上一个命令。
2）单击鼠标右键，在弹出的快捷菜单中选择"重复××"选项，可重复调用上一个使用的命令。如图 1-17 所示，通过"工具"→"选项"→"用户系统配置"选项卡设

1.2.2 命令重复使用

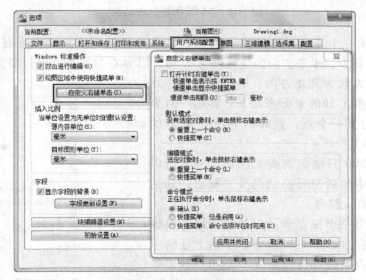

图 1-17 自定义鼠标右键单击

置了自定义鼠标右键，则单击鼠标右键就可以完成重复上一个命令。

3）在命令行输入"MULTIPLE"，并按 Enter 键。

1.2.3 取消操作（Ctrl+Z）

在绘图过程中，有时需要取消某个操作，返回到之前的某一操作，这时需要用返回功能。执行该命令的方法有以下两种。

1）工具栏：单击"标准"工具栏中的"返回"按钮。

2）组合键：Ctrl+Z。

1.3 坐标系

坐标系图标默认状态下位于绘图区左下角，它主要用于显示当前使用的坐标系和坐标方向等。执行"视图"→"显示"→"UCS 图标"→"特性"菜单命令，打开"UCS 图标"对话框，即可调整坐标系的特性，如图 1-18 所示。

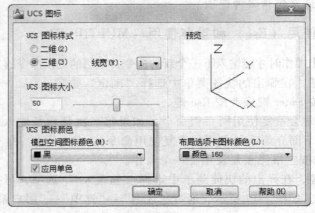

图 1-18 "UCS 图标"对话框

1.3 坐标系的属性设置

直角坐标系由一个原点（坐标为（0,0））和两条通过原点且互相垂直的坐标轴构成，如图 1-19 所示。其中，水平方向的坐标轴为 X 轴，以向右为其正方向；垂直方向的坐标轴为 Y 轴，以向上方向为其正方向。平面上任何一点 P 都可以由 X 轴和 Y 轴的坐标来定义，即用一对坐标值（x,y）来定义一个点，例如图 1-19 中 P 点的直角坐标为（5,4）。

提示：AutoCAD 只能识别英文标点符号，所以在输入坐标时，中间的逗号必须是英文标点，其他的符号也必须为英文符号。

极坐标系是由一个极点和一根极轴构成，极轴的方向为水平向右，如图 1-20 所示，平面上任何一点 P 都可以由该点到极点连线长度 L（>0）和连线与极轴的夹角 α（夹角，逆时针方向为正）来定义，

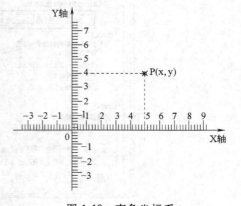

图 1-19 直角坐标系

即用一对坐标值（L<α）来定义一个点，其中"<"表示角度。

例如，某点的极坐标为（15<30），表示该点距离极点的长度为15，与极轴的夹角为30°。

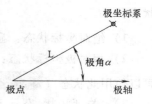

图1-20　极坐标系

1.3.1　世界坐标系（WCS）与用户坐标系（UCS）

在AutoCAD 2011中，坐标系可以分为世界坐标系（WCS）和用户坐标系（UCS）。

世界坐标系是AutoCAD默认的坐标系，该坐标系沿用笛卡尔坐标系的习惯，沿X轴正方向向右为水平距离增加的方向，沿Y轴正方向向上为竖直距离增加的方向，垂直于XY平面，沿Z轴方向从所视方向向外为z轴距离增加的方向，如图1-21所示为世界坐标系图标。世界坐标系是遵循右手定则，并且不可更改。

用户坐标系是相对世界坐标系而言的，该坐标系可以创建无限多的坐标系，并且可以沿着指定位置移动或旋转，这些坐标系通常称为用户坐标系（UCS），其图标显示如图1-22所示。用户可以使用UCS命令来对用户坐标系（UCS）进行定义、保存、恢复和移动等一系列操作。

1.3.1　世界坐标系与用户坐标系

图1-21　世界坐标图标

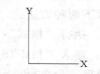

图1-22　用户坐标图标

在默认情况下，用户坐标系（UCS）与世界坐标系（WCS）完全重合。新建用户坐标系有以下两种方法：

1）菜单栏：执行"工具"→"新建UCS"菜单命令。

2）命令行：输入"UCS"并按Enter键。

提示：用户坐标系与世界坐标系图标的区别在于用户坐标系图标上原点处没有小方框。

1.3.2　绝对坐标与相对坐标

当连续进行点输入时，可以采用输入绝对坐标或相对坐标两种方法，区别在于输入的点基于不同的参照对象。

绝对坐标是以当前坐标原点为基点所获得的坐标值，如（2，-7）和（5<125）均为绝对坐标。

很多情况下，用户需要直接通过点与点之间的相对位移来绘制图形，而不是指定每个点的绝对坐标。所谓的相对坐标，就是某点与相对点的相对位移值，在AutoCAD中，相对坐标用"@"表示。在使用相对坐标时，可以采用直角坐标，也可以采用极坐标。例如某条直线的起点坐标为（5,5）、终点坐标为（10,5），则终点相对于起点的相对坐标为（@5, 0），用相对极坐标表示应为（@5<0）。

1.3.3　坐标值的显示

AutoCAD状态栏左侧区域会显示当前光标所处位置的坐标值，该坐标值有3种显示状态。

1) 绝对坐标状态：显示光标所在位置的坐标（ 3590.3728, 3549.4535, 0.0000 ）。

2) 相对极坐标状态：必须在绘图命令指定下一点状态，相对于前一点来指定第二点时可以使用此状态（ 2365.2916< 38 , 0.0000 ）。

3) 关闭状态：颜色会变为灰色，并"冻结"所显示的坐标值（ 4293.1177< 219 , 0.0000 ）。

1.4 设置图形单位和图形界限

在绘制工程图时，根据同行业规范和标准，对图纸的大小和单位都有统一的要求。所以在绘图之前，需要设置好图形界限和绘图单位。

1.4.1 设置绘图区域 LIMITS

绘图界限就是 AutoCAD 的绘图区域，也称图限。通常所用的图纸都有一定的规格尺寸，如 A4（210mm×297mm）。为了方便绘制的图形打印输出，在绘图前应设置好图形界限。设置图形界限有以下两种方法：

1) 菜单栏：执行"格式"→"图形界限"菜单命令。

2) 命令行：输入"LIMITS"并按 Enter 键。

执行该命令后，命令行提示如下：

命令:'_liMIts

重新设置模型空间界限：

指定左下角点或[开（ON）/关（OFF）] <0.0000,0.0000>:✓　　　　//输入图形界限左下角点坐标或用鼠标指定一点

指定右上角点 <420.0000,297.0000>:✓　　　　//输入右上角点坐标或用鼠标指定一点

此时若选择 ON 选项，则绘图时图形不能超出图形界限，若超出系统不予绘出，选 OFF 则准予超出界限图形。

技巧：在设置图形界限之前，需要启用状态栏中的"栅格"功能，只有启用该功能才能清楚地查看图形界限设置的效果。栅格所显示的区域即是设置的图形界限区域。

1.4.2 设置绘图单位 UNITS

尺寸是衡量物体大小的准则，AutoCAD 作为一款非常专业的设计软件，对单位的要求非常高。为了方便各个不同领域的辅助设计，AutoCAD 的工作单位是可以进行修改的。

设置图形单位的方法有以下两种：

1) 菜单栏：执行"格式"→"单位"菜单命令。

2) 命令行：输入"UNITS"并按 Enter 键。

执行该命令后系统将弹出一个"图形单位"对话框，如图 1-23 所示。可以在该对话框中分别设置图形长度、精度、角度以及单位的显示格式和精

1.4.2 设置绘图单位

度等。

1. "长度"选项区域

在长度类型下拉列表框中有 5 种长度单位类型供用户选择，分别为分数、工程、建筑、科学和小数。其中"小数"代表常用的十进制计数方式；"分数"为分数表示法；"科学"为科学计数法；"工程"和"建筑"格式提供英尺⊖和英寸⊜显示。基于需要符合国标长度单位的考虑，通常情况下采用"小数"长度单位类型。

在"精度"下拉列表框中选择长度单位的精度，即小数点后的保留位数或分数大小。对于精确的设计，通常选择 0.00，精确到小数点后两位。对于工程类的图纸一般选择 0，精确到个位数即可。

图 1-23 "图形单位"对话框

2. "角度"选项区域

在角度类型下拉列表框中也提供了 5 种角度单位类型，分别是十进制度数、百分度、度/分/秒、弧度和测量单位。其中"十进制度数"是用十进制数表示角度值；"弧度"是以弧度单位来表示角度；"勘测单位"是以大地坐标的测量单位，用来表示角度；"百分度"以百分度表示角度，在实际应用中不常见。通常使用"十进制度数"来表示角度值。

在"精度"下拉列表框中选择角度单位的精度，通常选择 0.00。"顺时针"复选框用于指定角度的测量方向，默认情况下采用逆时针方向。

3. "插入时的缩放单位"选项区域

该选项区域用于缩放插入内容的单位。在下拉列表框中，指定将当前图形引用到其他图形中时所用的单位。当与其他图形相互引用时，AutoCAD 将会自动换算图形单位。

4. "输出样例"选项区域

当修改上述参数时，该选项区域将显示出该单位的示例，相当于预览功能。

5. "光源"选项区域

该选项区域用于指定光源强度的单位，在下拉列表框中可以选择光源强度的单位。

6. "方向"按钮

单击对话框底部的"方向"按钮，系统将弹出如图 1-24 所示的"方向控制"对话框。在该对话框中定义起始角（0°角）的方位，通常将"东"作为 0°角的方向。

提示：毫米（mm）是国内工程绘图领域最常用的绘图单位，AutoCAD 默认的绘图单位也是毫米（mm），所以有时候可以省略绘图单位设置这一步骤。

图 1-24 "方向控制"对话框

⊖ 1 英尺 = 0.3048 米。
⊜ 1 英寸 = 0.0254 米。

建筑CAD

1.5 AutoCAD 2011 文件操作

文件管理是软件操作的基础，包括文件的新建、打开和保存。

1.5.1 新建文件 (Ctrl+N 或 NEW)

新建 AutoCAD 工作文件的方式有两种，一种是软件启动之后将会自动新建一个名称为"Drawing1.dwg"的默认文件；第二种是启动软件之后重新创建一个工作文件，下面以实际操作的方式介绍第二种方法。其操作步骤如下：

1) 执行"文件"→"新建"菜单命令，如图 1-25 所示，也可以按快捷键 Ctrl+N 或者在命令行输入"NEW"并按 Enter 键。

2) 打开"选择样板"对话框，在"名称"列表框中选择一个合适的样板，然后左键单击"打开"按钮，即可新建一个图形文件，如图 1-26 所示。

图 1-25 选择"新建"命令

图 1-26 "选择样板"对话框

技巧：单击 工具栏中的"新建"按钮 ，也可以创建一个新的工作文件。

1.5.2 打开文件 (Ctrl+O 或 OPEN)

AutoCAD 文件的打开方式主要有 3 种，下面进行详细介绍。

1. 鼠标左键双击

在磁盘中找到要打开的文件，然后用鼠标左键双击即可打开文件，如图 1-27 所示。

2. 鼠标右键单击

在磁盘中找到要打开的文件，然后用鼠标右键单击文件，接着在弹出菜单栏中选择

1.5.2 直接在 AutoCAD 中打开文件

第1章 AutoCAD 2011基础知识

"打开方式"→"AutoCAD Application"选项,如图1-28所示。

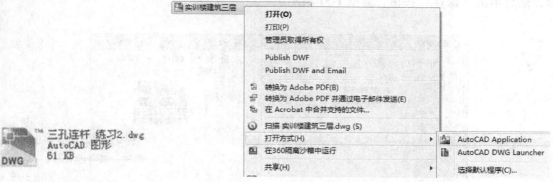

图1-27 方法一　　　　　　　　　　　图1-28 方法二

3. 直接在 AutoCAD 中打开

1)启动 AutoCAD 2011。

2)执行"文件"→"打开"菜单命令,如图1-29所示,也可以按快捷键 Ctrl+O 或在命令行输入"OPEN"并按 Enter 键,打开"选择文件"对话框。

3)在"选择文件"对话框中的"查找范围"下拉列表中查找待打开文件的路径,然后选中待打开的文件,最后单击"打开"按钮,如图1-30所示。

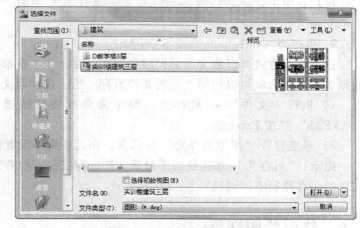

图1-29 执行"文件"→"打开命令"　　　　图1-30 "选择文件"对话框

1.5.3 保存文件

AutoCAD 文件的保存方式主要有两种。

1. 保存(Ctrl+S 或 SAVE)

这种保存方式主要是针对第一次保存的文件,或者针对已经存在但被修改后的文件。

1)执行"文件"→"保存"菜单命令或者按快捷键 Ctrl+S,也可在命令行输入"SAVE"并按 Enter 键,打开"图形另存为"对话框。

1.5.3 保存文件

2）在"保存于"列表框中设置文件的保存路径，在"文件名"文本框中设置文字的名称，最后单击"保存"按钮，如图1-31所示。

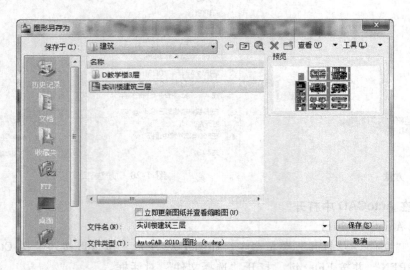

图1-31 "图形另存为"对话框

技巧：单击工具栏中的"保存"按钮，也可以保存相应的文件。

2. 另存为（Ctrl+Shift+S 或 SAVEAS）

这种保存方式可以将文件另设路径进行保存，比如在修改原来文件之后，但是又不想覆盖原文件，那么就可以把修改后的文件另存一份，这样原文件也将继续保留。

1）执行"文件"→"另存为"菜单命令或按快捷键 Ctrl + Shift + S 或在命令行输入"SAVEAS"并按 Enter 键。

2）系统打开"图形另存为"对话框，在其中重新设置保存路径并保存文件。

提示："另存为"方式相当于对原文件进行备份，保存之后原文件仍然存在，只是两个文件的保存路径不同而已。

1.6 修改绘图环境

AutoCAD 软件绘图环境的各项都可以设定，如果当前的绘图环境不能满足要求，用户可以根据实际需要对绘图环境进行调整。

1）菜单栏：执行"工具"→"选项"菜单命令。
2）命令行：输入"OPTIONS"并按 Enter 键。

在没有执行命令，也没有选择任何对象的情况下，在绘图区域中单击鼠标右键，弹出快捷菜单，然后选择"选项"命令。

执行该命令后，系统将弹出"选项"对话框，如图1-32所示，几乎绘图系统所有设置都能在该对话框中进行修改。

1.6 修改绘图环境

第1章　AutoCAD 2011基础知识

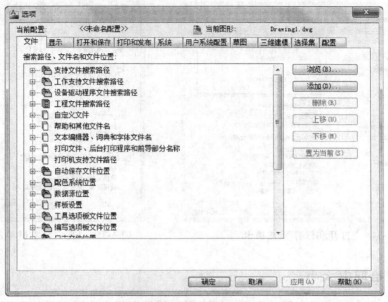

图 1-32 "选项"对话框

1.6.1 设置命令行字体

在"选项"对话框中选择"显示"选项卡，单击"字体"按钮，打开"命令行窗口字体"对话框，如图 1-33 所示。利用该对话框可以对命令行中的字体、字形、字号进行设置。

1.6.2 设置最近使用的文件数

单击"菜单浏览器"按钮，或展开"文件"菜单，在下拉菜单列表中可以查看最近打开的文件，用户可以根据需要，设置这些列表中的文件数量。

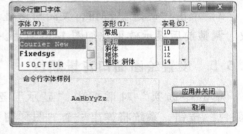

图 1-33 "命令行窗口字体"对话框

切换到"打开和保存"选项卡，如图 1-34 所示，在"文件打开"列表框中可以设置"文件"菜单中的文件列表数量，范围为 0～9。

在"应用程序菜单"文本框中可以设置"菜单浏览器"按钮菜单显示的最近使用的文件数量，范围为 0～50，最后单击"确定"按钮确认即可。

注意：必须要重启 AutoCAD 后，才能使设置生效。

1.6.3 设置右键单击功能

在"选项"对话框中选择"用户系统配置"选项卡，然后单击"自定义右键单击"按钮，将打开"自定义右键单击"对话框，如图 1-35 所示。在该对话框中，可以设置各种工作模式下鼠标右键单击功能，设定后单击"应用并关闭"按钮，此时鼠标右键单击功能即可启动。

建筑CAD

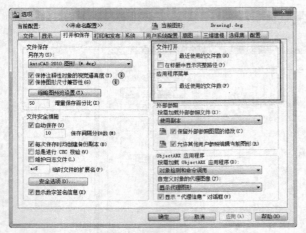

图1-34 "打开和保存"选项卡

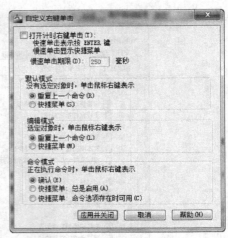

图1-35 "自定义右键单击"对话框

1.6.4 设置拾取框大小

拾取框指的是十字光标中间的方框,用户可以根据习惯和需要调整拾取框的大小,以利于查看和操作,其方法为:

1) 执行"工具"→"选项"菜单命令,打开"选项"对话框。
2) 单击"选择集"选项卡,在"拾取框大小"选项区用鼠标拖动滑块,调整到合适的大小。
3) 单击"确定"按钮,关闭对话框,使设置生效。调整前后显示效果比如图1-36所示。

1.6.5 设置绘图窗口背景颜色

单击"选项"对话框中"显示"选项卡中的"颜色"按钮,系统将弹出一个"图形窗口颜色"对话框,如图1-37所示。该对话框包含

调整前　　　　调整后

图1-36 拾取框调整前后对比

图1-37 "图形窗口颜色"对话框

了各种窗口颜色,在后面的颜色下拉列表中即可设置绘图窗口背景的颜色。

1.7 选择对象的基本方法

在编辑图形之前,首先需要对编辑的图形进行选择。AutoCAD 2011 提供了多种选择对象的基本方法,如点选、框选、栏选、围选等。

在命令行中输入"SELECT"命令,按 Enter 键,在命令行的"选择对象:"提示输入"?",命令行将显示相关提示,输入不同的选项将使用不同的选择方法:

如图 1-38 所示,需要点或窗口(W)/上一个(L)/窗交(C)/框(BOX)/全部(ALL)/栏选(F)/圈围(WP)/圈交(CP)/编组(G)/添加(A)/删除(R)/多个(M)/前一个(P)/放弃(U)/自动(AU)/单个(SI)/子对象(SU)/对象(O)。

1.7 选择对象的基本方法

图 1-38 命令行对话框

1.7.1 点选对象

点选对象是 SELECT 命令默认情况下选择对象的方式,其方法为:直接用鼠标在绘图区中左键单击需要选择的对象,它分为多个选择和单个选择方式。单个选择方式一次只能选中一个对象,如图 1-39 所示即选择了图形最右侧的一条边。也可以连续单击需要选择的对象,来同时选择多个对象,如图 1-40 所示。

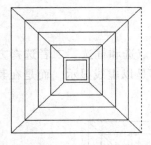
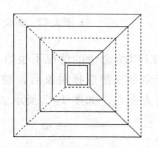

1.7.1 点选对象

图 1-39 选择单个对象　　　　图 1-40 选择多个对象

1.7.2 框选对象

使用框选可以一次性选择多个对象。其操作也比较简单,方法为:按住鼠标左键不放,拖动鼠标成一矩形框,然后通过该矩形选择图形对象。依鼠标拖动方向的不同,框选又分为窗口选择和窗交选择。

1.7.2 框选对象

1. 窗口选择对象

窗口选择对象是指按住鼠标左键向右上方或右下方拖动，框住需要选择的对象，此时绘图区将出现一个实线的矩形方框，释放鼠标后，被方框完全包围的对象将被选中，如图1-41所示，虚线显示部分为被选择的部分。

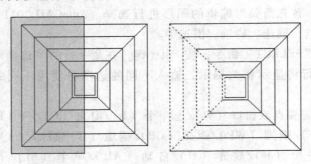

图1-41 窗口选择对象

2. 窗交选择对象

窗交选择对象的选择方向正好与窗口选择相反，它是按住鼠标左键向左上方或左下方拖动，框住需要选择的对象，此时绘图区将出现一个虚线的矩形方框，释放鼠标后，与方框相交和被方框完全包围的对象都将被选中，如图1-42所示，虚线显示部分为被选择的部分。

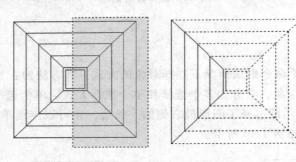

图1-42 窗交选择对象

提示：在不执行 SELECT 命令的情况下也可以进行对象的点选和框选，二者选择方式相同，不同的是：不执行命令直接选择对象后，被选中的对象不是以虚线显示，而是在其上出现一些小正方形，称之为夹点。如图1-43所示。

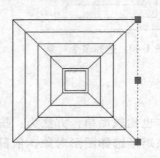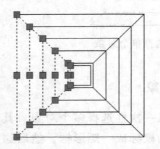

图1-43 夹点显示选择的对象

1.7.3 栏选对象

在提示选择对象时输入 "F" 并按 Enter 键来激活栏选功能，栏选图形即在选择图形时拖拽出任意折线，凡是与折线相交的图形对象均被选中，如图 1-44 所示，虚线显示部分为被选择的部分。使用该方式选择连续性对象非常方便，但栏选线不能封闭或相交。

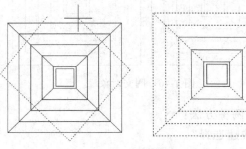

图 1-44 栏选对象

1.7.3 栏选对象

1.7.4 围选对象

围选对象是根据需要自己绘制不规则的选择范围，它包括圈围和圈交两种方法。

1. 圈围对象

在提示选择对象时输入 "WP" 并按 Enter 键来激活栏选功能，圈围是一种多边形窗口选择方法，与窗口选择对象的方法类似，不同的是圈围方法可以构造任意形状的多边形，完全包含在多边形区域内的对象才能被选中，如图 1-45 所示，虚线显示部分为被选择的部分。

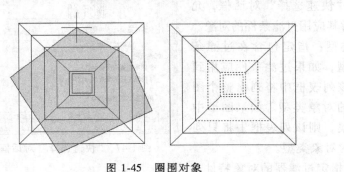

图 1-45 圈围对象

1.7.4
1. 圈围对象

2. 圈交对象

在提示选择对象时输入 "CP" 并按 Enter 键来激活栏选功能，圈交是一种多边形窗交选择方法，与窗交选择对象的方法类似，不同的是圈交方法可以构造任意形状的多边形，它可以绘制任意闭合但不能与选择框自身相交或相切的多边形，选择完毕后可以选择多边形中与它相交的所有对象，如图 1-46 所示，虚线的显示部分为被选择的部分。

1.7.5 用"快速选择"对话框选择对象

选择集是选择所有对象的集合。使用快速选择，可以根据制定的过滤条件快速定义选择集。它既可以一次将指定属性的对象加入选择集，也可以将其排除在选择集之外；既可以在整个图形中使用，又可以在已有的选择集中使用，还可以指定选择集用于替换当前选择集还是将其附加到当前选择集之中。

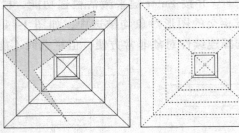

图 1-46 圈交对象

1.7.4
2. 圈交对象

执行快速选择命令有以下两种方法：
1）菜单栏："工具"→"快速选择"。
2）命令行：输入"QSELECT"。
执行该命令后，系统将弹出一个"快速选择"对话框，如图 1-47 所示。
其中对话框中各选项含义如下：
1）应用到：选择所设置的过滤条件是应用到整个图形还是应用到当前的选择集。如果当前图形中已有一个选择集，则可以选择"当前选择"。
2）"选择对象"按钮 ：单击该按钮将临时关闭"快速选择"对话框，允许用户选择要对其应用过滤条件的对象。
3）对象类型：指定包含在过滤条件中的对象类型，如果过滤条件应用到整个图形，则该列表框中将列出整个图形中所有可用的对象类型。如果图形中已有一个选择集，则该列表框中将只列出该选择集中的对象类型。

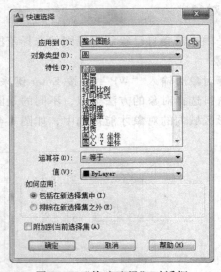

图 1-47 "快速选择"对话框

1.7.5 快速选择

4）特性：指定过滤器的对象特性。
5）运算符：控制过滤器中对象特性的运算范围。
6）值：指定过滤器的特性值。
7）如何应用：指定是将符合给定过滤条件的对象包括在新选择集内还是排除在新选择集之外。
8）"附加到当前选择集"复选框：指定创建的选择集替换还是附加到当前选择集。

1.8 使用辅助工具绘图

辅助工具可以使用户在使用 AutoCAD 绘图时达到快速绘制，提高工作效率的目的，辅

第1章 AutoCAD 2011基础知识

助工具包括了对象捕捉、正交和对象追踪等功能。

1.8.1 使用正交、捕捉和栅格功能

在绘制图形时，通过光标来指定点的位置很难精确指定到某一点的位置。如果使用一些辅助工具的话，就能很轻松地实现这些细节的操作。用户可在如图1-48所示的"捕捉"和"栅格"对话框中进行设置捕捉和栅格的相关参数。

打开该对话框，操作方法如下：

1) 菜单栏："工具"→"草图设置"→"捕捉和栅格"。
2) 工具栏：右击状态栏选中"设置"→"捕捉和栅格"。
3) 命令行：输入"DS"并按 Enter 键。

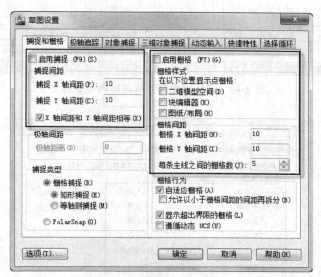

1.8.1 捕捉和栅格选项卡

图 1-48 "捕捉和栅格"选项卡

1. 设置栅格和捕捉

栅格是用于标定位置的网格，能更加直观地显示图形界限的大小。捕捉功能用于设定光标移动的间距。单击状态栏上的 或按 F7 来启用"栅格显示"，绘图区域将显示栅格，单击状态栏上的 或按 F9 来启用"捕捉模式"，光标将准确捕捉到栅格点，如图1-49所示。

2. 使用正交模式

利用正交模式可以快速地绘制出与当前轴或轴平行的线段。单击状态栏上"正交"按钮 或按 F8 键可以打开正交模式。打开正交模式后，系统就只能画出水平或垂直的直线。更方便的是，由于正交功能已经限制了直线的方向，所以在绘制一定长度的直线时，用户只需要输入直线的长度即可。

1.8.2 对象捕捉功能 DDOSNAP

对象捕捉功能就是当把光标放在一个对象上时，系统将会自动捕捉到对象上所有符合条件的几何特征点，并有相应的显示。设置对象捕捉的方法如下：

建筑CAD

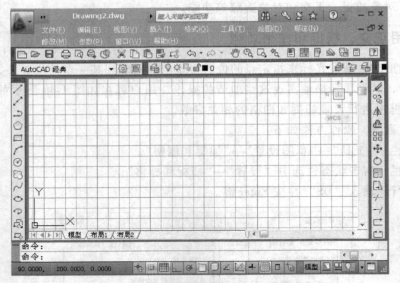

图 1-49 栅格捕捉打开状态时的绘图区

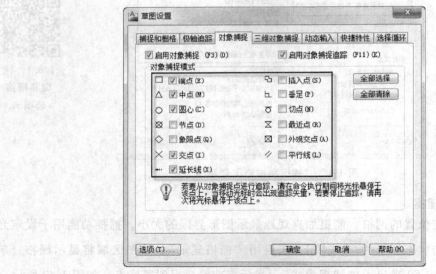

图 1-50 "草图设置-对象捕捉"对话框

1.8.2 对象捕捉功能

菜单栏：执行"工具"→"草图设置"菜单命令，系统将弹出如图 1-50 所示的"草图设置"对话框，选择"对象捕捉"选项卡。

1) 工具栏：单击"对象捕捉"工具栏中的"对象捕捉设置"按钮 。
2) 命令行：输入"DDOSNAP"并按 Enter 键。
3) 在特殊点的快捷菜单中，选择"对象捕捉设置"选项。
4) 在状态栏上的"对象捕捉"上右击，然后单击"设置"选项。

执行命令后，进入"草图设置"对话框的"对象捕捉"选项卡，即可以设置对象捕捉方式。
"启用对象捕捉"复选框：控制对象捕捉方式的打开或关闭。单击状态栏上的"对象捕捉"按钮，或者使用功能键 F3 都可以打开或关闭对象捕捉。

"启用对象捕捉追踪"复选框：打开或关闭自动追踪功能。单击状态栏上的"对象追踪"按钮，或者使用功能键 F11 键都可以打开或关闭对象捕捉追踪。

"对象捕捉模式"选项区域：列出了各种捕捉模式，选中则该模式被激活。单击"全部清除"按钮，则可取消所有模式。单击"全部选择"按钮，则选中所有模式。

"选项"按钮：单击该按钮，可以打开"选项"对话框中的"草图"选项卡，利用该对话框对捕捉模式的各项进行设置。

技巧：当需要临时捕捉某特征点时，按 Shift 键或 Ctrl 键，在绘图区域右击鼠标，打开"对象捕捉"快捷菜单，如图 1-51 所示，在快捷菜单中选择适用的对象捕捉模式。

1.8.3 自动追踪功能

图 1-51 "对象捕捉"快捷菜单

使用自动追踪功能可以使绘图更加精确。在绘图的过程中，自动追踪能够按指定的角度自动追踪，包括极轴追踪和对象捕捉追踪两种模式。

1. 极轴追踪

单击状态栏上的"极轴追踪"按钮 或按 F10 键，可以打开极轴追踪功能。极轴追踪功能可以在系统要求指定一个点时，按预先所设置的角度增量来显示一条可以无限延伸的辅助线，然后沿辅助线追踪到光标点，如图 1-52 所示的虚线，即为极轴追踪线。可以在"草图设置"对话框中的"极轴追踪"选项卡中设置极轴追踪的参数，如图 1-53 所示。

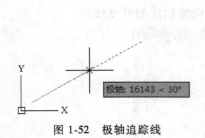

图 1-52 极轴追踪线

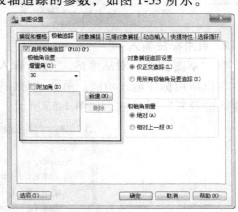

图 1-53 "极轴追踪"选项卡

2. 对象捕捉追踪

对象捕捉追踪与对象捕捉功能是配合使用的。该功能可以使光标从对象捕捉点开始，沿对齐路径进行追踪，并找到需要的精确位置。对齐路径是指和对象捕捉点水平对齐、垂直对齐，或者按设置的极轴追踪角度对齐的方向。单击状态栏上的"对象追踪"按钮 或按 F11 键可以打开对象捕捉追踪功能。

1.8.4 启动动态输入

在 AutoCAD 中,单击状态栏中的 按钮来启用"动态输入",可在指针位置处显示标注输入和命令提示等信息,从而极大地提高了绘图的效率。

1. 启用指针输入

在"草图设置"对话框的"动态输入"选项卡中,选中"启用指针输入"复选框,如图 1-54 所示。

单击"指针输入"选项区的"设置"按钮,可以打开"指针输入设置"对话框,如图 1-55 所示。在其中可以设置指针的格式和可见性。

1.8.4 启动动态输入

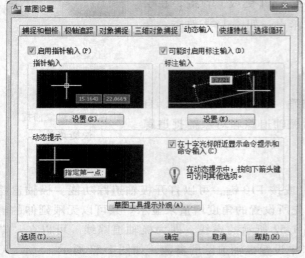

图 1-54 "动态输入"选项卡

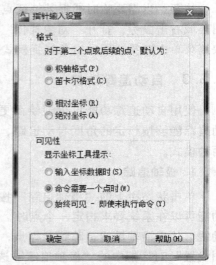

图 1-55 "指针输入设置"对话框

2. 启用标注输入

在"草图设置"对话框的"动态输入"选项卡中选择"可能时启用标注输入"复选框,可以启用标注输入功能。单击"标注输入"选项区域的"设置"按钮,可以打开"标注输入的设置"对话框,如图 1-56 所示。可以在其中设置标注的可见性。

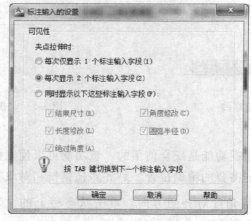

图 1-56 "标注输入的设置"对话框

3. 显示动态提示

在"动态提示"选项卡中,启用"动态提示"选项组中的"在十字光标附近显示命令提示和命令输入"复选框,可在光标附近显示命令提示。

1.9 视图显示控制

1.9.1 重新生成 REGEN/REGENALL

REGEN/REGENALL 命令使图样重生。它不仅可以删除图样中的点记号、刷新屏幕,而且可以根据当前坐标更新在图样中的所有图形的数据库。

1)菜单栏:"视图"→"重生成"/"全部重生成"。

2)命令行:输入"REGEN/REGENALL"并按 Enter 键。

REGEN 命令使当前视窗中的图样重生,REGENALL 命令使模型空间中所有视窗中的图样重生。

当 REGENauto 命令置为 On 时,执行某一命令后,AutoCAD 2011 会自动重生图样。在绘制大图样时,可以将 REGENauto 命令设置为 Off,这样可以节省图样重生的时间。图形重生的当前设置存储在系统变量 REGENmode 中。

提示:有些命令执行后,并没有改变图样的显示,这时可执行 REGEN,图样重生。

1.9.2 视窗缩放与移动

使用 AutoCAD 2011 绘图时,由于显示器大小的限制,往往无法看清图形的细节,也就无法准确地绘图。为此 AutoCAD 2011 提供了多种改变图形显示的方法。可以放大图形的显示方式来更好地观察图形的细节,也可以用缩小图形的显示方式浏览整个图形,还可以通过视图平移的方法来重新定位视图在绘图区域中的位置等。

1. 视窗缩放(ZOOM)

绘图时所能看到的图形都处在视窗中。利用视窗缩放(ZOOM)功能,可以改变图形实体在视窗中显示的大小,从而方便地观察在当前视窗中过大或过小的图形,或准确地进行绘制图形。执行该命令,只是视窗中图形放大或缩小,图形的实际大小并不会改变。

执行缩放(ZOOM)命令操作方法如下:

1)菜单栏:"视图"→"缩放"。

2)工具栏: 。

3)命令行:输入"ZOOM"(快捷键Z)并按 Enter 键。

执行缩放命令后,命令行中提示信息:[全部(A)/中心(C)/动态(D)/范围(E)/上一个(P)/比例(S)/窗口(W)/对象(O)]<实时>:

选项说明:

1)全部(A):在命令提示行后,输入"A"后按 Enter 键。该选项将当前图形的全部信息都显示在图形窗口屏幕内。

2)中心(C):在命令提示行后,输入"C"后按 Enter 键。该选项用户可直接用鼠标在屏幕上选择一个点作为新的中心点。确定中心点后,命令行提示"输入比例或高度

<123.2881>:",若输入数值后面加一个字母 X,则此输入值为放大倍数,若未加 X,则这一数值作为新视图的高度。

3)动态(D):在命令提示行后,输入"D"后按 Enter 键。该选项先临时将图形全部显示出来,同时构造一个可移动的视图框,用此视图框来选择图形的某一部分作为下一屏幕上的视图。

4)范围(E):在命令提示行后,输入"E"后按 Enter 键。该选项将当前视图中的图形尽可能地充满整个屏幕。

5)上一个(P):在命令提示行后,输入"P"后按 Enter 键。该选项可以返回到最近的一个视图或前10个视图中。对于用户需要在两个视图间反复切换来说,是一个很方便的操作。

6)比例(S):在命令提示行后,输入"S"后按 Enter 键。该选项可根据需要比例放大或缩小当前视图,且视图的中心点保持不变。输入倍数的方式有两种:一种是数字后加字母X,表示相对当前视图的缩放倍数;另一种是只有数字,该数字表示相对于图形界限倍数。

7)窗口(W):该项是 ZOOM 命令的缺省选项。此时光标┼由变成┼形状,移动光标在绘图区拾取两个对角点确定一个矩形窗口区域,矩形区域代表缩放后的视图范围。

8)对象(O):在命令提示行后,输入"O"后按 Enter 键。该选项系统会将所选对象充满整个屏幕。

2. 视图平移(PAN)

若想察看当前附近的图形,又要保持当前视图的比例,可以使用视图平移 PAN 命令。平移命令的执行操作方法如下:

1)菜单栏:"视图"→"平移"。
2)工具栏:标准工具栏单击"平移" 按钮。
3)命令行:输入"PAN"(快捷键 P)并按 Enter 键。

命令执行后,鼠标变为"手"形光标。按住左键移动,可前后左右平移视图。若要退出该状态,用户可以点鼠标右键从弹出快捷菜单中选择"退出"项,也可按 Esc 或 Enter 键,结束平移操作。

1.10 本章练习

1. 请拉出对象捕捉和标注工具栏。
2. 请设置图形界限为 10000×7000。
3. 分别打开正交模式和极轴模式,试比较其区别。
4. 启动命令有哪些方法?
5. 选择对象有哪些方法?
6. 利用点选方式选择对象,如练习图 1-1 和练习图 1-2 所示。
7. 利用窗选方式选择对象,如练习图 1-3 所示。
8. 利用窗交方式选择对象,如练习图 1-4 所示。

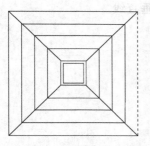
练习图 1-1　选择单个对象

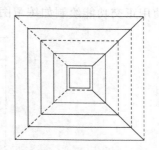
练习图 1-2　选择多个对象

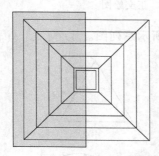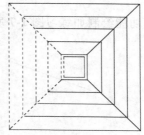
练习图 1-3　窗口选择对象

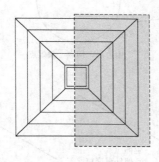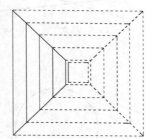
练习图 1-4　窗交选择对象

9. 利用栏选方式选择对象，如练习图 1-5 所示。

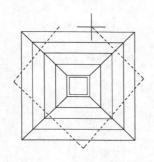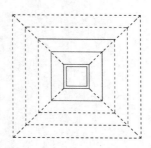
练习图 1-5　栏选对象

10. 使用正交功能绘制如练习图 1-6 所示的水平线和垂直线。

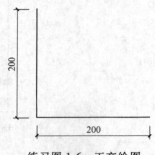

练习图 1-6　正交绘图

11. 使用对象捕捉功能绘制如练习图 1-7 所示系列图。

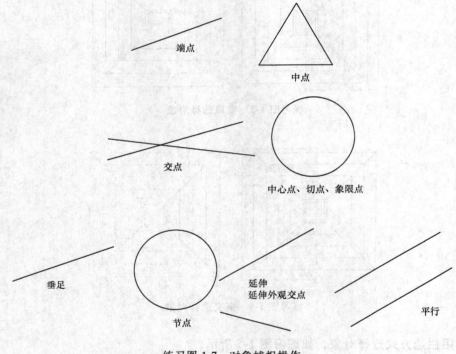

练习图 1-7　对象捕捉操作

第 2 章

绘 制 图 形

2.1 绘图工具栏

AutoCAD 经典界面提供了绘图工具栏,也可以利用绘图工具栏快速地绘制二维图形如:直线、构造线、多段线、多边形、矩形、圆弧、圆、修订云线、样条曲线、椭圆、椭圆弧、插入块、创建块、点、图案填充、渐变色填充、面域、表格、文字等,先来看看绘图工具栏,了解一下绘图工具栏的命令(图 2-1)。

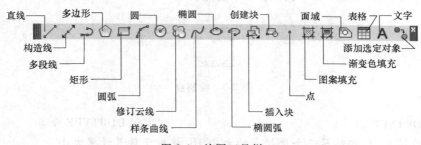

图 2-1 绘图工具栏

在对绘图工具栏有了基本了解以后,分别来学习绘图工具栏的所有命令。

2.2 绘制点类命令

2.2.1 绘制点 POINT(PO)

1. 命令功能

1) 菜单栏:"绘图"→"点"→"单点"。
2) 工具栏:"绘图"→"点"。
3) 命令行:POINT(PO)。

2. 选项说明

执行 POINT 命令后,AutoCAD 2011 提示: "当前点模式:PDMODE = 0 PDSIZE =

0.0000",各选项说明如下：

1) PDMODE：指点的样式。
2) PDSIZE：指点的大小。

2.2.2 设置点的样式 DDPTYPE

1. 命令功能

1) 菜单栏："格式"→"点样式"。
2) 命令行：输入"DDPTYPE"并按 Enter 键。

执行 DDPTYPE 命令，AutoCAD 弹出如图 2-2 所示的"点样式"对话框，用户可通过该对话框选择自己需要的点样式。此外，还可以利用对话框中的"点大小"编辑框确定点的大小。

2. 选项说明

执行 DDPTYPE 命令后，AutoCAD 2011 跳出图 2-2 所示的"点样式"对话框，其中：

1) 上面方框中为点不同样式，可左键自由选择样式。
2) 点大小（S）：用于指点的大小，可以相对于屏幕或按绝对单位设置大小。

3. 操作实例

用 DDPTYPE 和 POINT 命令绘制图 2-3 的点。

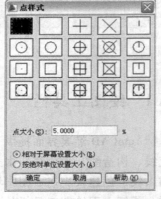

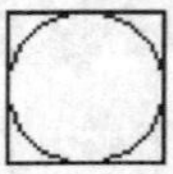

图 2-2 "点样式"对话框

图 2-3 绘制点

2.2.2 绘制点操作实例

命令:DDPTYPE↙   //执行 DDPTYPE 命令
选择点的样式,第四排第二个选择点的大小10,相对于屏幕设置大小
单击确定
命令:POINT↙   //执行 POINT 命令
在绘图区域任一点单击鼠标左键绘制点

2.2.3 绘制多点

1. 命令功能

菜单栏："绘图"→"点"→"多点"。

2. 操作实例

用"绘制多点"命令绘制图 2-4 的四个点。

2.2.3 绘制多点操作实例

图 2-4 绘制多点

命令：DDPTYPE ✓   //执行 DDPTYPE 命令
选择点的样式，第四排第二个
选择点的大小 10，相对于屏幕设置大小
单击确定
命令："绘图"→"点"→"多点" ✓   //执行"绘制多点"命令
在绘图区域任四点单击鼠标左键绘制四个点

2.2.4 绘制定数等分点 DIVIDE（DIV）

1. 命令功能

1) 菜单栏："绘图"→"点"→"定数等分"。
2) 命令行：输入"DIVIDE（DIV）"并按 Enter 键。

定数等分指将点对象沿对象的长度或周长等间隔排列。执行 DIVIDE 命令，AutoCAD 提示（图 2-5）：

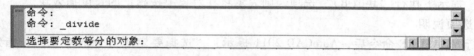

图 2-5 绘制定数等分点

在此提示下直接输入等分数，即响应默认项，AutoCAD 在指定的对象上绘制出等分点。另外，利用"块（B）"选项可以在等分点处插入块。

2. 选项说明

执行 DIVIDE 命令后，AutoCAD 2011 提示："选择要定数等分的对象:"，指定直线后，AutoCAD 继续提示："输入线段数目或［块（B）］:"。各选项说明如下：

1) 选择要定数等分的对象，即在绘图区域选定你要定数等分的对象。
2) 输入线段数目用于指定等分的数目。
3) 块（B）：表示将在对象上按指定的长度插入块。

3. 操作实例

用 DIVIDE 命令绘制图 2-6 的定数等分点。

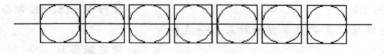

2.2.4 定数等分操作实例

图 2-6 绘制定数等分点

命令：LINE ✓   //执行 LINE 命令
在绘图区域绘制一条直线
命令：DIVIDE ✓   //执行 DIVIDE 命令
单击鼠标左键选择要定数等分的对象——直线
命令：8 ✓   //指定等分数目为 8
绘制出 8 个定数等分点

2.2.5 绘制定距等分点 MEASURE（ME）

1. 命令功能

1) 菜单栏："绘图"→"点"→"定距等分"。
2) 命令行：输入"MEASURE（ME）"并按 Enter 键。

定距等分指将点对象在指定的对象上按指定的间隔放置。执行 MEASURE 命令，AutoCAD 提示（图 2-7）：

图 2-7 绘制定距等分点

在此提示下直接输入长度值，即执行默认项，AutoCAD 在对象上的对应位置绘制出点。同样，可以利用"点样式"对话框设置所绘制点的样式。如果在"指定线段长度或 [块（B）]:"提示下执行"块（B）"选项，则表示将在对象上按指定的长度插入块。

2. 选项说明

执行 MEASURE 命令后，AutoCAD 2011 提示："选择要定距等分的对象:"，指定直线后，AutoCAD 继续提示："输入线段数目或 [块（B）]:"。各选项说明如下：

1) 选择要定距等分的对象即在绘图区域指定需要定距等分的对象。
2) 指定线段长度用于指定等距的每段线段的长度。
3) 块（B）：表示将在对象上按指定的长度插入块。

3. 操作实例

用 MEASURE 命令绘制图 2-8 的定距等分点。

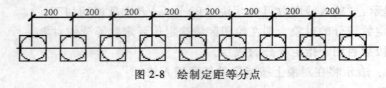

图 2-8 绘制定距等分点

2.2.5 定距等分操作实例

```
命令:LINE✓                        //执行 LINE 命令
在绘图区域绘制一条直线
命令:MEASURE✓                     //执行 MEASURE 命令
单击鼠标左键选择要定数等分的对象——直线
命令:200✓                         //指定距离为 200
绘制出九个定距等分点
```

2.3 绘制直线类命令

2.3.1 绘制直线 LINE（L）

1. 命令功能

1) 菜单栏："绘图"→"直线"。

2）工具栏："绘图"→"直线"。

3）命令行：输入"LINE（L）"并按 Enter 键。

命令根据指定的端点绘制一系列直线段。激活命令后，指定直线的第一点，点击鼠标左键，指定直线的第二点，再次点击鼠标左键即可绘制一条直线（图 2-9）。

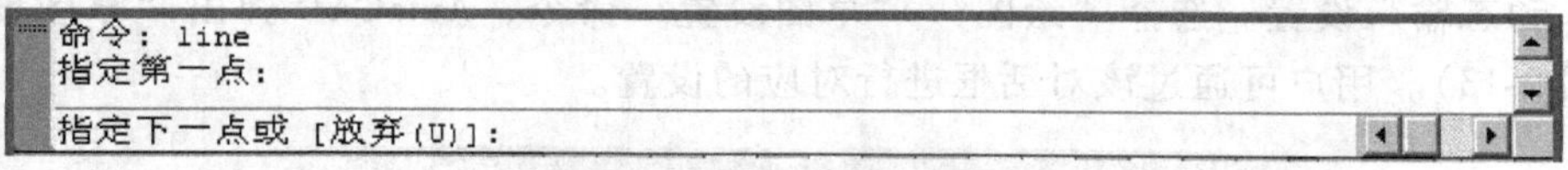

图 2-9　绘制一条直线

如果想绘制多条直线，在以上绘制方法的基础上，重复指定下一点即可绘制多条直线。每条直线的起始点都是上一条直线的第二个端点（图 2-10）。

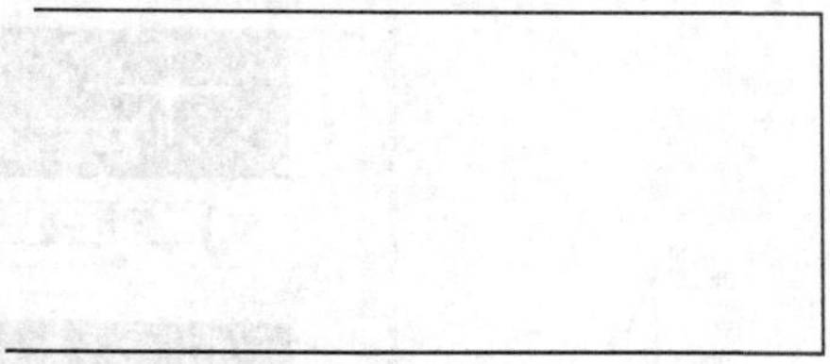

在命令行重出现"指定下一点或 ［闭合（C）/放弃（U）］"时，如果想退出直线绘制，直接按"SPACE"键或者"ESC"键即可。当然，你也可以选择闭合直线（图 2-11），在命令行输入"C"即可。

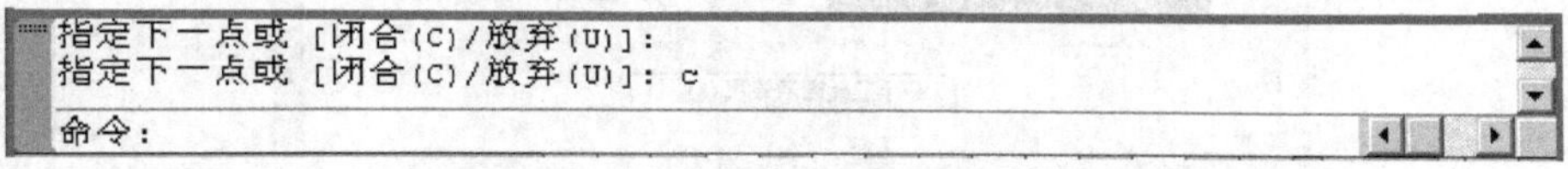

图 2-10　绘制连续直线

图 2-11　闭合直线

注意：用 LINE 命令绘制出的一系列直线段中的每一条线段均是独立的对象。

2. 选项说明

执行 LINE 命令后，AutoCAD 2011 提示："指定第一点："，指定一点后，AutoCAD 继续提示："指定下一点或 ［放弃（U）］"，再指定一点后，AutoCAD 继续提示："指定下一点或 ［放弃（U）］"，再继续指定一点后，AutoCAD 继续提示："指定下一点或 ［闭合（C）/放弃（U）］"。各选项说明如下：

1）指定第一点即指定直线的一个端点。

2）指定下一点，即指定直线的另一个端点。

3）放弃（U）指放弃直线输入。

4）闭合（C）指将连续绘制的几条直线最后闭合于直线的第一端点。

3. 其他说明

（1）动态输入。如果单击状态栏上的 DYN 按钮，使其压下，会启动动态输入功能。启动动态输入并执行 LINE 命令后，AutoCAD 一方面在命令窗口提示"指定第一点："，同时在光标附近显示出一个提示框（称之为"工具栏提示"），工具栏提示中显示出对应的 AutoCAD 提示"指定第一点："和光标的当前坐标值（图 2-12）。

图 2-12　动态输入栏

此时用户移动光标，工具栏提示也会随着光标移动，且显示出的坐标值会动态变化，以反映光标的当前坐标值。

在前面的图2-12所示状态下，用户可以在工具栏提示中输入点的坐标值，而不必切换到命令行进行输入（切换到命令行的方式：在命令窗口中，将光标放到"命令："提示后面的单击鼠标拾取键）。

（2）动态输入设置。选择"绘图"→"草图设置"命令，AutoCAD弹出"草图设置"对话框（图2-13）。用户可通过该对话框进行对应的设置。

图2-13　"草图设置"对话框

4. 操作实例

用LINE命令绘制图2-14的矩形。

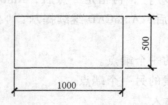

图2-14　用LINE命令绘制矩形

2.3.1 绘制矩形操作实例

命令:LINE ✓　　　　　　　　　　　　　　　　　//执行LINE命令
在绘图区域鼠标左键点击任一点指定直线的起点
按F8打开正交
命令:1000 ✓　　　　　　　　　　　　　　　　　//指定X向长度为1000
鼠标沿X轴正方向拖动,输入1000按Enter键后绘制一条长度1000的直线
命令:500 ✓　　　　　　　　　　　　　　　　　　//指定Y向长度为500
鼠标沿Y轴正方向拖动,输入500按Enter键后绘制一条长度500的直线
命令:1000 ✓　　　　　　　　　　　　　　　　　//指定X向长度为1000
鼠标沿X轴负方向拖动,输入1000按Enter键后绘制一条长度1000的直线

命令:C↙   //闭合矩形
输入 C 命令后按 Enter 键,完成矩形的绘制

2.3.2 绘制射线 RAY

1. 命令功能

1)菜单栏:"绘图"→"射线"。
2)命令行:输入"RAY"并按 Enter 键。

射线是绘制沿单方向无限长的直线。射线一般用作辅助线。选择"绘图"→"射线"命令,或者在命令行输入"RAY"命令后按 Enter 键,即执行 RAY 命令(图2-15)。

图 2-15 启动"RAY"命令

首先指定射线的起点,然后重复指定通过点,可以绘制出通过同一点的一系列射线(图 2-16)。

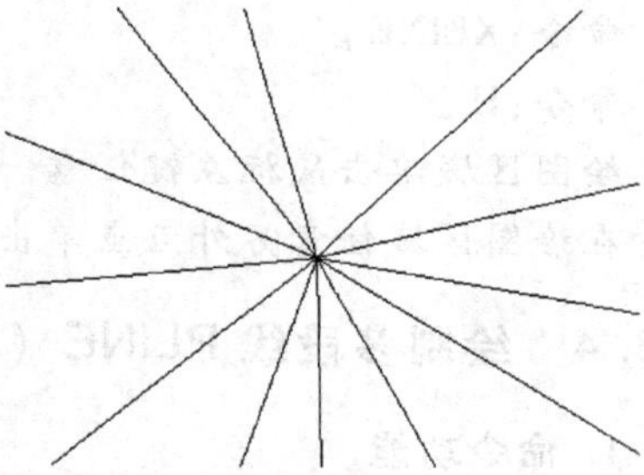

2. 选项说明

执行 RAY 命令后,AutoCAD 2011 提示:"指定通过点:",选项说明:指定通过点即指定射线的通过点,可用鼠标任意选择。

2.3.3 绘制构造线 XLINE(XL)

1. 命令功能

1)菜单栏:"绘图"→"构造线"。
2)工具栏:"绘图"→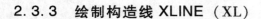。
3)命令行:输入"XLINE(XL)"并按 Enter 键。

图 2-16 绘制一系列射线

构造线用于绘制沿两个方向无限长的直线。构造线一般用作辅助线。单击"绘图"工具栏上的"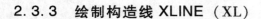"构造线命令按钮,或选择"绘图"→"构造线"命令,或者在命令行输入"XLINE"命令,或者在命令行输入"XL"快捷命令按钮,即执行 XLINE 命令,AutoCAD 提示(图 2-17):

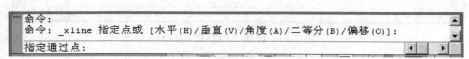

图 2-17 启动"XLINE"命令

2. 选项说明

执行 XLINE 命令后,AutoCAD 2011 提示:"指定点或[水平(H)/垂直(V)/角度(A)/二等分(B)/偏移(O)]:",在绘图区域指定一点后,AutoCAD 继续提示:"指定通过点:"。各选项说明如下:

1)指定点选项用于绘制通过指定两点的构造线。
2)水平(H)选项用于绘制通过指定点的水平构造线。
3)垂直(V)选项用于绘制通过指定点的绘制垂直构造线。
4)角度(A)选项用于绘制沿指定方向或与指定直线之间的夹角为指定角度的构造线。
5)二等分(B)选项用于绘制平分由指定3点所确定的角的构造线。
6)偏移(O)选项用于绘制与指定直线平行的构造线。
7)指定通过点指指定构造线通过的任意另一点。

3. 操作实例

用 XLINE 命令绘制图 2-18 的构造线。

2.3.3 绘制构造线操作实例

图 2-18 绘制构造线

命令:XLINE ↙   //执行 XLINE 命令
命令:H ↙   //执行水平(H)选项
绘图区域单击鼠标左键任意一点绘制一条构造线
在绘图区域任意另外五点单击鼠标左键绘制另外五条构造线

2.3.4 绘制多段线 PLINE(PL)

1. 命令功能

1)菜单栏:"绘图"→"多段线"。
2)工具栏:"绘图"→ 图标。
3)命令行:输入"PLINE(PL)"并按 Enter 键。

多段线是由直线段、圆弧段构成,且可以有宽度的图形对象。单击"绘图"工具栏上的" 图标"多段线命令按钮,或选择"绘图"→"多段线"命令,或在命令行输入"PLINE"命令,或在命令行输入"PL"快捷命令,即执行 PLINE 命令,AutoCAD 提示(图 2-19):

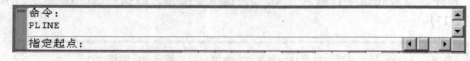

图 2-19 启动"PLINE"命令

在绘图区域指定多段线的起点,AutoCAD 提示(图 2-20):

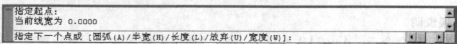

图 2-20 指定起点之后绘制多段线

注意:用 PLINE 绘制的图形是一个整体。

2. 选项说明

执行 PLINE 命令后，AutoCAD 2011 提示："指定起点："，在绘图区域任一点指定起点后，AutoCAD 继续提示："指定下一个点或 [圆弧（A）/半宽（H）/长度（L）/放弃（U）/宽度（W）]："。各选项说明如下：

1）"指定起点"选项用于在绘图区域任一点指定多段线的起点。
2）"指定下一点"选项为默认选项，可以直接指定多段线的下一点。
3）"圆弧"选项用于在多段线中绘制圆弧。
4）"半宽"选项用于指定多段线的半宽。
5）"长度"选项用于指定所绘多段线的长度。
6）"宽度"选项用于指定多段线的宽度。
7）"放弃"选项用于停止多段线的绘制。

2.3.5 绘制多线 MLINE（ML）

1. 命令功能

1）菜单栏："绘图"→"多线"。
2）命令行：输入"MLINE（ML）"并按 Enter 键。

多线命令用来绘制多条平行线，即由两条或两条以上的直线构成的相互平行的直线，且这些直线可以分别具有不同的线型和颜色。选择"绘图"→"多线"命令，或在命令行输入"MLINE"命令，或在命令行输入"ML"快捷命令，即执行 MLINE 命令，AutoCAD 提示（图 2-21）：

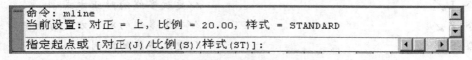

图 2-21 启动"MLINE"命令

提示中的第一行说明当前的绘图模式。本提示示例说明当前的对正方式为"上"方式，比例为 20.00，多线样式为 STANDARD；第二行为绘制多线时的选择项。其中，"指定起点"选项用于确定多线的起始点。"对正"选项用于控制如何在指定的点之间绘制多线，即控制多线上的哪条线要随光标移动。"比例"选项用于确定所绘多线的宽度相对于多线定义宽度的比例。"样式"选项用于确定绘制多线时采用的多线样式。

分别输入"J""S"和"ST"可以修改多线的对正方式、比例和样式。对正方式有"上（T）/无（Z）/下（B）"三种方式（图 2-22）。

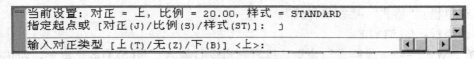

图 2-22 对正方式

2. 选项说明

执行 MLINE 命令后，AutoCAD 2011 提示："指定起点或 [对正（J）/比例（S）/样式（ST）]："，在绘图区域任一点指定多线的起点后，AutoCAD 继续提示："指定下一点："，在绘图区域指定多线的下一点后，AutoCAD 继续提示："指定下一点或 [放弃（U）]:"。各选项说明如下：

1)"指定起点"选项用于指定多线的起点。
2)"对正（J）"选项指定多线的对正方式，对正方式有"上（T）/无（Z）/下（B）"三种方式。
3)"比例（S）"选项用于指定多线的比例。
4)"样式（ST）"选项用于指定多线的样式，详见下节。
5)"放弃（U）"选项用于退出多线命令。

3. 操作实例

用 MLINE 命令绘制图 2-23 的多线。

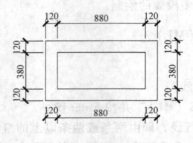

图 2-23 绘制多线

2.3.5 绘制多线操作实例

命令：MLINE ↙　　　　　　　　　//执行 MLINE 命令
命令：J ↙　　　　　　　　　　　//更改多线的对正方式
命令：Z ↙　　　　　　　　　　　//确定多线的对正方式为居中对正
命令：S ↙　　　　　　　　　　　//更改多线的比例
命令：120 ↙　　　　　　　　　　//却定多线的比例为 120
在绘图区域任一点指定多线的起点，并按 F8 打开正交模式
命令：1000 ↙　　　　　　　　　//指定多线沿 X 轴正方向距离为 1000
命令：500 ↙　　　　　　　　　　//指定多线沿 Y 轴正方向距离为 500
命令：1000 ↙　　　　　　　　　//指定多线沿 X 轴负方向距离为 1000
命令：C ↙　　　　　　　　　　　//闭合多线
完成多线的绘制

2.3.6 定义多线样式 MLSTYLE

1) 菜单栏："格式"→"多线样式"。
2) 命令行：MLSTYLE。

选择"格式"→"多线样式"命令，或者在命令行输入"MLSTYLE"命令，即执行 MLSTYLE 命令，AutoCAD 弹出下图所示的"多线样式"对话框（图 2-24），利用此对话框可以设置多种多线样式。

在"多线样式"对话框中鼠标左键单击"新建"，按照向导要求即可设置多线样式（图 2-25），在"多线样式"对话框中新建一个"CHUANG"多线样式。

第2章 绘制图形

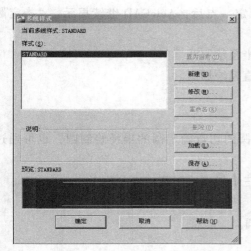

图 2-24 "多线样式"对话框

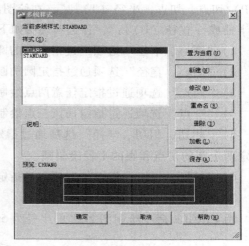

图 2-25 新建"CHUANG"多线样式

2.4 绘制圆类命令

2.4.1 绘制圆 CIRCLE（C）

1. 命令功能

1）菜单栏："绘图"→"圆"→"圆心、半径（R）"。
2）工具栏："绘图"→"圆" 。
3）命令行：输入"CIRCLE（C）"并按 Enter 键。

单击"绘图"工具栏上的" "圆命令按钮，或者在命令行输入"CIRCLE"命令，或者在命令行输入"C"快捷命令按钮即执行 CIRCLE 命令，AutoCAD 提示如图 2-26 所示。

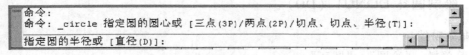

图 2-26 启动"CIRCLE"命令

其中，"指定圆的圆心"选项用于根据指定的圆心以及半径或直径绘制圆。"三点"选项根据指定的三点绘制圆。"两点"选项根据指定两点绘制圆。"相切、相切、半径"选项用于绘制与已有两对象相切，且半径为给定值的圆。

也可以选择"绘图"→"圆"命令画圆，其中有六种方式画圆（图 2-27）。

2. 选项说明

执行 CIRCLE 命令后，AutoCAD 2011 提示："指定圆的圆心或［三点（3P）/两点

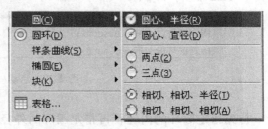

图 2-27 "绘图"→"圆"命令画圆

41

(2P)/切点、切点、半径（T）]:"，在绘图区域指定一点后，AutoCAD 继续提示："指定圆的半径或[直径（D）]:"。各选项说明如下：

1)"圆心、半径"选项通过指定圆的圆心和半径绘制圆。

2)"圆心、直径"选项通过指定圆的圆心和直径绘制圆。

3)"两点"选项通过指定任意两点绘制圆。

4)"三点"选项通过指定任意三点绘制圆。

5)"相切、相切、半径"选项通过指定两个圆的切点确定圆的半径绘制圆，也可通过指定两个圆的切点和圆的半径绘制圆。

6)"相切、相切、相切"选项通过指定圆的三个切点绘制圆。

3．操作实例

用 CIRCLE 命令绘制图 2-28 的半径为 500 的圆。

图 2-28 绘制圆

2.4.1 绘制圆操作实例

命令：CIRCLE ↙　　　　　　　　　　　　　　//执行 CIRCLE 命令
在绘图区域指定任意一点作为圆的圆心
命令：500 ↙　　　　　　　　　　　　　　　//执行圆的半径命令
在命令行输入 500 之后按 Enter 键,绘制一个半径为 500 的圆

2.4.2 绘制圆环 DONUT（DO）

1．命令功能

1)菜单栏："绘图"→"圆环"。

2)命令行：输入"DONUT（DO）"并按 Enter 键。

选择"绘图"→"圆环"命令，或者在命令行输入"DONUT"命令，或者在命令行输入"DO"快捷命令，即执行 DONUT 命令，AutoCAD 提示（图 2-29）：

图 2-29 启动"DONUT"命令

首先指定圆环的内径，再指定圆环的外径，最后确定圆环的中心点位置，按 Enter 键或 Space 键结束命令的执行，画一个圆环（图 2-30）：

图 2-30 绘制圆环

注意：绘制圆环过程中的内径是指构成圆环两个圆的直径。

2. 选项说明

执行 DONUT 命令后，AutoCAD 2011 提示："指定圆环的内径 <400.0000>："，输入圆环的内径数值或者选择默认值直接按 Enter 键后，AutoCAD 继续提示："指定圆环的外径 <600.0000>："输入圆环的外径数值或者选择默认值直接按 Enter 键后，AutoCAD 继续提示："指定圆环的中心点或 <退出>："。各选项说明如下：

1) 指定圆环的内径用于指定圆环的小圆环的直径。
2) 指定圆环的外径用于指定圆环的大圆环的直径。
3) 指定圆环的中心点用于指定圆环的圆心。
4) 退出用于退出圆环操作。

3. 操作实例

用 DONUT 命令绘制图 2-31 的圆环。

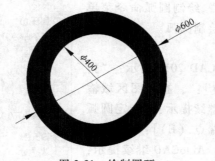

图 2-31 绘制圆环

2.4.2 绘制圆环操作实例

命令:DONUT↙   //执行 DONUT 命令
命令:400↙   //指定圆环的内径为 400
命令:600↙   //指定圆环的外径为 600

在绘图区域的任一点单击鼠标左键指定圆环的圆心,绘制出圆环

2.4.3 绘制圆弧 ARC（A）

1. 命令功能

1) 菜单栏："绘图"→"圆弧"。
2) 工具栏："绘图"→"圆弧 "。
3) 命令行：ARC（A）。

单击"绘图"工具栏上的" "圆弧命令按钮，或者在命令行输入"ARC"命令，或者在命令行输入"A"快捷命令按钮即执行圆弧命令，AutoCAD 提示（图 2-32）：

首先指定圆弧的起点，再指定圆弧的第二个点，最后指定圆弧的端点即可画一段圆弧；

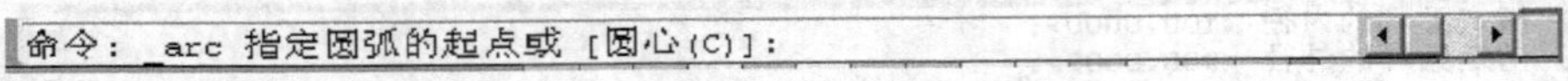

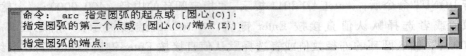

图 2-32 启动"ARC"命令

也可先在命令行输入"C"命令,按 Enter 键后输入圆弧的圆心,再指定圆弧的起点和端点画一段圆弧(图 2-33),还可以先输入"C"命令,按 Enter 键后输入圆弧的圆心,再指定圆弧的起点,最后指定圆弧的"角度(A)"或"弦长(L)"画一段圆弧(图 2-34)。

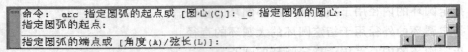

图 2-33 起点、第二点和端点定圆弧的画法

图 2-34 圆心、起点、端点定圆弧的画法

另外,在菜单栏"绘图"→"圆弧"命令中,AutoCAD 提供了多种绘制圆弧的方法,可通过"圆弧"子菜单执行绘制圆弧操作(图 2-35)。

可以在"绘图"→"圆弧"绘制圆弧命令菜单栏中自行选择任何一种方式绘制圆弧。

2. 选项说明

执行 ARC 命令后,AutoCAD 2011 提示:"指定圆弧的起点或 [圆心(C)]:",在绘图区域输入圆弧的起点后,AutoCAD 继续提示:"指定圆弧的第二个点或 [圆心(C)/端点(E)]:"在绘图区域指定圆弧的第二个点后,AutoCAD 继续提示:"指定圆弧的端点:"。各选项说明如下:

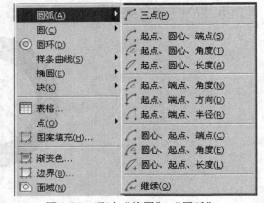

图 2-35 通过"绘图"→"圆弧"绘制圆弧命令

1)指定圆弧的起点用于指定圆弧的第一个端点。

2)指定圆弧的第二个点用于指定圆弧通过的任意一个点。

3)指定圆弧的端点用于指定圆弧的终点。

3. 操作实例

用 ARC 命令绘制图 2-36 的圆弧。

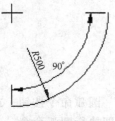

图 2-36 绘制圆弧

2.4.3 绘制圆弧操作实例

命令:ARC ✓   //执行 ARC 命令
命令:C ✓   //指定圆弧的圆心
在绘图区域任一点指定圆弧的圆心
命令:500 ✓   //指定圆弧的直径
命令:A
命令:90 ✓   //指定圆弧的角度为 90°
完成圆弧的绘制

2.4.4 绘制椭圆 ELLIPSE（EL）

1. 命令功能

1）菜单栏："绘图"→"椭圆"。
2）工具栏："绘图"→ 。
3）命令行：输入"ELLIPSE（EL）"并按 Enter 键。

2. AutoCAD 提供四种方法输入绘制椭圆

单击"绘图"工具栏上的" "椭圆命令按钮，或者选择"绘图"→"椭圆"工具栏，或者在命令行输入"ELLIPSE"命令，或者在命令行输入"EL"快捷命令，即执行 ELLIPSE 命令，AutoCAD 提示（图 2-37）：

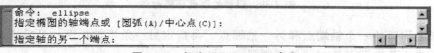

图 2-37 启动"ELLIPSE"命令

3. 选项说明

执行 ELLIPSE 命令后，AutoCAD 2011 提示："指定椭圆的轴端点或 [圆弧（A）/中心点（C）]:"，在绘图区域输入椭圆的轴端点后，AutoCAD 继续提示："指定轴的另一个端点:"，在绘图区域指定椭圆的第二个轴端点之后，AutoCAD 继续提示："指定另一条半轴长度或 [旋转（R）]:"。各选项说明如下：

1）"指定椭圆的轴端点"选项指定椭圆一条轴上的第一个端点。
2）"中心点"选项用于根据指定的椭圆的两个中心点和另一条半轴长度绘制椭圆。
3）"圆弧"选项用于绘制椭圆弧。
4）"指定轴的另一个端点"选项用于指定椭圆一条轴上的另一轴端点。
5）"指定另一条半轴长度"用于指定椭圆另一条轴上的半轴的长度。

4. 操作实例

用 ELLIPSE 命令绘制图 2-38 的椭圆。

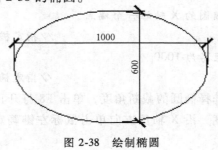

图 2-38 绘制椭圆

2.4.4 绘制椭圆操作实例

命令:ELLIPSE ✓   //执行 ELLIPSE 命令
在绘图区域任一点指定椭圆的 X 轴的一个端点
命令:1000 ✓   //指定椭圆 X 轴的另一端点
X 轴上的两个端点之间距离为 1000
命令:300 ✓   //指定椭圆 Y 轴的半轴长度为 300
完成椭圆的绘制

2.4.5 绘制椭圆弧 ELLIPSE（EL）

1. 命令功能

1) 菜单栏："绘图"→"椭圆"→"椭圆弧"。

2) 工具栏："绘图"→ 。

单击"绘图"工具栏上的" "椭圆弧命令按钮，或者选择"绘图"→"椭圆"→"椭圆弧"工具栏，即执行椭圆弧命令，AutoCAD 默认选择"A"命令，命令栏提示（图 2-39）：

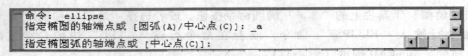

图 2-39　启动绘制椭圆弧命令

首先指定圆弧的一个轴端点和另一轴端点，再指定另一条半轴长度，最后指定椭圆弧的起始角度和终止角度即可绘制一段椭圆弧。

2. 操作实例

用 ELLIPSE 命令绘制图 2-40 的椭圆弧。

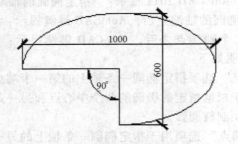

图 2-40　绘制椭圆弧

命令:鼠标左键单击绘图工具栏上的   //执行椭圆弧命令
在绘图区域任一点指定椭圆的 X 轴的一个端点
命令:1000 ✓   //指定椭圆 X 轴的另一端点
X 轴上的两个端点之间距离为 1000
命令:300 ✓   //指定椭圆 Y 轴的半轴长度为 300
完成椭圆的绘制，下面选择椭圆的截断角度，单击 F8 打开正交，沿 Y 轴负方向单击鼠标左键确定椭圆弧的起始角度，沿 X 轴负方向单击鼠标左键确定椭圆弧的终止角度，完成椭圆弧的绘制。

2.5 绘制多边形类命令

2.5.1 绘制矩形 RECTANG（REC）

1. 命令功能

1) 菜单栏："绘图"→"矩形"。
2) 工具栏："绘图"→ 。
3) 命令行：输入"RECTANG（REC）"并按 Enter 键。

单击"绘图"工具栏上的" "矩形命令按钮，或选择"绘图"→"矩形"命令，或在命令行输入"RECTANG"命令，或在命令行输入"REC"快捷命令，即执行绘制矩形命令，AutoCAD 提示（图 2-41）：

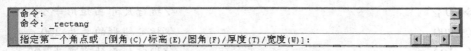

图 2-41 启动"RECTANG"命令

其中，"指定第一个角点"选项要求指定矩形的一角点。在绘图区域执行该选项，AutoCAD 提示（图 2-42）：

图 2-42 "指定第一个角点"后绘制矩形

此时可通过指定另一角点绘制矩形，通过"面积"选项根据面积绘制矩形，通过"尺寸"选项根据矩形的长和宽绘制矩形，通过"旋转"选项表示绘制按指定角度放置的矩形。除了可以通过"指定一个角点"绘制矩形以外，AutoCAD 还提供了"倒角（C）/标高（E）/圆角（F）/厚度（T）/宽度（W）"多种绘制方式。

2. 选项说明

执行 RECTANG 命令后，AutoCAD 2011 提示："指定第一个角点或 [倒角（C）/标高（E）/圆角（F）/厚度（T）/宽度（W）]:"，在绘图区域指定矩形的第一个角点后，AutoCAD 继续提示："指定另一个角点或 [面积（A）/尺寸（D）/旋转（R）]:"。各选项说明如下：

1) "倒角"选项表示绘制在各角点处有倒角的矩形。
2) "标高"选项用于确定矩形的绘图高度，即绘图面与 XY 面之间的距离。
3) "圆角"选项确定矩形角点处的圆角半径，使所绘制矩形在各角点处按此半径绘制出圆角。
4) "厚度"选项确定矩形的绘图厚度，使所绘制矩形具有一定的厚度。
5) "宽度"选项确定矩形的线宽。
6) "面积"选项指通过指定矩形的面积大小绘制矩形。
7) "尺寸"选项指通过指定矩形的长和宽的尺寸来绘制矩形。

8)"旋转"选项用于指定矩形的旋转角度。

3. 操作实例

用 RECTANG 命令绘制图 2-43 的矩形。

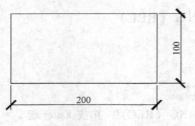

图 2-43 绘制矩形

2.5.1 绘制矩形操作实例

| 命令:RECTANG ↙ | //执行 RECTANG 命令 |
在绘图区域任一点指定矩形的第一个角点
命令:D ↙	//执行尺寸画矩形命令
命令:200 ↙	//指定矩形的长为 200
命令:100 ↙	//指定矩形的宽度为 100
完成矩形的绘制

2.5.2 绘制正多边形 POLYGON（POL）

1. 命令功能

1）菜单栏："绘图"→"多边形"。

2）工具栏："绘图"→ ⬠ 。

3）命令行：输入"POLYGON（POL）"并按 Enter 键。

单击"绘图"工具栏上的" ⬠ "正多边形命令按钮，或选择"绘图"→"正多边形"命令，或在命令行输入"POLYGON"命令，或在命令行输入"POL"快捷命令，即执行 POLYGON 命令，AutoCAD 提示（图 2-44）：

图 2-44 启动"POLYGON"命令

指定正多边形的边的数量之后，AutoCAD 提供两种方式绘制正多边形（图 2-45）：

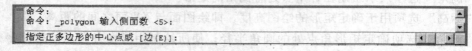

图 2-45 两种绘制正多边形的方式

指定正多边形的中心点，此默认选项要求用户确定正多边形的中心点，指定后将利用多边形的假想外接圆或内切圆绘制等边多边形。执行该选项，即确定多边形的中心点后，AutoCAD 提示（图 2-46）：

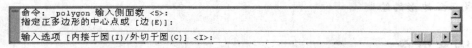

图 2-46 "指定正多边形的中心点"绘制正多边形

其中,"内接于圆"选项表示所绘制多边形将内接于假想的圆。"外切于圆"选项表示所绘制多边形将外切于假想的圆。

AutoCAD 还可以通过"边"绘制正多边形,根据多边形某一条边的两个端点绘制多边形(图 2-47)。

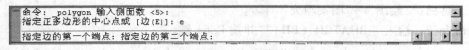

图 2-47 通过"边"绘制正多边形

2. 选项说明

执行 POLYGON 命令后,AutoCAD 2011 提示:"输入侧面数 <4>:",在命令行输入边数并按 Enter 键后,AutoCAD 继续提示:"指定正多边形的中心点或［边（E）］:",在绘图区域指定正多边形的中心点后,AutoCAD 继续提示:"输入选项［内接于圆（I）/外切于圆（C）］<I>:"。各选项说明如下:

1)"输入侧面数"用于指定多边形的边数。
2)"指定正多边形的中心点"选项用于在绘图区域指定正多边的中心点。
3)"边（E）"选项用于在绘图区域指定正多边形某一条边的两个端点绘制多边形。
4)"内接于圆"选项表示所绘制多边形将内接于假想的圆。
5)"外切于圆"选项表示所绘制多边形将外切于假想的圆。

3. 操作实例

用 POLYGON 命令绘制图 2-48 的正多边形。

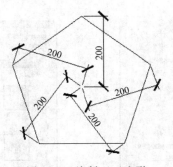

2.5.2 绘制正多边形操作实例

图 2-48 绘制正五边形

命令:POLYGON ✓	//执行 POLYGON 命令
命令:5 ✓	//确定正多边形的边数为 5
在绘图区域任一点指定正多边形的中心点	
命令:I ✓	//指定正多边形内接于圆
命令:200 ✓	//指定圆的半径为 200

完成正五边形的绘制

2.6 图案填充

2.6.1 填充图案 BHATCH（BH）

1. 命令功能

1）菜单栏："绘图"→"图案填充"。

2）工具栏："绘图"→"图案填充" 。

3）命令行：输入"BHATCH（BH）"并按 Enter 键。

图案填充命令是用指定的图案填充指定的区域。单击"绘图"工具栏上的" "图案填充按钮，或选择"绘图"→"图案填充"命令，或在命令行输入"BHATCH"命令，或在命令行输入"H"快捷命令，即执行 BHATCH 命令，AutoCAD 弹出"图案填充和渐变色"对话框，如图 2-49 所示。

2. 选项说明

对话框中有"图案填充"和"渐变色"两个选项卡。

（1）"图案填充"选项卡。此选项卡用于设置填充图案以及相关的填充参数。其中，"类型和图案"选项组用于设置填充图案以及相关的填充参数。可通过"类型和图案"选项组确定填充类型与图案，通过"角度和比例"选项组设置填充图案时的图案旋转角度和缩放比例，通过"图案填充原点"选项组控制生成填充图案时的起始位置，通过"添加：拾取点"按钮和"添加：选择对象"按钮确定填充区域。

（2）"渐变色"选项卡。单击"图案填充和渐变色"对话框中的"渐变色"标签，或者单击"绘图"工具栏上的" "渐变填充按钮，AutoCAD 切换到"渐变色"选项卡，如图 2-50 所示。

图 2-49 打开"图案填充和渐变色"对话框

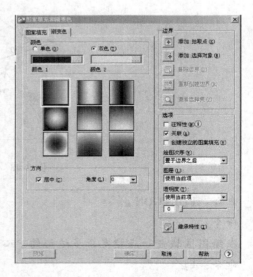

图 2-50 "渐变色"填充对话框

该选项卡用于以渐变方式实现填充。其中,"单色"和"双色"两个单选按钮用于确定是以一种颜色填充,还是以两种颜色填充。当以一种颜色填充时,可利用位于"双色"单选按钮下方的滑块调整所填充颜色的浓淡度。当以两种颜色填充时(选中"双色"单选按钮),位于"双色"单选按钮下方的滑块变成与其左侧相同的颜色框和按钮,用于确定另一种颜色,位于选项卡中间位置的9个图像按钮用于确定填充方式。

此外,还可以通过"角度"下拉列表框确定以渐变方式填充时的旋转角度,通过"居中"复选框指定对称的渐变配置。如果没有选定此选项,渐变填充将朝左上方变化,可创建出光源在对象左边的图案。

其中,"孤岛检测"复选框确定是否进行孤岛检测以及孤岛检测的方式。"边界保留"选项组用于指定是否将填充边界保留为对象,并确定其对象类型。

AutoCAD 2011 允许将实际上并没有完全封闭的边界用作填充边界。如果在"允许的间隙"文本框中指定了值,该值就是 AutoCAD 确定填充边界时可以忽略的最大间隙,即如果边界有间隙,且各间隙均小于或等于设置的允许值,那么这些间隙均会被忽略,AutoCAD 将对应的边界视为封闭边界。

如果在"允许的间隙"编辑框中指定了值,当通过"拾取点"按钮指定的填充边界为非封闭边界,且边界间隙小于或等于设定的值时,AutoCAD 会打开如图 2-51 所示的"图案填充-开放边界警告"窗口,如果单击"继续填充此区域"行,AutoCAD 将对非封闭图形进行图案填充。

(3)其他选项。如果单击"图案填充和渐变色"对话框中位于右下角位置的小箭头,对话框则如图 2-52 所示,通过其可进行对应的设置。

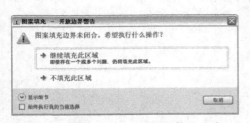

图 2-51 "图案填充-开放边界警告"窗口

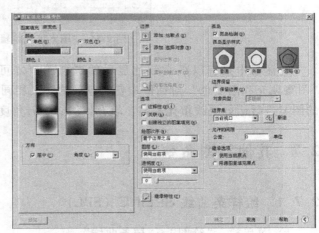

图 2-52 "图案填充和渐变色"对话框

2.6.2 编辑图案 HATCHEDIT

1)菜单栏:"修改"→"对象"→"图案填充"。

2)工具栏:"修改Ⅱ"→"图案填充" 。

3)命令行:输入"HATCHEDIT"并按 Enter 键。

单击"修改Ⅱ"工具栏上的" "编辑图案填充按钮,或选择"修改"→"对象"→

"图案填充"命令,或者在命令行输入"HATCHEDIT"命令,即执行 HATCHEDIT 命令,AutoCAD 提示如图 2-53 所示:

图 2-53 启动"HATCHEDIT"命令

在该提示下选择已有的填充图案,AutoCAD 弹出如图 2-54 所示的"图案填充编辑"对话框。

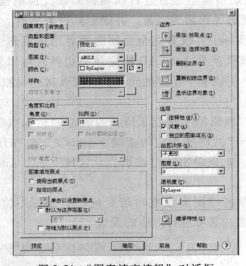

图 2-54 "图案填充编辑"对话框

对话框中只有以正常颜色显示的选项用户才可以操作。该对话框中各选项的含义与"图案填充和渐变色"对话框中各对应项的含义相同。利用此对话框,用户就可以对已填充的图案进行诸如更改填充图案、填充比例、旋转角度等操作。

2.7 其他绘图命令

2.7.1 绘样条曲线 SPLINE(SPL)

1) 菜单栏:"绘图"→"样条曲线"。
2) 工具栏:"绘图"→"样条曲线 "。
3) 命令行:输入"SPLINE(SPL)"并按 Enter 键。

利用此命令可以绘制由一系列曲线组成的样条曲线,在建筑制图中不常用。单击"绘图"工具栏上的" "样条曲线按钮,或选择"绘图"→"样条曲线"命令,或在命令行输入"SPLINE"命令,或在命令行输入"SPL"快捷命令,即执行 SPLINE 命令,AutoCAD 提示,如图 2-55 所示:

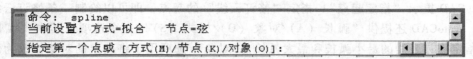

图 2-55 启动"SPLINE"命令

"指定第一个点"即确定样条曲线上的第一点(即第一拟合点),为默认项。执行此选项,在绘图区域选择任意一点单击鼠标左键即确定一点,AutoCAD 提示如图 2-56 所示:

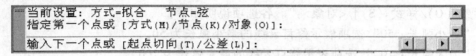

图 2-56 "指定第一个点"

"输入下一个点"在此提示下确定样条曲线上的第二拟合点后,AutoCAD 提示如图 2-57 所示:

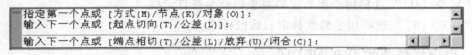

图 2-57 绘制样条曲线"输入下一个点"

"输入下一个点"后,AutoCAD 提供"端点相切(T)/公差(L)/放弃(U)/闭合(C)"选项,"端点相切"选项用于根据相切端点绘制样条曲线;"公差"选项用于根据给定的拟合公差绘样条曲线;"放弃"选项用于放弃样条曲线的绘制;"闭合"选项用于封闭多段线。

除此以外,样条曲线还提供"对象(O)"选项,将样条曲线拟合多段线转换成等价的样条曲线并删除多段线。执行此选项,AutoCAD 提示如图 2-58 所示:

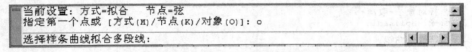

图 2-58 将样条曲线拟合多段线转化为样条曲线

2.7.2 修订云线 REVCLOUD

1. 命令功能

1)菜单栏:"绘图"→"修订云线"。

2)工具栏:"绘图"→"修订云线" 。

3)命令行:输入"REVCLOUD"并按 Enter 键。

单击"绘图"工具栏上的" "修订云线按钮,或选择"绘图"→"修订云线"命令,或在命令行输入"REVCLOUD"命令,即执行样条曲线命令(图 2-59):

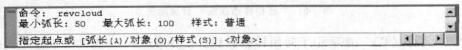

图 2-59 启动"REVCLOUD"命令

AutoCAD 提示"指定起点",指定"修订云线"的起点,即可以绘制一条修订云线。除此以外,AutoCAD 还提供"弧长(A)/对象(O)/样式(S)"三个选项,其中"弧长"选项用于指定修订云线的最小弧长和最大弧长,"对象"选项用于将选定的对象修改为修订云线,"样式"用于指定修订云线的样式。

2. 选项说明

执行 REVCLOUD 命令后,AutoCAD 2011 提示:"最小弧长:50 最大弧长:100 样式:普通",在绘图区域任一点指定修订云线的起点后,AutoCAD 继续提示:"指定起点或〔弧长(A)/对象(O)/样式(S)〕<对象>:"。各选项说明如下:

1)"最小弧长:50"选项表示修订云线的最小弧长为 50。
2)"最大弧长:100"选项表示修订云线的最大弧长为 100。
3)"样式:普通"选项表示当前修订云线的样式为普通。
4)"弧长(A)"选项用于修改修订云线的最小和最大弧长。
5)"对象(O)"选项用于将指定的对象转换为修订云线。
6)"样式(S)"选项用于修改修定云线的样式。

2.7.3 编辑样条曲线 SPLINEDIT

1)菜单栏:"修改"→"对象"→"样条曲线"。
2)工具栏:"修改Ⅱ"→"样条曲线" 。
3)命令行:输入"SPLINEDIT"并按 Enter 键。

单击"修改Ⅱ"工具栏上的" "编辑样条曲线按钮,或选择"修改"→"对象"→"样条曲线"命令,或在命令行输入"SPLINEDIT"命令,即执行 SPLINEDIT 命令,AutoCAD 提示如图 2-60 所示:

图 2-60 启动"SPLINEDIT"命令

在该提示下选择样条曲线,AutoCAD 会在样条曲线的各控制点处显示出夹点(图2-61),并在命令行提示,如图 2-62 所示:

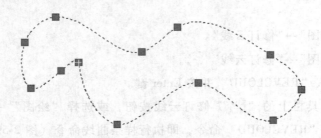

图 2-61 "选择样条曲线"后显示夹点

其中,"闭合(C)"选项用于封闭样条曲线。"合并(J)"选项用于合并样条曲线。"拟合数据(F)"选项用于修改样条曲线的拟合点。"编辑顶点(E)"选项用于编辑样条曲

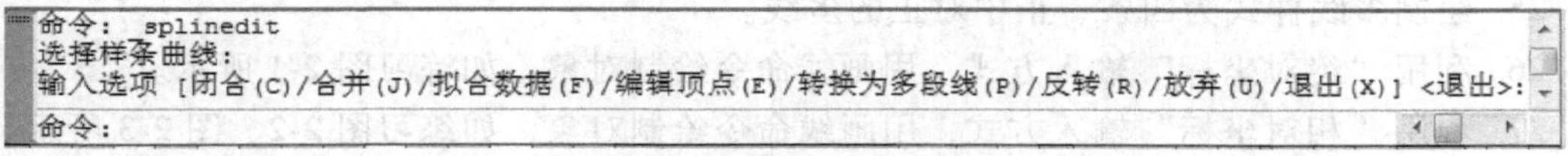

```
命令: splinedit
选择样条曲线:
输入选项 [闭合(C)/合并(J)/拟合数据(F)/编辑顶点(E)/转换为多段线(P)/反转(R)/放弃(U)/退出(X)] <退出>:
命令:
```

图 2-62 “编辑样条曲线”选项

线上的点。“转换为多段线（P）”选项用于将样条曲线转化为多段线。“反转（R）”选项用于反转样条曲线的方向。

2.8 本章练习

1. 用直线命令绘制一个长 500mm、宽 300mm 的矩形。

2. 绘制 5 条平行的构造线。

3. 绘制多段线，中间为直线，两端为半圆，其中直线长度为 1000mm，圆弧直径为 1000mm。

4. 绘制边长为 800mm 的正方形。

5. 绘制内接于半径为 800mm 的圆的正五边形。

6. 绘制外切于半径为 800mm 的圆的正五边形。

7. 绘制内接于半径为 800mm 的圆的等边三角形。

8. 绘制长为 1000mm、宽为 500mm 的矩形，并倒角 100。

9. 绘制长为 1000mm、宽为 500mm 的矩形，并倒圆角 50。

10. 绘制一段半径为 800mm、角度为 90°的圆弧。

11. 绘制一段半径为 400mm、角度为 45°的圆弧。

12. 绘制一个半径为 800mm 的圆。

13. 绘制一个内径为 500mm、外径为 800mm 的圆环。

14. 绘制一段最小弧长为 50mm、最大弧长为 100mm 的修订云线。

15. 绘制一段闭合的样条曲线，并把样条曲线转化为多段线。

16. 绘制一个两端点距离为 1000mm、另一条半轴长度为 200mm 的椭圆。

17. 绘制一段两端点距离为 1000mm、另一条半轴长度为 200mm 的半椭圆弧。

18. 绘制一个两端点距离为 1000mm、另一条半轴长度为 200mm 的椭圆，并将椭圆填充为单色蓝色。

19. 绘制一个两端点距离为 1000mm、另一条半轴长度为 200mm 的椭圆，并将椭圆填充为蓝色和黄色混合的双色。

20. 绘制一个两端点距离为 1000mm、另一条半轴长度为 200mm 的椭圆，并将椭圆填充为“solid”。

21. 将点样式改为圆，绘制一条直线，在直线两个端点插于点。

22. 将点样式改为矩形，绘制一条长度为 500mm 的直线，并在直线上绘制定距为 100mm 的等分点。

23. 绘制四条相互垂直的射线。

24. 绘制多线样式为两条、正中对正的多线。

25. 绘制多线样式为四条、正中对正的多线。
26. 利用"绝对坐标"输入方式，用画线命令绘制对象，如练习图 2-1 所示。
27. 利用"相对坐标"输入方式，用画线命令绘制对象，如练习图 2-2、图 2-3 所示。

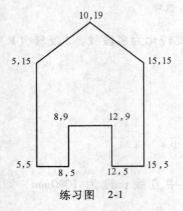

练习图 2-1

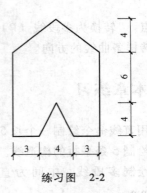

练习图 2-2

28. 利用"极坐标"输入方式，用画线命令绘制对象，如练习图 2-4、图 2-5、图 2-6 所示。

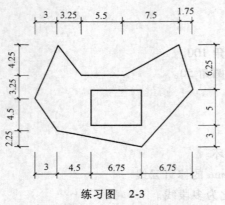

练习图 2-3

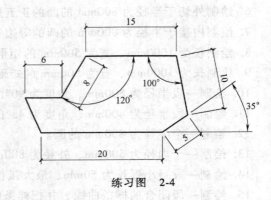

练习图 2-4

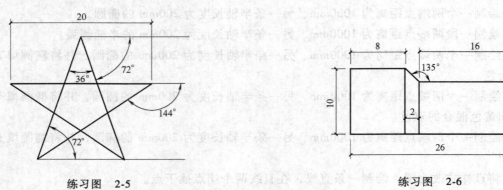

练习图 2-5

练习图 2-6

29. 利用矩形命令绘制对象，如练习图 2-7 所示。
30. 利用矩形命令绘制对象，修改倒角数值为 10，如练习图 2-8 所示。
31. 利用矩形命令绘制对象，修改倒圆角数值为 5，修改线宽数值为 3，如练习图 2-9 所示。

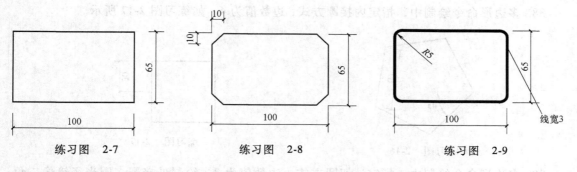

练习图 2-7　　　　　练习图 2-8　　　　　练习图 2-9

32. 绘制矩形命令对象，倒角数值为12，如练习图 2-10 所示。
33. 绘制矩形命令对象，倒角数值依次输入12、18，如练习图 2-11 所示。

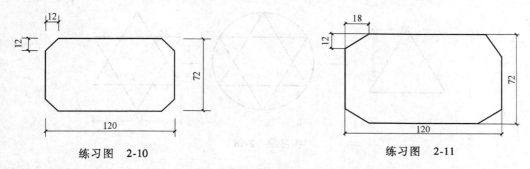

练习图 2-10　　　　　　　　　　练习图 2-11

34. 多边形命令绘制中，指定边方式，边数值为8，如练习图 2-12 所示。
35. 多边形命令绘制中，指定外切圆半径方式，边数值为8，如练习图 2-13 所示。

练习图 2-12　　　　　　　　　　练习图 2-13

36. 多边形命令绘制中，指定内接圆半径方式，边数值为8，如练习图 2-14 所示。
37. 多边形命令绘制中，指定边长方式，不同边数值多边形，如练习图 2-15、练习图 2-16 所示。

 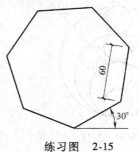

练习图 2-14　　　　　　　　　　练习图 2-15

38. 多边形命令绘制中，指定内接圆方式，边数值为4，如练习图 2-17 所示。

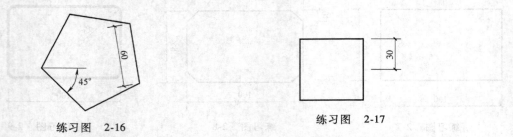

练习图 2-16　　　　　　　　　　　练习图 2-17

39. 多边形命令绘制中，指定外切圆方式，边数值为3。绘制外接圆，圆半径镜像三角形，删除圆完成如练习图 2-18 所示。

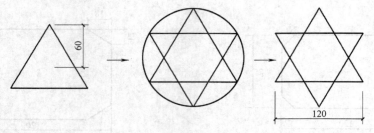

练习图 2-18

40. 画圆命令绘制，利用指定圆半径方式绘制圆和切圆方式绘制，如练习图 2-19～练习图 2-22 所示。

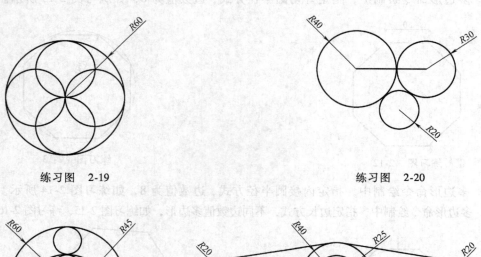

练习图 2-19　　　　　　　　　　　练习图 2-20

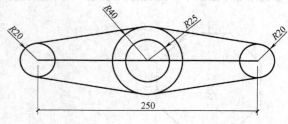

练习图 2-21　　　　　　　　　　　练习图 2-22

41. 画圆弧命令绘制，利用指定圆半径方式绘制圆弧，如练习图 2-23~练习题 2-25 所示。

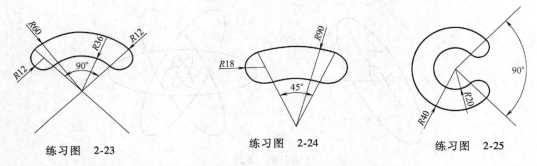

练习图 2-23　　　　　练习图 2-24　　　　　练习图 2-25

42. 画圆弧命令绘制，利用指定圆半径、弦长的方式绘制圆弧，如练习图 2-26、练习图 2-27 所示。

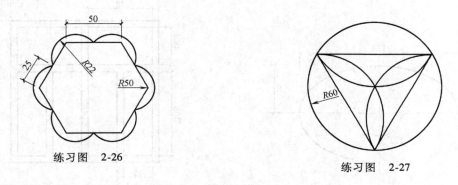

练习图 2-26　　　　　练习图 2-27

43. 画圆弧命令绘制综合练习，如练习图 2-28 所示。
44. 画椭圆命令绘制，利用指定圆半径方式绘制椭圆，环形阵列 3 个，如练习图 2-29 所示。

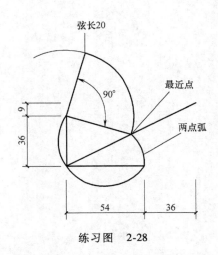

练习图 2-28

45. 画椭圆弧命令绘制，利用指定圆半径方式绘制椭圆弧，如练习图 2-30 所示。
46. 绘制命令综合练习，利用矩形绘制门窗，如练习图 2-31 所示。

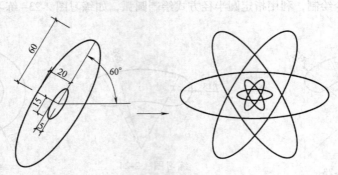

练习图 2-29

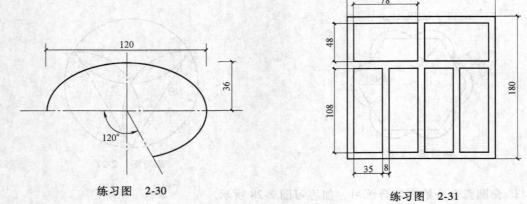

练习图 2-30

练习图 2-31

第 3 章

编辑图形

3.1 复制对象类命令

在绘图过程中，有时一张图中会出现几个或多个相同的小图形，此时，就可以使用某些命令来对图形进行相应的复制，从而免除重复绘制的麻烦。这些命令包括复制（COPY）命令、偏移（OFFSET）命令、镜像（MIRROR）命令以及阵列（ARRAY）命令等。

3.1.1 复制对象 COPY（CO）

1. 命令功能

1) 菜单栏："修改"→"复制"。
2) 工具栏："修改"→"复制" 。
3) 命令行：输入"COPY（CO）"并按 Enter 键。

COPY 命令能将多个对象复制到指定位置。

2. 选项说明

执行 COPY 命令后，AutoCAD 2011 命令行提示："选择对象"，可用任何一种目标选择方式选择要复制的对象，系统继续提示："指定基点或［位移（D）/模式（O）］<位移>："，AutoCAD 2011 默认的模式是多个复制，如果要改变可到"模式（O）"中设置。各选项说明如下：

（1）指定基点。确定复制基点，为默认项。执行该默认项，即指定复制基点后，AutoCAD 提示："指定第二个点或<使用第一个点作为位移>："，在此提示下再确定一点，AutoCAD 将所选择对象按由两定点确定的位移矢量复制到指定位置；如果在该提示下直接按 Enter 键或 Space 键，AutoCAD 则将第一点的各坐标分量作为位移量复制对象。

（2）位移（D）。根据位移量复制对象。执行该选项，AutoCAD 提示："指定位移："，如果在此提示下输入坐标值（直角坐标或极坐标），AutoCAD 将所选择对象按与各坐标值对应的坐标分量作为位移量复制对象。

（3）模式（O）。确定复制模式。执行该选项，AutoCAD 提示："输入复制模式选项［单个（S）/多个（M）］<多个>："，其中，"单个（S）"选项表示执行 COPY 命令后只能对选择的对象执行一次复制,而"多个(M)"选项表示可以多次复制,AutoCAD 默认为"多个(M)"。

3. 操作实例

用 COPY 命令复制如图 3-1a 所示的沙发。操作如下:

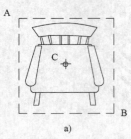
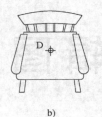

a)　　　　　　　　b)

图 3-1　用 COPY 命令复制图形

3.1.1　复制对象

命令:COPY　　　　　　　　　　　　　　　　　　　//执行 COPY 命令
选择对象:点选点 B　　　　　　　　　　　　　　　//指定窗交对象的第一点
指定对角点:点选点 A　　　　　　　　　　　　　　//指定窗交对象的第二点
选择对象:指定对角点:找到 1 个　　　　　　　　　//提示已选择对象数,对象为一个块
选取对象:✓　　　　　　　　　　　　　　　　　　//按 Enter 键结束对象选择
定基点或［位移(D)/模式(O)］<位移>:点选点 C　　//指定复制基点
指定第二个点或 <使用第一个点作为位移>:点选点 D　//指定位移点
命令:✓　　　　　　　　　　　　　　　　　　　　//按 Enter 键结束命令

4. 提示

1)使用 COPY 命令在一个图形文件进行多次复制,如果要在图形文件之间进行复制,应采用 Ctrl+C 命令,它将复制对象复制到 Windows 的剪贴板上,然后在另一个图形文件中用 Ctrl+V 命令将剪贴板上的内容粘贴到图样中。

2)有规则多次复制可用"阵列(ARRY)"命令,无规则性的多次复制可选择多次(M)选项。

3.1.2　镜像对象 MIRROR(MI)

1. 命令功能

1)菜单栏:"修改"→"镜像"。

2)工具栏:"修改"→"镜像" 。

3)命令行:输入"MIRROR(MI)"并按 Enter 键。

MIRROR 命令用于复制具有对称性或部分具有对称性的图样,将指定的对象按给定的镜像线镜像处理。

2. 选项说明

执行 MIRROR 命令后,AutoCAD 2011 会提示:"选择对象:",可采用目标实体选择方式中的任何一种方法操作,当选择好镜像对象后,系统再次提示:"选择对象:"时,可敲

Enter 键或空格结束选择镜像对象,之后提示"指定镜像线的第一点:",确定好之后提示"指定镜像线的第二点:",之后提示"是否删除源对象?[是(Y)/否(N)]<N>:"。各选项说明如下:

(1) 镜像线的第一点:指定镜像线的起点。

(2) 镜像线的第二点:指定镜像线的终点。

(3) 是否删除源对象?[是(Y)/否(N)]<N>:镜像处理时,是否删除源对象,默认值 N,即不删除。

3. 操作实例

用 MIRROR 命令将床头柜镜像到另一边,如图 3-2 所示。操作如下:

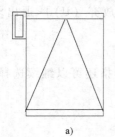
a)
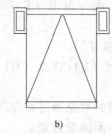
b)

图 3-2 用 MIRROR 命令镜像图形

命令:MIRROR	//执行 MIRROR 命令
选择对象:点选床头柜	//选取镜面对象
选择对象:找到 1 个	//提示已选择对象数
选择对象:	//按 Enter 键结束对象选择
指定镜像线的第一点:	
捕捉床的中点 O	//指定镜面线起点
指定镜像线的第二点:	
在床的中心线上取一点	//指定镜面线终点
是否删除源对象?[是(Y)/否(N)]<N>:	//键入 N 按 Enter 键结束命令

4. 提示

1) 对于水平或垂直的对称轴,更简便的方法是使用正交功能。确定了对称轴的第一点后,打开正交开关。此时光标只能在经过第一点的水平或垂直路径上移动,此时任取一点作为对称轴上的第二点即可。

2) 对某些具有对称线(面),但不完全对称的图样,也可以用 MIRROR 命令操作,然后稍做编辑即可。

3.1.3 偏移对象 OFFSET(O)

1. 命令功能

1) 菜单栏:"修改"→"偏移"。

2) 工具栏:"修改"→"偏移"。

3) 命令行:输入"OFFSET(O)"并按 Enter 键。

OFFSET命令将直线、圆、多段线等作同心复制,对于直线而言,其圆心在无穷远,相当于平行移动一定距离进行复制。

2. 选项说明

执行 OFFSET 命令后,系统提示:"指定偏移距离或 [通过(T)/删除(E)/图层(L)]<通过>:",按 Enter 键后提示:"选择要偏移的对象,或 [退出(E)/放弃(U)]<退出>:",选择完偏移对象后自动结束对象选择,紧接着提示:"指定要偏移的那一侧上的点,或 [退出(E)/多个(M)/放弃(U)]<退出>:",指定通过左键点取。各选项说明如下:

(1)"指定偏移距离或 [通过(T)/删除(E)/图层(L)]:用于指定偏移距离。
(2)选择要偏移的对象,或 [退出(E)/放弃(U)]<退出>:用于选择偏移对象。
(3)指定要偏移的那一侧上的点,或 [退出(E)/多个(M)/放弃(U)]<退出>:用于在要复制到的一侧任意确定一点。
(4)多个(M):用于实现多次偏移复制。
(5)选择要偏移的对象,或 [退出(E)/放弃(U)]<退出>:指还可以继续选择对象进行偏移复制。
(6)通过(T):使偏移复制后得到的对象通过指定的点。
(7)删除(E):实现偏移源对象后删除源对象。
(8)图层(L):确定将偏移对象创建在当前图层上还是源对象所在的图层上。

3. 操作实例

用 OFFSET 命令平移曲线 A 如图 3-3a 和曲线 B 如图 3-16b 所示。操作如下:

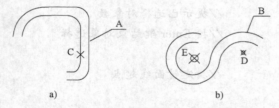

图 3-3 用 OFFSET 命令平移曲线

3.1.3 偏移对象

命令:OFFSET   //命令:执行 OFFSET 命令
指定偏移距离或[通过(T)/删除(E)/图层(L)]:✓   //按 Enter 键选择通过点选项
选择要偏移的对象,或[退出(E)/放弃(U)]<退出>:
点选点 A,如图 3-3a 所示   //指定选择对象
指定通过点或[退出(E)/多个(M)/放弃(U)]<退出>:
点选点 C   //指定通过点
选择要偏移的对象,或[退出(E)/放弃(U)]
<退出>:✓   //按 Enter 键结束命令

4. 提示

1) OFFSET 命令指定一定距离或一个点创建新对象,在 AutoCAD 2011 中,OFFSET 命令可操作的对象有直线、圆、圆弧、二维多段线、椭圆、椭圆弧、射线和构造线等。但是该命令不能用在三维面或三维对象上。

2）弯曲实体的偏移出现更大或更小的曲线，这取决于复制体在原实体的哪一边。比如，在圆外复制一个平行实体出现以更大的同心圆；在圆内复制一平行实体出现以更小的同心圆。

3）偏移多段线时，AutoCAD 2011 将偏移所在选定的形体控制点，如果将某个顶点偏移到样条曲线或多段线的一个锐角内时，则可能出现意想不到的后果。如图 3-3b 所示，将偏移点指定在 E 处，所得结果出人所料。

3.1.4 阵列对象 ARRAY（AR）

1. 命令功能

1）菜单栏："修改"→"阵列"。
2）工具栏："修改"→"阵列" 。
3）命令行：输入"ARRAY（AR）"并按 Enter 键。
ARRAY 命令按矩形或环形方式多重复制指定的对象。

2. 选项说明

执行 ARRAY 命令后，AutoCAD 2011 将打开如图 3-4 所示"阵列"对话框，各选项说明如下：

阵列样式：矩形阵列（R）/环形阵列（P），默认是矩形阵列（R）。矩形阵列（R）：按行和列方式来复制对象；环形阵列（P）：围绕一个中心点作等角距来复制对象。

a)   b)

图 3-4 矩形阵列

（1）矩形阵列（R）。执行 ARRAY 命令出现"阵列"对话框，做矩形阵列操作如下：
1）选择单选按钮"矩形阵列（R）"。
2）在"行"和"列"编辑框输入矩形阵列的行数和列数。
3）设置"偏移距离和方向"的参数。
① 在"行偏移"编辑框输入阵列的行间距。
② 在"列偏移"编辑框输入阵列的列间距。
③ 在"阵列角度"编辑框输入阵列的倾斜角度。

行偏移、列偏移可有正、负，如果行偏移为正，阵列向上方复制；列偏移为正，阵列向右方复制；否则相反。而"阵列角度"则是"行"与当前 UCS 的 X 轴的夹角。

另外，"偏移距离和方向"区中的按钮是用来在图形窗口设定上述参数的："长方形按钮"是通过指定两个角点形成一个矩形，即单位单元。该矩形的高与宽分别作为矩形阵列的行偏移和列偏移。单位单元的两点位置与点取的先后顺序则确定了矩形阵列的方向：例如先点取左上角，再点取右下角，则将向下、向右形成复制阵列；另外三个小按钮则用来返回图形窗口，用点取两个点的方法来输入对应项目的值。

4）单击"选择对象"按钮，切换到图形窗口，选择阵列的源对象。选择完按 Enter 键返回对话框，此时可单击"确定"按钮以结束操作，或单击"预览"阵列效果之后再确定，这样便于参数设置错误时及时修改。

（2）环形阵列（R）。执行 ARRAY 命令后出现"阵列"对话框，做环形阵列的操作如下：

1）选择单选按钮"环形阵列"。阵列对话框将切换为如图 3-4 所示的样式。

2）在"中心点"的编辑框输入环形阵列中心点的 X、Y 坐标。也可以单击拾取按钮在图形窗口直接拾取。

3）在"方法和值"区确定构成环形阵列所使用的方法与有关数值。

① 下拉列表框中有三个选项供选择。

➤ "项目总数和填充角度"。

➤ "项目总数和项目间的角度"。

➤ "填充角度和项目间的角度"。

"项目总数"中应包括源对象本身。"填充角度"是指总的填充角。"项目间的角度"是指每个对象之间的夹角。

输入角度如为正，将按逆时针方向进行环形复制；为负则按顺时针方向复制。

② 选完方法后既可在该区相应的编辑框输入参数。也可以单击按钮在图形窗口中拾取。

4）如阵列时每个对象都要相对于本身的基点作相应旋转，则选择"复制时旋转项目"复选按钮；否则对象只作平移环形阵列。

5）如果要设置源对象的基点，打开"对象基点"区。

在构成环形阵列时，基点到阵列中心的距离保持不变。显然，基点不同将影响平移环形阵列图形的形状。

每个对象都有一个默认基点。它是由对象的性质决定的，如直线取第一个端点为基点；圆、椭圆、圆弧等的基点是圆心；块的基点是插入点；文字以定位点为基点；选择集上的基点决定于用户选择时最后一个对象等。但构造阵列时也可以不用默认的基点。另外如果用户使用窗口方式或交叉窗口方式选择对象时，也很难确定哪个是选择集中最后一个对象，这时用户亦应按需要指定一个基点。

有三种设置基点的方法：

➤ 选择"设为对象的默认值"单选项。

➤ 在"基点"的编辑框输入基点坐标值。

➤ 单击该区右下角的拾取按钮，切换到图形窗口直接拾取基点。

3. 操作实例

将沙发用 ARRAY 命令进行阵列复制。如图 3-5 所示，操作如下：

命令：ARRAY   //执行 ARRAY 命令

打开如图 3-4 所示环形阵列对话框在"中心点"的编辑   //打开环形阵列对话框，指定

框单击拾取按钮点取点 O   环形阵列中心

在环形阵列对话框中项目总数中输入6	//键入阵列项数目
在填充角度输入框中输入360	//指定阵列角度
单击"选择对象"按钮	//选择对象
选取阵列对象：点选点B	//指定窗交对象的第一点
另一角点：点选点A	//指定窗交对象的第二点
选择集中的对象:1	//提示已选择对象数
选取阵列对象:↙	//按Enter键结束对象选择
命令：ARRAY	//执行ARRAY命令
打开如图3-4所示矩形阵列对话框	//打开矩形阵列对话框
在"行"编辑框输入矩形阵列的行数3	//键入阵列的行数3
在"列"编辑框输入矩形阵列的列数3	//键入阵列的列数3
在"行偏移"编辑框输入阵列的行间距50	//指定行的间距50
在"列偏移"编辑框输入阵列的列间距60	//指定列的列间距60
单击"选择对象"按钮	
选取阵列对象：点选点B	//指定窗交对象的第一点
另一角点：点选点A	//指定窗交对象的第二点
按Enter键	//按Enter键结束对象选择
选择集中的对象:1	//提示已选择对象数
单击"确定"按钮	//按Enter键结束命令

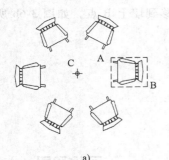
a)

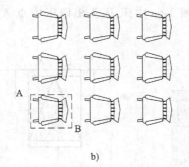
b)

3.1.4 阵列对象

图 3-5 用 ARRAY 命令进行阵列复制

4. 提示

1) 矩形阵列，输入的行距和列距为负值，则加入的行在原行的下方，加入的列在原列的左方。对环形阵列，输入的角度为正值，沿逆时针方向旋转；反之，则沿顺时针方向旋转。

2) 矩形的列数和行数均包含所选形体，环形阵列的复制份数也包括原始形体在内。

3.2 调整对象位置类命令

3.2.1 移动对象 MOVE（M）

1. 命令功能

1) 菜单栏："修改"→"移动"。

2) 工具栏："修改"→"移动" 。

3) 命令行：输入"MOVE（M）"并按 Enter 键。

MOVE 命令用于将对象在指定的基点移动到另一新的位置。移动过程中并不改变对象的尺寸和方位。在命令执行过程中，需要确定的参数有：需要移动的对象，移动基点和第二点。

2. 选项说明

执行 MOVE 命令后，AutoCAD 2011 命令行提示："选择对象："，然后继续提示："指定基点或［位移（D）］＜位移＞："，然后继续提示："指定第二个点或＜使用第一个点作为位移＞："，完成移动命令。各选项说明如下：

（1）位移（D）：根据位移量移动对象。执行该选项，AutoCAD 提示："指定位移："，如果在此提示下输入坐标值（直角坐标或极坐标），AutoCAD 将所选择对象按与各坐标值对应的坐标分量作为移动位移量移动对象。

（2）基点：确定移动基点，为默认项。执行该默认项，即指定移动基点后，AutoCAD 提示："指定第二个点或＜使用第一个点作为位移＞："，在此提示下指定一点作为位移第二点，或直接按 Enter 键或 Space 键，将第一点的各坐标分量（也可以看成为位移量）作为移动位移量移动对象。

基点是移动对象的基准点，基点可以指定在被移动的对象上，也可以不指定在被移动的对象上。选择基点时尽量要选择一些特殊点或有相对关系的点。

3. 操作实例

用 MOVE 命令将图 3-6a 中床-床头柜以床中点 A 为基准后移到墙上 B 点，如图 3-6b 所示。操作如下：

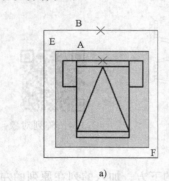
a)
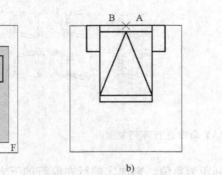
b)

图 3-6 用 MOVE 命令进行移动

3.2.1 移动对象

命令：MOVE　　　　　　　　　　　　　　　　　　//执行 MOVE 命令
选择对象：点选点 F　　　　　　　　　　　　　　//指定窗交对象的第一点
指定对角点：点选点 E　　　　　　　　　　　　　//指定窗交对象的第二点
选择对象：指定对角点：找到 8 个　　　　　　　　//提示已选择对象数
选择对象：↙　　　　　　　　　　　　　　　　　//按 Enter 键结束对象选择
指定基点或［位移(D)］＜位移＞：捕捉点 A　　　　//指定移动的基点
指定第二个点或＜使用第一个点作为位移＞：捕捉点 B↙　//指定移动的基点

命令：↙　　　　　　　　　　　　　　　　　　　　　　　　//按 Enter 键结束命令

4．提示

1）用户可借助对象捕捉功能来确定移动时所需的基点。

2）夹点功能也能实现对形体的移动。

3）"使用 MOVE（移动）命令移动图形"将改变图形的实际位置，从而使图形产生物理上的变化；"使用 PAN（实时平移）命令移动图形"只能在视觉上调整图形的显示位置，并不能使图形发生物理上的变化。

3.2.2　旋转对象 ROTATE（RO）

1．命令功能

1）菜单栏："修改"→"旋转"。

2）工具栏："修改"→"旋转" 。

3）命令行：输入"ROTATE（RO）"并按 Enter 键。

旋转对象指将指定的对象绕指定点（称其为基点）旋转指定的角度。

2．选项说明

执行 ROTATE 命令后，AutoCAD 2011 命令行提示："选择对象："，然后继续提示："指定基点："，键入旋转点后，继续提示："指定旋转角度，或［复制（C）/参照（R）］<0>："。各选项说明如下：

（1）指定旋转角度：输入角度值，AutoCAD 会将对象绕基点转动该角度。在默认设置下，角度为正时沿逆时针方向旋转，反之沿顺时针方向旋转。

（2）复制（C）：创建出旋转对象后仍保留原对象。

（3）参照（R）：以参照方式旋转对象。执行该选项，AutoCAD 提示："指定参照角：（输入参照角度值）"。

指定新角度或［点（P）］<0>：指输入新角度值，或通过"点（P）"选项指定两点来确定新角度。

执行结果：AutoCAD 根据参照角度与新角度的值自动计算旋转角度（旋转角度＝新角度-参照角度），然后将对象绕基点旋转该角度。

3．操作实例

用 ROTATE 命令将图 3-7a 中床-床头柜以点 C 为旋转基点，旋转-90°如图 3-7b 所示。操作如下：

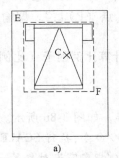
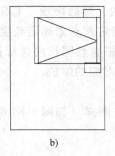

a)　　　　　　　　　　　　　　　　　　b)

图 3-7　用 ROTATE 命令进行旋转

3.2.2　旋转对象

命令:ROTATE   //执行 ROTATE 命令
选择对象:点选点 F   //指定窗交对象的第一点
另一角点:点选点 E   //指定窗交对象的第二点
选择集中的对象:8   //提示已选择对象数
选择对象:✓   //按 Enter 键结束对象选择
指定基点:点选点 C   //指定旋转点
指定旋转角度或"复制(C)/参照(R)"<0>:-90✓   //指定旋转角度
命令:✓   //按 Enter 键结束命令

4. 提示

旋转基点的选择与图样的具体情况有关,但是指定基点最好采用目标捕捉方式。

3.3 调整对象形状类命令

3.3.1 缩放对象 SCALE（SC）

1. 命令功能

1）菜单栏:"修改"→"缩放"。

2）工具栏:"修改"→"缩放" 。

3）命令行:输入"SCALE（SC）"并按 Enter 键。

SCALE 用于将对象按指定的比例因子相对于指定的基点放大或缩小。

2. 选项说明

执行 SCALE 命令后，AutoCAD 2011 提示"选择对象:"，结束对象选择之后，接着继续提示:"指定基点:"，指定基点之后继续提示:"指定比例因子或[复制（C）/参照（R）]:"。各选项说明如下:

（1）指定比例因子:确定缩放比例因子，为默认项。执行该默认项，即输入比例因子后按 Enter 键或 Space 键，AutoCAD 将所选择对象根据该比例因子相对于基点缩放，且 0<比例因子<1 时缩小对象，比例因子>1 时放大对象。

（2）复制（C）:创建出缩小或放大的对象后仍保留原对象。执行该选项后，根据提示指定缩放比例因子即可。

（3）参照（R）:将对象按参照方式缩放。执行该选项，AutoCAD 提示:"指定参照长度":即输入参照长度的值，然后出现"指定新的长度或[点（P）]:"，即输入新的长度值或通过"点（P）"选项指定两点来确定长度值。

执行结果:AutoCAD 根据参照长度与新长度的值自动计算比例因子（比例因子=新长度值/参照长度值），并进行对应的缩放。

3. 操作实例

用 SCALE 命令将汽车图样（如图 3-8a 所示）缩小一半，如图 3-8b 所示。操作如下:

命令:SCALE   //命令:执行 SCALE 命令
选择对象: //指定窗选对象第一点
指定对角点: //指定窗选对象第二点

指定对角点:找到 1 个　　　　　　　　　　　//提示已选择对象数
选择对象:✓　　　　　　　　　　　　　　　//按 Enter 键结束对象选择
指定基点:在图 3-8a 所示汽车后轮上拾取一点　//指定比例缩放基点
指定比例因子或"复制(C)/参照(R)"<1.0000>:0.5　//键入缩放比例因子
命令:✓　　　　　　　　　　　　　　　　　//按 Enter 键结束命令

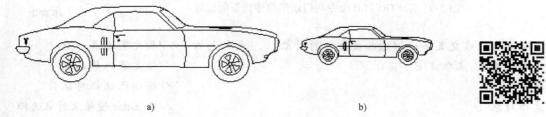

图 3-8　用 SCALE 命令缩小图形　　　　　　　3.3.1　缩放对象

4. 提示

1) 当比例因子大于 1 时，放大对象；当 0<比例因子<1 时，缩小对象；比例因子为 1 时不改变对象尺寸。

2) 选择基点最好指定在对象的几何中心或对象的特殊点上，可用目标捕捉的方式来指定。

3) SCALE 命令在夹点功能中可以对对象进行缩放操作。

4) SCALE 命令与 Zoom 命令有区别，前者可改变实体的尺寸大小，后者只是缩放显示实体，并不改变实体的尺寸值，所以说 Zoom 命令是透明命令。

3.3.2　拉伸对象 STRETCH（S）

1. 命令功能

1) 菜单栏："修改"→"拉伸"。

2) 工具栏："修改"→"拉伸" 。

3) 命令行：输入"STRETCH（S）"并按 Enter 键。

STRETCH 命令可将图样拉伸或压缩一定的值。该命令用交叉方式选择操作对象，与窗口相交的对象可拉伸或压缩，而窗口内的对象将被移动。

2. 选项说明

执行 STRETCH 命令后，AutoCAD 2011 命令行提示："以交叉窗口或交叉多边形选择要拉伸的对象..."，"选择对象："，完成对象选择之后继续提示："指定基点或［位移（D）］<位移>："，指定位移基点，系统接着提示："指定第二个点或 <使用第一个点作为位移>："，指定位移第二点，则由基点与第二点决定拉伸距离。各选项说明如下：

（1）指定基点：确定拉伸或移动的基点。

（2）位移（D）：根据位移量移动对象。

3. 操作实例

（1）将门水平拉伸。用 STRETCH 命令将门水平拉伸到新位置，如图 3-9 所示。操作如下：

命令:STRETCH　　　　　　　　　　　　　　　　　　　　//执行 STRETCH 命令

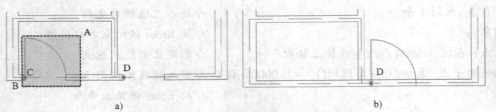

图 3-9 用 STRETCH 命令将门水平拉伸到新的位置

3.3.2 拉伸对象

以交叉窗口或交叉多边形选择要拉伸的对象...:点取点 A	//指定窗选第一点
指定对角点:点取点 B	//指定窗选第二点
找到 11 个:	//提示已选择对象数
选择对象:✓	//按 Enter 键结束对象选择
指定基点或 [位移(D)] <位移>:点取点 C	//指定拉伸的基点
指定第二个点或 <使用第一个点作为位移>:点取点 D	//指定拉伸到的基点
命令:✓	//按 Enter 键结束命令

（2）将床水平拉伸。用 STRETCH 命令将窗水平拉长，如图 3-10b 所示。操作如下：

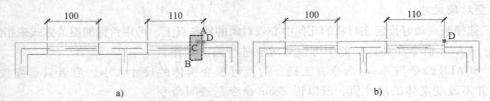

图 3-10 用 STRETCH 命令将窗水平拉长

命令:STRETCH	//执行 STRETCH 命令
以交叉窗口或交叉多边形选择要拉伸的对象...:点取点 A	//指定窗选第一点
指定对角点:点取点 B	//指定窗选第二点
找到 6 个:	//提示已选择对象数
选择对象:✓	//按 Enter 键结束对象选择
指定基点或 [位移(D)] <位移>:点取点 C	//指定拉伸的基点
指定第二个点或 <使用第一个点作为位移>:点取点 D	//指定拉伸到的基点
命令:✓	//按 Enter 键结束命令

4. 提示

1）STRETCH 命令能拉伸或压缩线段、弧、多义线等对象，但是不能拉伸或压缩圆、文本、图块和属性定义等，只能将其移动。

2）选择拉伸对象时应注意，当选择对象在窗选框内时，对象被移动；当有部分在框内时，则对象被拉伸或压缩。

3.3.3 拉长对象 LENGTHEN（LEN）

1. 命令功能

1）菜单栏："修改"→"拉长"。

2）命令行：输入"LENGTHEN（LEN）"并按 Enter 键。
LENGTHEN 命令用于改变直线、圆弧的长度。

2. 选项说明

执行 LENGTHEN 命令后，AutoCAD 2011 提示："选择对象或［增量（DE）/百分数（P）/全部（T）/动态（DY）］：",各选项分别介绍如下：

（1）选择对象：显示指定直线或圆弧的现有长度和包含角（对于圆弧而言）。

（2）增量（DE）：通过设定长度增量或角度增量改变对象的长度。

输入长度增量或［角度（A）］：在此提示下确定长度增量或角度增量后，再根据提示选择对象，可使其长度改变。

（3）百分数（P）：使直线或圆弧按百分数改变长度。

（4）全部（T）：根据直线或圆弧的新长度或圆弧的新包含角改变长度。

（5）动态（DY）：以动态方式改变圆弧或直线的长度。

3. 操作实例

用 LENGTHEN 改变图 3-11a 中的圆弧的长度，结果如图 3-11b 所示。操作如下：

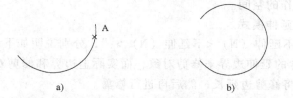

图 3-11 用 LENGTHEN 命令改变图中的圆弧的长度

3.3.3 拉长对象

命令：LENGTHEN　　　　　　　　　　　　　　　　　//执行 LENGTHEN 命令
选择对象或[增量(DE)/百分数(P)/全部(T)/
动态(DY)]：DE　　　　　　　　　　　　　　　　　//键入 DE,选择增量选项
输入长度增量或［角度(A)]<0.0000>：300　　　　　　//键入长度增量
选择要修改的对象或［放弃(U)]：点选点 A 旁的一段　　//选择对象需要拉长的那一端
选择要修改的对象或［放弃(U)]：✓　　　　　　　　　//按 Enter 键结束命令

4. 提示

1）LENGTHEN 命令总是使对象在离拾取点近端改变长度，且只对非封闭图形有效。

2）通过增量（DE）方式改变长度时，键入正值，拉伸对象；键入负值，缩短对象。

3）通过百分比（P）方式改变长度时，百分比如果小于100，则缩短对象；大于100，则拉伸对象。

3.3.4 修剪对象 TRIM（TR）

1. 命令功能

1）菜单栏："修改"→"修剪"。

2）工具栏："修改"→"修剪" 。

3）命令行：输入"TRIM（TR）"并按 Enter 键。

TRIM 用作为剪切边的对象修剪指定的对象（称后者为被剪边），即将被修剪对象沿修剪边界（即剪切边）断开，并删除位于剪切边一侧或位于两条剪切边之间的部分。

可以被 TRIM 命令修剪的对象有直线、圆、圆弧、非封闭的 2D 或 3D 多段线、射线、样条曲线、面域、尺寸、文本等对象；修剪边界（即剪切边）可以使用于除图块、网格、三维面、文本、轨迹线以外的任何对象。

2. 选项说明

执行 TRIM 命令后，系统提示："选择剪切边…"，"选择对象或 <全部选择>："，选取对象后，系统接着提示："选择要修剪的对象，或按住 Shift 键选择要延伸的对象，或 [栏选（F）/窗交（C）/投影（P）/边（E）/删除（R）/放弃（U）]："，各选项说明如下：

（1）选择要修剪的对象，或按住 Shift 键选择要延伸的对象：选择被修剪对象，AutoCAD 会以剪切边为边界，将被修剪对象上位于拾取点一侧的多余部分或将位于两条剪切边之间的部分剪切掉。如果被修剪对象没有与剪切边相交，在该提示下按下 Shift 键后选择对应的对象，AutoCAD 则会将其延伸到剪切边。

（2）栏选（F）：以栏选方式确定被修剪对象。

（3）窗交（C）：使与选择窗口边界相交的对象作为被修剪对象。

（4）投影（P）：确定执行修剪操作的空间。

（5）边（E）：确定剪切边的隐含延伸模式。

键入 E，系统提示："延伸（E）/不延伸（N）<不延伸（N）>："，分别说明如下：

1）延伸（E）：该选项确定用隐含的延伸边界来修剪对象，而实际上边界和修剪对象并没有真正相交。AutoCAD 2011 会假想将修剪边延长，然后再进行修剪。

2）不延伸（N）：该选项确定边界不延伸，而只有边界与修剪对象真正相交后才能完成修剪操作。

（6）删除（R）：删除指定的对象。

（7）放弃（U）：取消上一次的操作。

3. 操作实例

用 TRIM 将图 3-12a 所示的矩形内的直线剪掉，结果如图 3-12b 所示。操作如下：

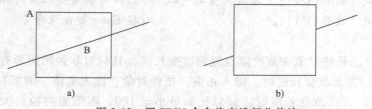

图 3-12 用 TRIM 命令将直线部分剪掉

3.3.4 修剪对象

```
命令:TRIM                                      //执行 TRIM 命令
    选择剪切边…
选择对象或 <全部选择>:点选矩形框 A             //选择修剪边界
    找到 1 个：                                 //提示已选择对象数
    选择对象:✓                                 //按 Enter 键结束选择对象
    选择要修剪的对象,或按住 Shift 键选择要延伸的对象,或 [栏
选(F)/窗交(C)/投影(P)/边(E)/删除(R)/放弃(U)]:
```

点选直线 B   //选取对象修剪
选择要修剪的对象，或按住 Shift 键选择要延伸的对象，或[栏
选(F)/窗交(C)/投影(P)/边(E)/删除(R)/放弃(U)]：
↙   //按 Enter 键执行命令

4．提示

1）TRIM 命令的一个对象既可以作为修剪边界，又可以作为修剪对象。

2）有一定宽度的多段线被修剪时，修剪的交点按其中心线计算，且保留宽度信息；宽多段线的终点仍然是方的，切口边界与多段线的中心线垂直。

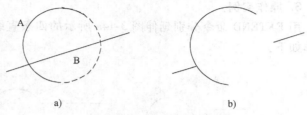

图 3-13 TRIM 命令采用隐含边界

3）TRIM 命令可以采用隐含边界（E），如图 3-13a 所示选择隐含边界 A，结果如图 3-13b 所示。

3.3.5 延伸对象 EXTEND（EX）

1．命令功能

1）菜单栏："修改"→"延伸"。

2）工具栏："修改"→"延伸" 。

3）命令行：输入"EXTEND（EX）"并按 Enter 键。

EXTEND 命令用于将指定的对象延伸到指定的边界上。通常能用 EXTEND 命令延伸的对象有圆弧、椭圆弧、直线、非封闭的 2D 和 3D 多义线、射线等。如果以一定宽度的 2D 多义线作为延伸边界，AutoCAD 2011 会忽略其宽度，直接将延伸对象延伸到多义线的中心线上。

2．选项说明

执行 EXTEND 命令后，系统提示："选择边界的边…"，"选择对象或<全部选择>："，选取对象后，系统继续提示："选择要延伸的对象，或按住 Shift 键选择要修剪的对象，或[栏选（F）/窗交（C）/投影（P）/边（E）/放弃（U）]："，各选项说明如下：

（1）选择要延伸的对象，或按住 Shift 键选择要修剪的对象：选择对象进行延伸或修剪，为默认项。用户在该提示下选择要延伸的对象，AutoCAD 把该对象延长到指定的边界对象。如果延伸对象与边界交叉，在该提示下按下 Shift 键，然后选择对应的对象，那么 AutoCAD 会修剪它，即将位于拾取点一侧的对象用边界对象将其修剪掉。

（2）栏选（F）：以栏选方式确定被延伸对象。

（3）窗交（C）：使与选择窗口边界相交的对象作为被延伸对象。

（4）投影（P）：确定执行延伸操作的空间。

（5）边（E）：确定延伸的模式。

键入 E，系统提示："延伸（E）/不延伸（N）<不延伸（N）>："，分别说明如下：

1）延伸（E）：该选项确定用隐含的延伸边界来修剪对象，而实际上边界和修剪对象并

没有真正相交。AutoCAD 2011 会假想将修剪边延长，使延伸边延长到与对象相交的位置。

2）不延伸（N）：该选项确定边界不延伸，而只有边界与延伸对象真正相交后才能延伸操作对象。

（6）放弃（U）：取消上一次的操作。

3. 操作实例：

用 EXTEND 命令分别延伸图 3-14a 所示的四条直线与圆 C 相交，结果如图 3-14b 所示。操作如下：

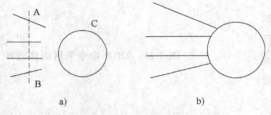

图 3-14 用 EXTEND 命令分别延伸图

```
命令：EXTEND                              //执行 EXTEND 命令
选择边界的边..
选择对象或<全部选择>：点选圆 C            //选取边界对象
找到 1 个：                               //提示已选择中的对象数
选择对象：✓                              //按 Enter 键结束对象选择
选择要延伸的对象，或按住 Shift 键选择要修剪的对象，
或[栏选(F)/窗交(C)/投影(P)/边(E)/放弃(U)]：
F                                        //键入 F，选择围栏
指定第一个栏选点：点取点 A                 //确定围栏第一点
指定下一个栏选点或 [放弃(U)]：点取点 B     //确定围栏第一点
指定下一个栏选点或 [放弃(U)]：            //结束围栏选择，执行命令
选择要延伸的实体，或按住 Shift 键选择要延伸的对象，
或按住 Shift 键选择要修剪的对象，或[栏选(F)/窗交(C)
/投影(P)/边(E)/放弃(U)]：✓                //按 Enter 键结束命令
```

4. 提示

1）用 EXTEND 命令延伸具有一定宽度的多段线，当边界与多段线的中心线不垂直时，宽多段线会超出边界，直到其中心到达边界为止。如果宽多段线是渐变的，按原来的斜度延伸后其末端的宽度要出现负值，则该端的宽度将改为 0。如图 3-15a 中宽多段线的 A 端，延伸后其宽度变为 0。结果如图 3-15b 所示。

2）EXTEND 命令可延伸一个相关的尺寸标注，当延伸操作完成后，其尺寸值也会自动修正。

3）射线可以朝一个方向延伸，而构造线不能用 EXTEND 命令操作。

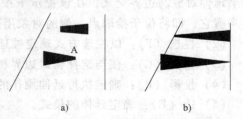

图 3-15 用 EXTEND 命令延伸具有一定宽度的多段线

4）选择延伸对象时，应从拾取框靠近延伸对象边界的那一端来选择延伸对象。

3.3.6 打断对象 BREAK（BR）

1. 命令功能

1）菜单栏："修改"→"打断"。
2）工具栏："修改"→"打断" 。
3）命令行：输入"BREAK（BR）"并按 Enter 键。

BREAK 命令用于将对象从某一点处断开或删除对象的某一部分。该命令可对直线、圆弧、圆、多段线、椭圆、射线以及样条曲线等进行断开和删除某一部分的操作。

2. 选项说明

执行 BREAK 命令后，AutoCAD 2011 会提示"选择对象："，可以用点选的方式选择操作对象，系统接着提示："指定第二个打断点 或 [第一点（F）]:"，键入 F，系统接着提示："指定第一个打断点："，拾取第一打断点后，系统接着提示："指定第二个打断点："，拾取第二打断点。各选项说明如下：

（1）指定第二个打断点。此时 AutoCAD 以用户选择对象时的拾取点作为第一断点，并要求确定第二断点。用户可以有以下选择：

如果直接在对象上的另一点处单击拾取键，AutoCAD 将对象上位于两拾取点之间的对象删除掉。

如果输入符号"@"后按 Enter 键或 Space 键，AutoCAD 在选择对象时的拾取点处将对象一分为二。

如果在对象的一端之外任意拾取一点，AutoCAD 将位于两拾取点之间的那段对象删除掉。

（2）第一点（F）。重新确定第一断点。执行该选项，AutoCAD 提示：

指定第一个打断点：（重新确定第一断点）

指定第二个打断点：

在此提示下，可以按前面介绍的三种方法确定第二断点。

3. 操作实例

用 BREAK 命令删除图 3-16a 所示 AB 段，结果如图 3-16b 所示。操作如下：

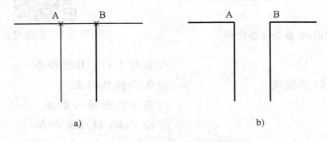

图 3-16 用 BREAK 命令删除图形

3.3.6 打断对象

命令：BREAK　　　　　　　　　　　　　　　//执行 BREAK 命令
选择对象：点选直线 AB，如图 3-16a 所示　　//选择操作对象

指定第二个打断点 或 [第一点(F)]:F　　　　//选第一切断点
指定第一个打断点:捕捉 A 点　　　　　　　//指定断开的第一点
指定第二个打断点:捕捉 B 点　　　　　　　//指定断开的第二点
命令:↙　　　　　　　　　　　　　　　　//按 Enter 键结束命令

4. 提示

1）可以将实体断为两部分，可以断开弧，圆，椭圆，线段，多段线，射线和直线。当使用该工具时必须两点断开。缺省情况下选择实体时点取的点即为第一打断点；否则，可使用第一点选项选择第一打断点。

2）将实体打断为两部分且不清除实体的一部分，确定第一打断点后，系统提示："第二打断点"，此时点击符号@来响应，而不是确定第二打断点，即同工具栏上的快捷按钮"打断此点" 。

3.3.7　分解对象 EXPLODE（X）

1. 命令功能

1）菜单栏："修改"→"分解"。

2）工具栏："修改"→"分解" 。

3）命令行：输入"EXPLODE（X）"并按 Enter 键。

EXPLODE 命令用于将复合对象分解为若干个基本的组成对象。它能够分解的对象有图块、三维线框或实体、尺寸、剖面线、多段线和面域等。

执行 EXPLODE 命令后，AutoCAD 2011 命令行提示"选择对象："，用目标选择方式中的任意一种方法选择操作对象，然后按 Enter 键即可。

2. 操作实例

用 EXPLODE 命令分解图 3-17a 中的多段线，结果如图 3-17b 所示。操作如下：

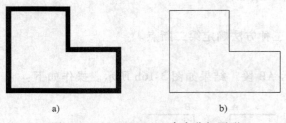

图 3-17　用 EXPLODE 命令分解图形　　　　　3.3.7　分解对象

命令:EXPLODE　　　　　　　　　　　　　//执行 EXPLODE 命令
选择对象:点选图 3-17a 中的多段线　　　　　//选择操作对象
找到 1 个:　　　　　　　　　　　　　　　//提示已选择对象数
选择对象:↙　　　　　　　　　　　　　　//按 Enter 键结束命令

3. 提示

1）如何区别复合对象与分解对象：通过点选对象，然后观察夹点来区别。

2）EXPLODE 命令分解带属性的图块后，将使属性值消失，并还原为属性定义标签。

3）具有一定宽度的多义线分解后，AutoCAD 2011 将放弃多段线的任何宽度和切线信息，分解后的多段线的宽度、线型、颜色将随当前层而改变，如图 3-17b 所示，分解后的多义线的宽度发生了变化。

3.3.8 合并对象 JOIN（J）

1. 命令功能

1）菜单栏："修改"→"合并"。
2）工具栏："修改"→"合并" 。
3）命令行：输入"JOIN（J）"并按 Enter 键。
JOIN 命令用于将两个实体连接成一个实体。

2. 选项说明

执行 JOIN 命令后，AutoCAD 2011 会提示："选择源对象："，可以用点选的方式选择第一条线或弧。

1）当选择直线时，系统提示："选择要合并到源的直线："，点选第二条直线，按 Enter 键之后，提示已将 1 条直线合并到源。

2）当选择弧线时，系统提示："选择要合并到源的圆弧："，点选第二条弧线，按 Enter 键之后，提示已将 1 个圆弧合并到源。选择逆时针连接的弧。

3. 操作实例

用 JOIN 命令连接图 3-18a 所示 A 和 B 两段弧线，结果如图 3-18b 所示。操作如下：

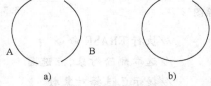

图 3-18 用 JOIN 命令连接图形

3.3.8 合并对象

命令:JOIN   //执行 JOIN 命令
选择源对象：点选弧线 A，如图 3-18a 所示   //指定连接的弧线
选择要合并到源的圆弧:点选弧线 B   //指定连接的弧线
找到 1 个   //提示已选择对象数
选择要合并到源的圆弧:✓   //按 Enter 键连接两段弧线
合并的圆弧段组成了一个圆。要转换为圆吗？[是(Y)/否(N)]<是>：   //按 Enter 键表示是组成一个圆
已合并 2 个圆弧,并将它们转换为圆   //提示对象已连接

4. 提示

1）两条线必须平行；两条弧必须有共同的圆心和半径。
2）当连接两条线时，远端点保持原有位置；程序在两点间绘制一条新直线。弧是逆时针连接，从选择的第一条弧到第二条弧。

3.3.9 删除对象 ERASE（E）

1. 命令功能

1）菜单栏："修改"→"删除"。

2)工具栏:"修改"→"删除"。

3)命令行:输入"ERASE(E)"并按 Enter 键或 Delete 键。

删除命令可以删除多余或绘制有错误的图形对象。

2. 选项说明

执行 ERASE 或 Delete 命令后,AutoCAD 2011 命令行会提示:"选择对象",可以用相应的选择对象的方式,选择要删除的对象,最常用的有"点选""窗选""窗交"等。在此重复提示下按 Enter 键、空格键或按鼠标右键来结束对象选择并执行命令。

3. 操作实例

用 ERASE 命令删除图 3-19a 中的圆和六边形,如图 3-19b 所示。操作如下:

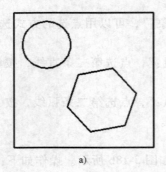
a)

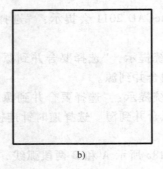
b)

图 3-19 用删除命令删除图形

3.3.9 删除对象

命令:ERASE(E)	//执行 ERASE 命令
选取对象:	//选取删除对象,点选圆
选择对象:找到 1 个	//提示已选择对象数
选取对象:	//选取删除对象,点选六边形
选择对象:找到 1 个,总计 2 个	//提示已选择对象
选取对象:✓	//按 Enter 键结束对象选择并删除对象

4. 提示

1)执行 ERASE 或 Delete 命令后,选择的对象在屏幕上消失,但它们只是临时性地删除,不退出当前图样或不存盘,都可以用 Undelete 或 Undo 命令将删除的对象恢复。键入 Undelete 命令还原最近的删除选择设置。如果删除实体后又有了其他操作,用 Undelete 还原实体不像 Undo 将还原所有修改。

2)在"选择对象:"提示下,要采用目标选择方式来选择要删除的对象,键入 L,则自动选择删除最近绘制的一个对象。

3.3.10 创建倒角 CHAMFER(CHA)

1. 命令功能

1)菜单栏:"修改"→"倒角"。

2)工具栏:"修改"→"倒角"。

3)命令行:输入"CHAMFER(CHA)"并按 Enter 键。

通过延伸或修剪的方法，CHAMFER命令用一条斜线连接两个非平行的对象。可用于倒角的对象有直线、多段线、构造线和射线等；此外，CHAMFER命令还可以对三维实体进行倒角处理。

2. 选项说明

执行CHAMFER命令后，系统提示："（"修剪"模式）当前倒角距离1＝0.0000，距离2＝0.0000"和"选择第一条直线或［放弃（U）/多段线（P）/距离（D）/角度（A）/修剪（T）/方式（E）/多个（M）］："。提示的第一行说明当前的倒角操作属于"修剪"模式，且第一、第二倒角距离分别为1和2。各选项说明如下：

（1）选择第一条直线：要求选择进行倒角的第一条线段，为默认项。选择某一线段，即执行默认项后，AutoCAD提示："选择第二条直线，或按住Shift键选择要应用角点的直线："，在该提示下选择相邻的另一条线段即可。

（2）多段线（P）：对整条多段线倒角。

（3）距离（D）：设置倒角距离。

（4）角度（A）：根据倒角距离和角度设置倒角尺寸。

（5）修剪（T）：确定倒角后是否对相应的倒角边进行修剪。

（6）方式（E）：确定将以什么方式倒角，即根据已设置的两倒角距离倒角，还是根据距离和角度设置倒角。

（7）多个（M）：如果执行该选项，当用户选择了两条直线进行倒角后，可以继续对其他直线倒角，不必重新执行CHAMFER命令。

（8）放弃（U）：放弃已进行的设置或操作。

图3-20 用CHAMFER命令绘制图形

3.3.10 创建倒角

3. 操作实例

用CHAMFER命令绘制图3-20a所示的四边形的倒角，结果如图3-20b所示。

命令：CHAMFER

（"修剪"模式）当前倒角距离1＝0.0000,距离2＝0.0000

选择第一条直线或[放弃(U)/多段线(P)/距离(D)/角度(A)/修剪(T)/方式(E)/多个(M)]：D

第一倒角距离：10,第二倒角距离：10

选择二维多段线：点选矩形图样，图3-20a所示。

显示倒角结果,如图3-20b所示。

4. 提示

1）如果实体在同一层，倒角在该层中进行。如果实体在不同的层，倒角将在当前层进行。倒角线的颜色、线型和线宽都随图层而变化。

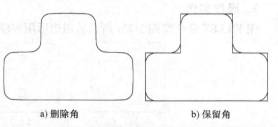

图3-21 在绘图设置对话框中确定删除角或保留角

2）默认状态下，延伸超出倒角的实体部分通常被删除，可以通过在绘图设置对话框中确定删除角或保留角，如图3-21所示。

3)当倒角一条多段线时，可以采用选取对象的方式在多段线两分段间倒角多个分段，或者采用多段线（P）方式倒角整个多段线。

4)当图形界线打开时，如果在绘图边界内两倒角对象没有交点时，AutoCAD 2011 会拒绝倒角操作。

5)倒角具有关联性的剖面线区域的边界时，如果由 LINE 形成的边界，则倒角后，剖面线的关联性撤销；如果是多段线形成的边界，则倒角后，保留剖面线的关联性。

6)当两个倒角距离均为 0 时，CHAMFER 延伸两条直线使之相交，但是不产生倒角。

3.3.11 创建圆角 FILLET（F）

1. 命令功能

1)菜单栏："修改"→"圆角"。

2)工具栏："修改"→"圆角" 。

3)命令行：输入"FILLET（F）"并按 Enter 键。

FILLET 命令用一段指定半径的圆弧光滑地连接两个对象。它可以处理的对象有直线、多段线（非圆弧）、样条曲线、构造线、射线等。同 CHAMFER 一样，FILLET 命令也能对三维实体进行操作。

2. 选项说明

执行 FILLET 命令后，系统提示："当前设置：模式=修剪，半径=0.0000"和"选择第一个对象或[放弃（U）/多段线（P）/半径（R）/修剪（T）/多个（M）]:"。提示中，第一行说明当前的创建圆角操作采用了"修剪"模式，且圆角半径为 0。第二行各选项说明如下：

（1）选择第一个对象：此提示要求选择创建圆角的第一个对象，为默认项。用户选择后，AutoCAD 提示：选择第二个对象，或按住 Shift 键选择要应用角点的对象。在此提示下选择另一个对象，AutoCAD 按当前的圆角半径设置对它们创建圆角。如果按住 Shift 键选择相邻的另一对象，则可以使两对象准确相交。

（2）多段线（P）：对二维多段线创建圆角。

（3）半径（R）：设置圆角半径。

（4）修剪（T）：确定创建圆角操作的修剪模式。

（5）多个（M）：执行该选项且用户选择两个对象创建出圆角后，可以继续对其他对象创建圆角，不必重新执行 FILLET 命令。

3. 操作实例

用 FILLET 命令将图 3-22a 所示的四边形用多段线绘制倒圆角，结果如图 3-22b 所示。操作如下：

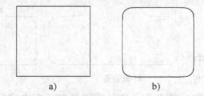

图 3-22 用多段线绘制的四边形倒圆角　　　　3.3.11 创建圆角

命令:FILLET
当前设置:模式=修剪,半径=0.0000

选择第一个对象或［放弃(U)/多段线(P)/半径(R)/修剪(T)/多个(M)］:R
输入半径:10
选择二维多段线:选取倒圆角的四边形,如图3-22a所示。
显示倒圆角的结果,如图3-22b所示。

4. 提示

1) 平行的直线、构造线或射线可以倒圆角,因为两条平行直线唯一确定一个平面,倒圆就在这个平面上进行。倒圆的第一边必须是直线或射线,第二边可以是直线、构造线或射线等。倒圆的半径等于两平行线之间的距离,而当前的设置将不起作用,也不会改变。

2) 如果两倒圆对象在同一图层中,则倒圆也在同一图层上;否则,倒圆将在当前图层上,倒圆的颜色、线型和线宽都随当前层而变化。

3) 倒圆具有关联性的剖面线区域的边界时,如果由 LINE 形成的边界,则倒圆后,剖面线的关联性撤销;如果是多段线形成的边界,则倒圆后,保留剖面线的关联性。

4) 当圆角半径设为0时,FILLET命令延伸两条直线使之相交,但是不产生倒圆。

5) 当倒角一条多段线时,可以采用选取对象的方式在多段线两分段间圆角多个分段,或者采用多线段(P)方式倒角整个多段线。

6) 在多段线中,如果一条弧线段隔开两条相交的直线段,那么该弧线段在倒角时被删除且替代为一个圆角。如图3-23a中的多段线圆角后的结果如图3-23b所示。

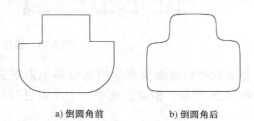

a) 倒圆角前　　　b) 倒圆角后

图 3-23　带弧线段多段线的倒圆角

7) 默认状态下,延伸超出圆角的实体部分通常被删除,可以通过在绘图设置对话框中确定删除角或保留角。

3.4　利用夹点编辑对象

夹点是一些实心小方框。当在"命令:"提示下不激活命令而直接选择对象后,在对象的各关键点(比如中点、端点、圆心等)处就会显示出夹点(又称为特征点)。用户可以通过拖动这些夹点的方式方便地进行拉伸、移动、旋转、缩放以及镜像等编辑操作。

3.4.1　夹点概述

在启用了"动态输入"模式之后,利用夹点可以很方便地知道某个图形的一些基本信息。例如将光标悬停在矩形的任意夹点上,系统将快速标注出该矩形的长度和宽度;将光标悬停在直线任意一个夹点上,系统将快速标注出该直线的长度以及水平方向的夹角,如图3-24所示。

如果要通过夹点控制来编辑图形,那么首先就要选择夹点,也就是选择作为操作基点的夹点(基准夹点),被选中的夹点也称为热夹点。将十字光标置于夹点上,然后单击鼠标左键就可以将相应的夹点选中,如图3-25所示;如果要选择多个夹点,按住Shift键不放,同时用鼠标左键连续单击要选择的夹点。

在使用夹点进行绘图操作时,用户可以使用一个夹点作为操作的基准点,也可以使用多

建筑CAD

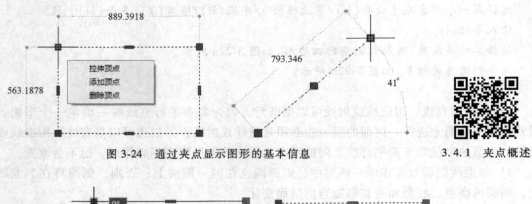

图 3-24　通过夹点显示图形的基本信息

3.4.1　夹点概述

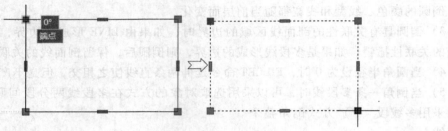

图 3-25　选择多个夹点

个夹点作为操作的基准夹点。当选择多个夹点进行操作时，被选定夹点之间的图形保持不变。如图 3-26 所示，前者是选中一个夹点进行拉伸操作，后者是选中两个夹点进行拉伸操

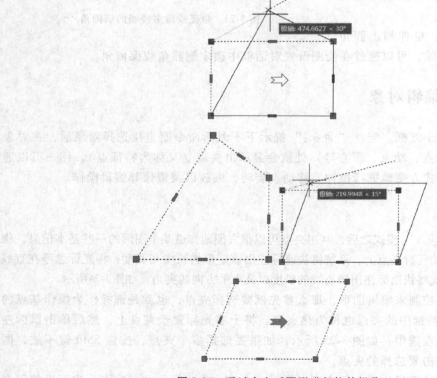

图 3-26　通过夹点对图形进行拉伸操作

作,从拉伸的结果可以看出被选中夹点之间的图形不会产生任何变化。

此外 AutoCAD 2011 的夹点编辑功能中还提供了添加顶点和删除顶点等新功能。将光标放置在夹点处,系统将自动显示一个如图 3-27 所示的快捷菜单。

选择"添加顶点"命令即可为图形添加顶点,如图 3-28 所示。选择其中的"删除顶点"命令即可删除所选中的顶点,如图 3-29 所示。

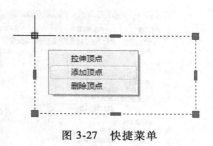

图 3-27 快捷菜单

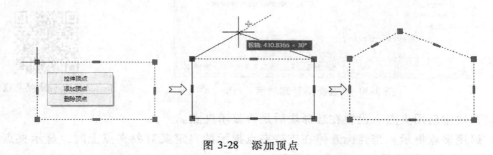

图 3-28 添加顶点

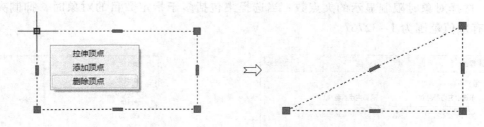

图 3-29 删除顶点

通过夹点编辑功能,用户可以对图形进行拉伸、移动、旋转、缩放和镜像操作。当选定一个夹点的时候,系统默认可以对齐进行拉伸操作,此时按 Enter 键或空格键可以循环选择夹点编辑模式。

3.4.2 设置夹点

用户可以根据实际需要对夹点进行设置。例如改变夹点的颜色和大小。执行"工具"→"选项"菜单栏命令,系统将弹出一个"选项"对话框,选择其中的"选择集"选项卡,如图 3-30 所示。

选项卡中夹点相关的选项含义如下:

1)夹点大小:控制夹点的显示尺寸。拖动滑块可以改变夹点的大小。

2)未选中/选中/悬停夹点颜色:指定相应夹点的颜色。如果从颜色列表中选择了"夹点颜色",系统将弹出"夹点颜色"对话框,如图 3-31 所示。

3)启用夹点:设置在选择对象时是否显示夹点。该选项即控制是否使用夹点编辑对象。

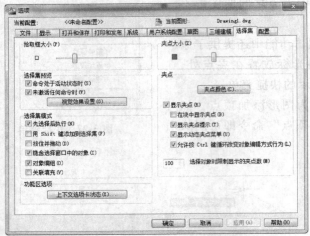

图 3-30 "选择集"选项卡

3.4.2 设置夹点

4) 在块中启用夹点：设置在选择块后是否显示夹点。

5) 启用夹点提示：当光标悬停在支持夹点提示的自定义对象夹点上时，显示夹点的特定提示。该选项对标准的 AutoCAD 对象无效。

6) 选择对象时限制显示的夹点数：当选择集包括多于指定数目的对象时，抑制夹点的显示。有效值范围为 1~32767。

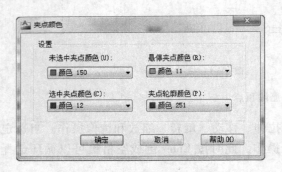

图 3-31 "夹点颜色"对话框

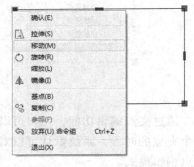

图 3-32 夹点编辑模式

3.4.3 利用夹点拉伸图形对象

鼠标左键点选某个夹点，使其成为热夹点，然后右键单击该热夹点弹出夹点编辑模式菜单，进入夹点编辑模式后，如图 3-32 所示，可以改变选中夹点的位置，从而改变对象的形状和位置，如图 3-33 所示。默认的夹点模式是"拉伸"。

右键单击某个夹点后，进入夹点编辑模式，命令行提示如下：

** 拉伸 **

指定拉伸点或 [基点 (B)/复制 (C)/放弃 (U)/退出 (X)]：

输入坐标或用鼠标选取夹点移动后的新位置点或一个选项

命令行中各选项含义如下：

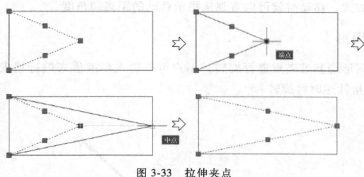

图 3-33　拉伸夹点

3.4.3　利用夹点拉伸图形对象

1）基点（B）：当单击某夹点使其成为热夹点时，该夹点即成为对象拉伸时的基点，选择该项，可以重新指定基点。

2）复制（C）：将热夹点拉伸或移动到多个指定的点，可以创建多个对象副本，并且不删除源对象。

3）放弃（U）：放弃上一次的拉伸操作。

4）退出（X）：退出夹点编辑模式。

3.4.4　利用夹点移动或复制图形

通过改变选中夹点的位置，从而改变选定对象的位置或复制对象。

右键单击某个热夹点，进入夹点编辑模式后，转换到"移动"模式，命令行提示如下：

3.4.4　利用夹点移动或复制图形

＊＊移动＊＊

指定移动点或［基点（B）/复制（C）/放弃（U）/退出（X）］：

输入或鼠标选取所选夹点移动后的新位置，完成对象的移动或复制（图 3-34）

利用夹点移动或复制对象与利用夹点拉伸对象的操作比较相似，其命令行中各选项的含义如下：

1）基点（B）：重新指定夹点移动的基点。

2）复制（C）：将热夹点移动到多个指定的点，创建多个对象副本，并且不删除源对象，如图 3-35 所示。

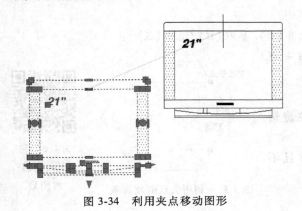

图 3-34　利用夹点移动图形

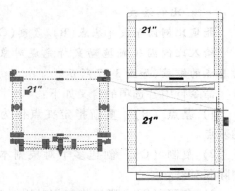

图 3-35　利用夹点复制图形

技巧：打开动态输入方式，移动时就可以直观地指示移动的距离和角度。

3.4.5 利用夹点旋转图形

通过指定旋转角度使图形绕基准夹点进行旋转，用户可以输入角度值来进行精确旋转，如图 3-36 所示为将油压表指针逆时针旋转 45°。

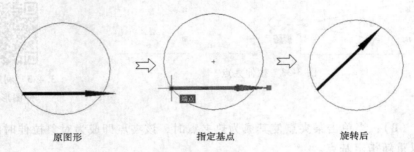

原图形　　　　　　　　指定基点　　　　　　　　旋转后

图 3-36　旋转箭头

右键单击某个热夹点，进入夹点编辑模式后转换到"旋转"模式，命令行提示如下：
** 旋转 **
指定旋转角度或 ［基点(B)/复制(C)/放弃(U)/参照(R)/退出(X)］：
指定旋转的角度或用鼠标拖动来绕基点旋转选定对象
命令行中各分歧选项含义如下：
1) 基点（B）：重新指定夹点作为对象旋转的基点。
2) 复制（C）：创建多个对象副本，并且不删除源对象。
3) 参照（R）：通过指定相对角度来旋转对象。

3.4.5 利用夹点旋转图形

提示：在执行夹点编辑功能时，命令行提示也将同步显示相应的命令操作提示。它主要有两大作用：一是告诉用户当前是什么夹点编辑模式，比如是拉伸还是移动；二是提示用户进行精确操作。

3.4.6 利用夹点缩放图形

利用夹点，可以将对象以指定的热夹点为基点进行比例缩放。
右键单击某个热夹点，进入夹点编辑模式后，转换到"缩放"模式，命令行提示如下：
** 比例缩放 **
指定比例因子或 ［基点(B)/复制(C)/放弃(U)/参照(R)/退出(X)］：
输入比例因子或拖动鼠标完成对象以该夹点为基点的缩放，如图 3-37 所示。
命令行中各选项的含义如下：
1) 基点（B）：重新指定夹点作为对象旋转的基点。
2) 复制（C）：创建多个对象副本，并且不删除源对象。
3) 参照（R）：通过指定相对比例对象。

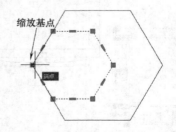

图 3-37　利用夹点缩放对象

3.4.6 利用夹点缩放图形

提示：如果输入的缩放比例因子小于1，那么图形将被缩小。除了通过输入比例因子进行精确缩放之外，还可以通过拖动鼠标的方式进行缩放。

3.4.7 利用夹点镜像图形

利用夹点镜像图形，可以将对象以指定的热夹点作为镜像线上第一点，再选择另一点确定轴线来镜像对象。

单击某个夹点，进入夹点编辑模式后转换到"镜像"模式，命令行提示如下：

** 镜像 **

指定第二点或 [基点(B)/复制(C)/放弃(U)/退出(X)]：

输入坐标或鼠标拾取镜像线上的第二点，以第一点即选取的热夹点和第二点的连线为对称轴镜像图形对象，如图 3-38 所示。

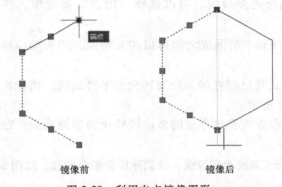

镜像前　　　　　　　镜像后

图 3-38　利用夹点镜像图形

3.4.7　利用夹点镜像图形

命令行中各选项含义如下：

1) 基点（B）：重新指定夹点作为镜像轴线上的第一个点。
2) 复制（C）：创建多个对象副本，并且不删除源对象。

3.5 其他编辑命令

以下将介绍其他编辑命令，包括编辑多段线（PEDIT）和编辑多线（MLEDIT）。

3.5.1 编辑多段线 PEDIT（PE）

1. 命令功能

1) 菜单栏："修改"→"对象"→"多段线"。
2) 工具栏："修改 II"→"编辑多段线" 。
3) 命令行：输入"PEDIT（PE）"并按 Enter 键。

编辑多段线命令 PEDIT 专用于对已存在的多段线进行编辑修改，也可以将直线或曲线转化为多段线。

3.5.1　编辑多段线

2. 选项说明：

启动命令后，选择需要编辑的多段线命令行提示如下：

```
命令:PE↙                                              //启动命令
PEDIT 选择多段线或 [多条(M)]:                          //选择一条或多条多段线
输入选项 [闭合(C)/合并(J)/宽度(W)/编辑顶点(E)
/拟合(F)/样条曲线(S)/非曲线化(D)/线型生成(L)
/反转(R)/放弃(U)]:                                    //提示选择备选项
```

下面介绍常用的备选项用法：

（1）合并多段线。"合并"备选项是 PEDIT 命令中最常用的一种编辑操作，可以将首尾相连的不同多段线合并成一个多段线。

更具实际意义的是，它能够将首尾相连的非多段线（如直线、圆弧等）连接起来，并转化成一个单独的多段线，这个功能在三维建模中非常有用。

（2）打开/闭合多段线。对于首尾相连的闭合多段线，可以选择"打开"备选项，删除多段线的最后一段线段。对于非闭合的多段线，可以选择"闭合"备选项，使多段线的起点和终点相连，形成闭合多段线。

（3）拟合/还原多段线。多段线和平滑曲线之间可以相互转换，相关操作的备选项含义如下：

1) 拟合（F）：用曲线拟合方式将已存在的多段线转化为平滑曲线。曲线经过多段线的所有顶点并成切线方向，如图 3-39 所示。

2) 样条曲线（S）：用样条拟合方式将已存在的多段线转化为平滑曲线。曲线经过第一个和最后一个顶点，如图 3-40 所示。

3) 非曲线化（D）：将平滑曲线还原成为多段线，并删除所有拟合曲线，如图 3-41 所示。

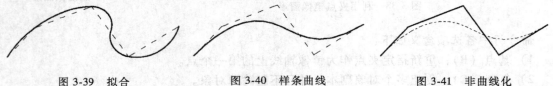

图 3-39　拟合　　　　　　图 3-40　样条曲线　　　　　　图 3-41　非曲线化

（4）编辑顶点。选择"编辑顶点"备选项，可以对多段线的顶点进行增加、删除、移动等操作，从而修改整个多段线的形状。选择该备选项后，命令行进入顶点编辑模式：

```
输入顶点编辑选项
[下一个(N)/上一个(P)/打断(B)/插入(I)/移动(M)/重生成(R)/拉直(S)/切向(T)/宽度(W)/退出(X)]<N>:
```

各备选项功能说明如下：

1) 下一个（N）/上一个（P）：用于选择编辑顶点。选择相应的备选项后，屏幕上的"×"形光标将移到下一顶点或上一顶点，以便选择其他编辑选项对其进行编辑。

2) 打断（B）：使多段线在编辑顶点处断开。选择该备选项后，需要在下一命令中，选择"执行"备选项，操作才能生效。

3) 移动（M）：移动编辑顶点的位置，从而改变整个多段线形状。

4) 插入（I）：在编辑顶点处增加新顶点，从而增加多段线的线段数目。

5) 拉直（S）：删除顶点并拉直多段线。选择该备选项后，在下一备选项中移动"×"

形光标,并选择"执行"备选项,移动过程中经过的顶点将被删除从而拉直多段线。

6)切向(T):为编辑顶点增加一个切线方向。将多段线拟和成曲线时,该切线方向将会被用到。该选项对现有的多段线形状不会有影响。

7)宽度(W):设置编辑顶点处的多段线宽度。

8)重生成(R):重画多段线,对编辑后的多段线进行屏幕刷新,显示编辑后的效果。

9)退出(X):退出顶点编辑模式。

(5)其他备选项。

宽度(W):修改多段线线宽。这个选项只能使多段线各段具有统一的线宽值。如果要设置各段不同的线宽值或渐变线宽,可到顶点编辑模式下选择"宽度"编辑选项。

线型生成:生成经过多段线顶点的连续图案线型。关闭此选项,将在每个顶点处以点画线开始和结束生成线性。"线型生成"不能用于带变宽线段的多段线。

3.5.2 编辑多线 MLEDIT

1. 命令功能

1)菜单栏:"修改"→"对象"→"多线"。

2)命令行:输入"MLEDIT"并按 Enter 键。

使用编辑多线命令 MLEDIT,可以对已存在的多线进行编辑修改。

2. 选项说明

启动从 MLEDIT 命令后,弹出图 3-42 所示的"多线编辑工具"对话框。对话框共有 4 列 12 种多线编辑工具。第一列控制交叉的多线,第二列控制 T 形相交的多线,第三列控制角点结合和顶点,第四列控制多线的中断或接合。每种工具的样例图案显示了多线编辑前后的效果。操作时,单击需要的编辑工具,然后选择需要编辑的多线对象即可。

图 3-42 "多线编辑工具"对话框

3.5.2 编辑多线

3.6 特性编辑

在 AutoCAD 中,所绘制的每一个对象都具有特性,有些特性是基本特性适用于多数对象。例如图层、颜色、线型和打印样式,有些特性是专用于某个对象的特性。例如,圆的特性包括半径和面积,直线的特性包括长度和角度。通过"特性"和"特性匹配"命令,用户可以方便地查看和编辑对象的特性。

3.6.1 使用"特性"选项板修改图形属性 PROPERTIES

在 AutoCAD 中,不同的图形都具有自身的一种属性,这些属性都可以在"特性"选项板中显示出来，因此用户可以通过"特性"选项板中的参数来修改图形。打开"特性"选项板的方法有很多，具体如下：

1）执行菜单栏"工具"→"选项板"→"特性"。
2）执行菜单栏"修改"→"特性"。
3）按快捷键 Ctrl+1 键。
4）单击工具栏"标准"→"特性"按钮。
5）选中一个图形，然后单击鼠标右键，在弹出的快捷菜单中选择"特性"。
6）在命令行输入"PROPERTIES"命令并按 Enter 键。

3.6.1 使用"特性"选项板修改图形属性

在"特性"选项板中，用户可以修改任何能通过指定新值进行修改的属性，修改特性的操作步骤如下：

（1）打开原图形。打开某 CAD 图形，如图 3-43 所示。

（2）打开对象的特性信息。执行"修改"→"特性"菜单命令，打开"特性"选项板，单击"选择对象"按钮，选择水平和竖直中心线，右击结束选择，然后在"图层"下拉列表选择"虚线"图层，如图 3-44 所示。选择"虚线"图层后，特性选项板中将会显示出该对象的特性信息，如图 3-45 所示。

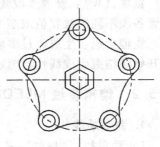

图 3-43 原图形

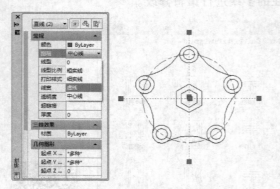

图 3-44 选择对象

图 3-45 显示对象信息

当选择多个图形时，"特性"选项板只能显示所有被选中图形的公共特性；当未选择图形时，"特性"选项板只显示当前图层的基本属性、打印样式、UCS 信息等，如图 3-46 所示。

3.6.2 特性匹配 MATCHPROP（MA）

特性匹配就是将选定图形的属性应用到其他图形上，使用特性匹配命令就可以进行图形之间的属性匹配操作。

执行特性匹配命令的方法有以下 3 种：

1）执行菜单栏"修改"→"特性匹配"。
2）单击工具栏"标准"中的"特性匹配"按钮。
3）在命令行输入"MATCHPROP（MA）"并按 Enter 键。

3.6.2 特性匹配

选择多个图形时的特性选项板　　　　　未选择图形时的特性选项板

图 3-46　不同选择时的特性选项板

执行该命令后，命令行提示如下：
选择源对象：　　　　　　　　　　　　　//选择源对象
当前活动设置：颜色、图层、线型、线型比例、线宽、透明度、
厚度、打印样式、标注、文字、填充图案、多段线、视口、表
格材质、阴影显示、多重引线
选择目标对象或 [设置(S)]：指定对角点：S　　//输入"S"进行设置

1. 匹配所有属性

这种方法就是将一个图形的所有属性应用到其他图形，可以应用的属性包括颜色、图层、线型、线型比例、线宽、打印样式和三维厚度。执行该操作的步骤如下：

（1）打开文件。打开 CAD 文件，如图 3-47 所示。

（2）执行特性匹配。执行"修改"→"特性匹配"菜单命令，然后根据命令行提示进行操作，图 3-48 所示，命令行提示如下：

命令：MATCHPROP
选择源对象：　　　　　　　　　　　　　//选择源对象
当前活动设置：颜色、图层、线型、线型比例、线宽、透明度、
厚度、打印样式、标注、文字、填充图案、多段线、视口、表
格材质、阴影显示、多重引线
选择目标对象或 [设置(S)]：指定对角点：S//输入"S"进行设置
选择目标对象或 [设置(S)]：✓　　　　　//按 Enter 键结束命令

2. 匹配指定属性

默认情况下，所有可应用的属性都自动从选定的原图形应用到其他的图形。如果不希望应用原图形中的某个属性，可通过"设置"选项取消这个属性。

把一个图形的指定属性应用到其他图形的操作过程如下所示：

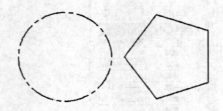

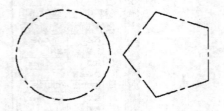

图 3-47　原始图形　　　　　　　　　图 3-48　"特性匹配"操作

（1）打开文件。打开 CAD 文件，如图 3-49 所示。
（2）执行特性匹配。执行"修改"→"特性匹配"菜单命令，然后根据命令行提示进行操作，把圆的线型属性应用到目标图形，如图 3-50 所示，命令行提示如下：

命令：MATCHPROP
选择源对象：未选择对象
选择源对象：
当前活动设置：颜色、图层、线型、线型比例、线宽、透明度、厚度、打印样式、标注、文字、填充图案、多段线、视口、表格材质、阴影显示、多重引线
选择目标对象或 [设置(S)]：S
当前活动设置：颜色、图层、线型、型比例、线宽、透明度、厚度、打印样式、标注、文字、填充图案、多段线、视口、表格材质、阴影显示、多重引线
选择目标对象或 [设置(S)]：指定对角点：
选择目标对象或 [设置(S)]：↙

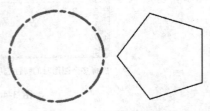

图 4-49　原始图形

//选择源对象
//输入"S"进行设置，打开"特性设置"对话框，在其中取消对"线宽"的选择，如图 3-51 所示。

//框选右边的矩形和直线
//按 Enter 键结束命令

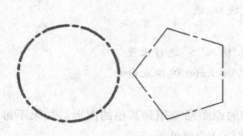

图 3-50　选择性"特性匹配"操作

图 3-51　修改"特性设置"

3.7 清除及修复

3.7.1 清除命令 PURGE（PU）

3.7.1 清除命令

1）菜单栏："文件"→"绘图实用程序"→"清理"。

2）命令行：输入"PURGE（PU）"并按 Enter 键。

激活 PURGE 命令之后弹出清理对话框，如图 3-52 所示，PURGE 这个命令可以清除掉图中所有的没有用到的设置、图块、图层、文字样式、线型等，使得图形文件体积减小，也就是常说的"减肥"，请在输出图形时，都先用 PU 命令清理一下。

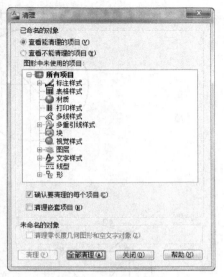
图 3-52 清理对话框

3.7.2 修复命令 AUDIT

1. 命令功能

1）下拉菜单："文件"→"绘图实用程序"→"修复"。

2）命令行：输入"AUDIT"并按 Enter 键。

3.7.2 修复命令

2. 选项说明

修正检测到的错误? 是（Y）/否（N）/<否（N）>：Y

3. 提示

1）AUDIT 修复命令对 CAD 很有用，如果图形较大，死机或非正常退出就应该使用 PURGE（清理）及 AUDIT（修复）两个命令。

2）这两个命令还有相当大的作用，比如：有时从别处拷贝来的图形，会在修改进行中出现致命错误，然后自动退出，这种情况一般应该是原图错误，可以使用 PURGE（清理）和 AUDIT（修复）命令进行补救。

3）直接打开 CAD 文档有时候会出现块炸不开或其他类似的问题，先打开 CAD，然后再从 CAD 中打开图形，用 AUDIT 修复命令修复之后，一般就可以使用炸开（分解）命令了。

3.8 本章练习

1. 利用"位移"方式复制对象，如练习图 3-1 所示，把左边图完成为右边图。
2. "位移"命令练习，如练习图 3-2 所示。
3. 利用"镜像"命令复制对象，如练习图 3-3 所示，把左边图完成为右边图。
4. 利用"镜像"命令复制对象，如练习图 3-4 所示，把左边图完成为右边图。
5. "镜像"命令练习，如练习图 3-5 所示。

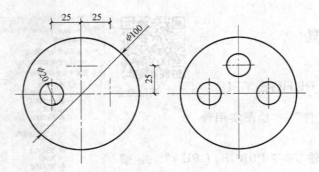

练习图 3-1

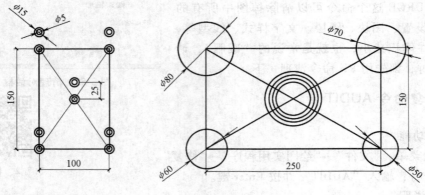

练习图 3-2

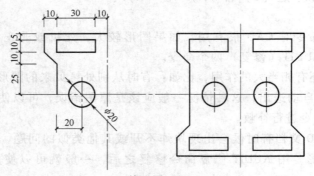

练习图 3-3

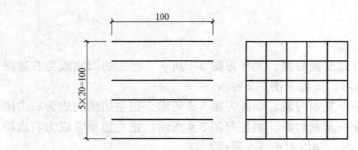

练习图 3-4

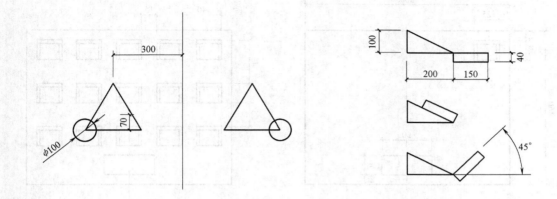

练习图 3-5

6. 利用"指定通过点"偏移对象,如练习图 3-6 所示,把左边图完成为右边图。

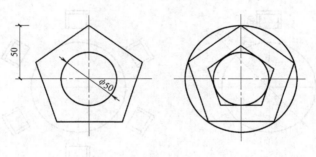

练习图 3-6

7. "偏移"命令练习,如练习图 3-7 所示。

练习图 3-7

8. 利用"矩形阵列"方式把练习图 3-8 左边完成为右边的图形。
9. 利用"旋转对象的环形阵列"方式把练习图 3-9 左边完成为右边的图形。
10. 利用"不旋转对象的环形阵列"方式把练习图 3-10 左边完成为右边的图形。
11. 利用"矩形阵列"和"环形阵列"方式把练习图 3-11 左边完成为右边的图形。
12. "阵列"命令练习,如练习图 3-12 所示。

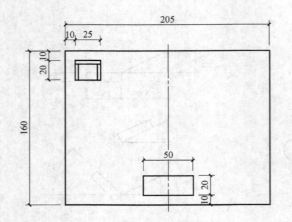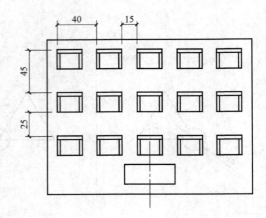

练习图 3-8

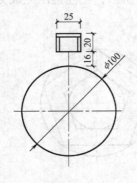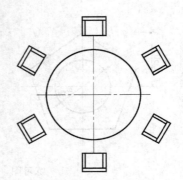

练习图 3-9

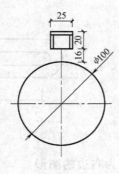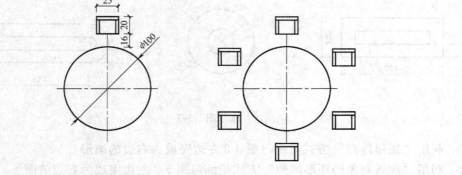

练习图 3-10

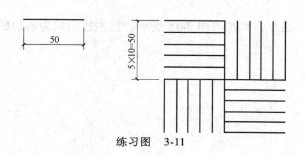

练习图 3-11

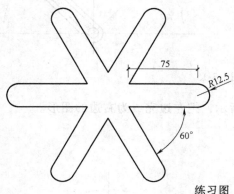

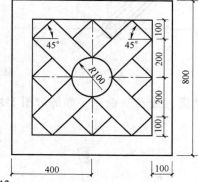

练习图 3-12

13. "阵列"命令练习，如练习图 3-13 所示。

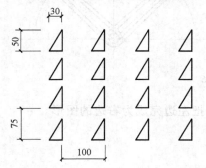

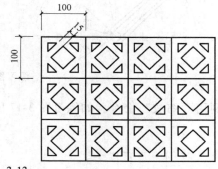

练习图 3-13

14. "阵列"命令练习，如练习图 3-14 所示。

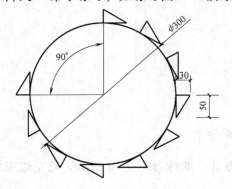

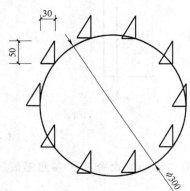

练习图 3-14

15. 利用"旋转"命令，如练习图 3-15 所示，把左边完成为右边的图形。

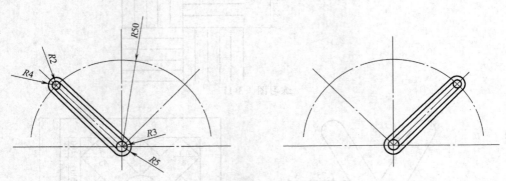

练习图 3-15

16. 利用"旋转"命令，如练习图 3-16 所示，把左边完成为右边的图形。

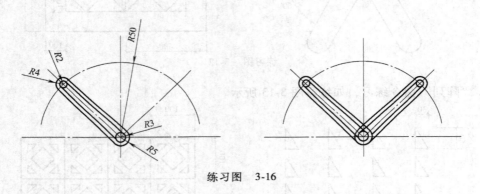

练习图 3-16

17. 利用"缩放"命令，如练习图 3-17 所示，把左边完成为右边的图形。

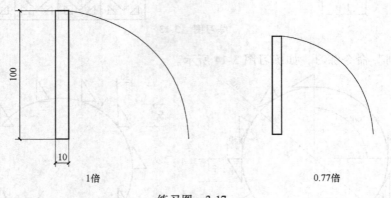

1倍   0.77倍

练习图 3-17

18. 利用"移动"命令和"参照缩放"方式，如练习图 3-18 所示，把左边完成为右边的图形。

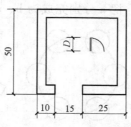
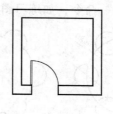

练习图 3-18

19. 利用"参照缩放"方式，如练习图 3-19 所示，把左边完成为右边的图形。

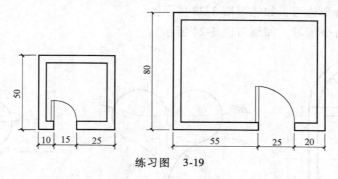

练习图 3-19

20. 利用"拉长（动态）"命令，如练习图 3-20 所示，把左边做成右边的图形。

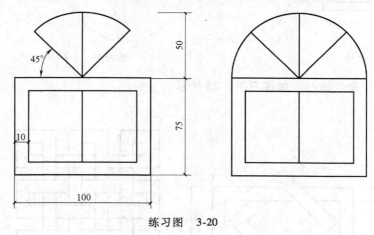

练习图 3-20

21. 利用"拉长（增量）"命令，如练习图 3-21 所示，把左边做成右边的图形。

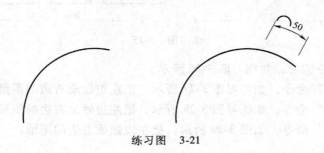

练习图 3-21

22. 利用"修剪"命令，如练习图 3-22 所示，把 a 分别完成为 b、c、d 的图形。

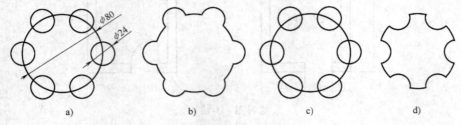

练习图 3-22

23. "修剪"命令练习，如练习图 3-23 所示。
24. "修剪"命令练习，如练习图 3-24 所示。

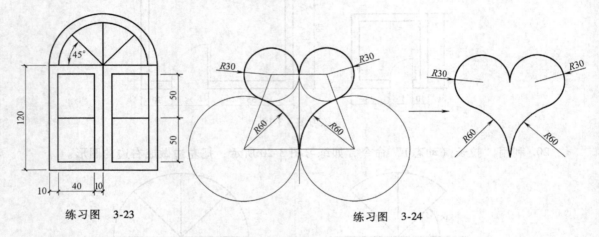

练习图 3-23 　　　　　　　　练习图 3-24

25. "修剪"命令练习，如练习图 3-25 所示。

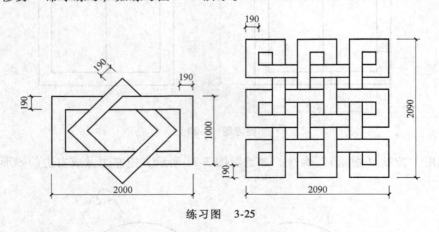

练习图 3-25

26. "修剪"命令练习，如练习图 3-26 所示。
27. 利用"延伸"命令，如练习图 3-27 所示，把左边做成右边的图形。
28. 利用"打断"命令，如练习图 3-28 所示，把左边做成右边的图形。
29. 利用"倒角"命令，如图 3-29 所示，把左边做成右边的图形。

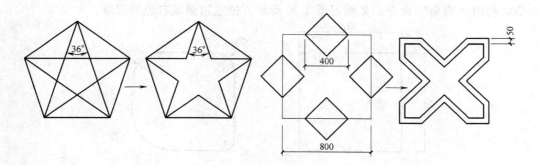

练习图 3-26

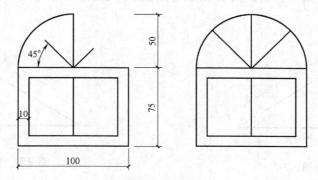

练习图 3-27

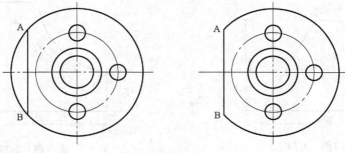

练习图 3-28

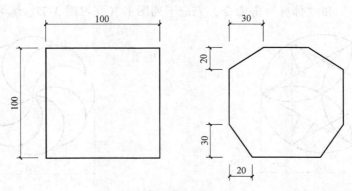

练习图 3-29

30. 利用"圆角"命令，如练习图3-30所示，把左边做成右边的图形。

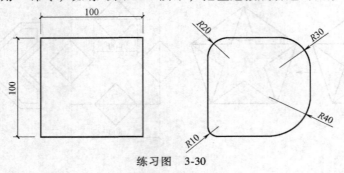

练习图 3-30

31. 利用"圆"命令特点，截取相关长度完成下列图形（练习图3-31~练习图3-34）。

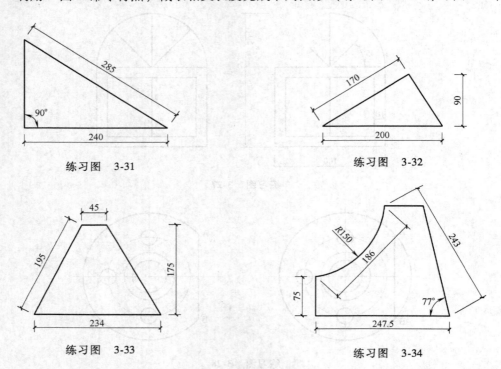

练习图 3-31　　　　　　　　　　　练习图 3-32

练习图 3-33　　　　　　　　　　　练习图 3-34

32. 利用"圆"和"修剪"等命令，完成下列图形（练习图3-35、练习图3-36）。

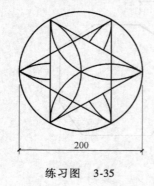 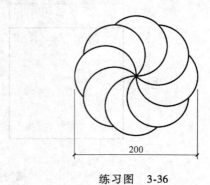

练习图 3-35　　　　　　　　　　　练习图 3-36

33. 利用"缩放（参照）"等命令，完成下列图形（练习图 3-37~练习图 3-42）。

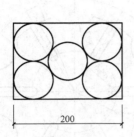

练习图 3-37

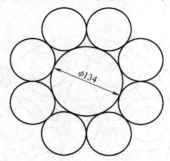

练习图 3-38

练习图 3-39

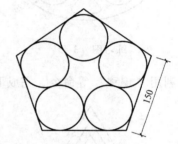

练习图 3-40

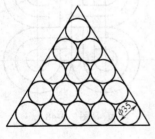

练习图 3-41

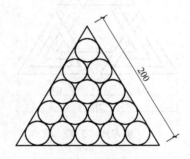

练习图 3-42

34. 利用添"平行线"辅助线，完成下列图形（练习图 3-43、练习图 3-44）。

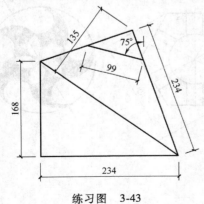

练习图 3-43

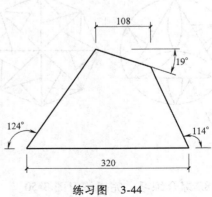

练习图 3-44

35. 利用"环形阵列"命令，完成下列图形（练习图 3-45、练习图 3-46）。

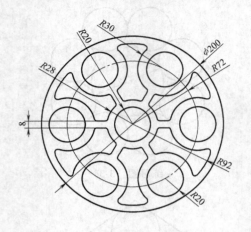

练习图 3-45

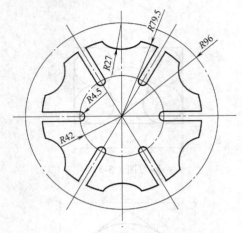

练习图 3-46

36. 利用"偏移"等命令，完成下列图形（练习图 3-47、练习图 3-48）。

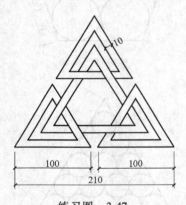

练习图 3-47

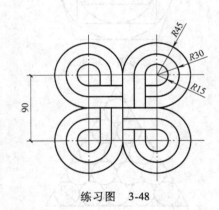

练习图 3-48

37. 综合练习，完成练习图 3-49。

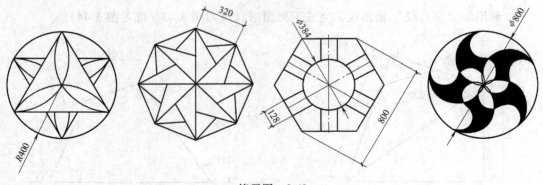

练习图 3-49

38. 综合练习，完成练习图 3-50。

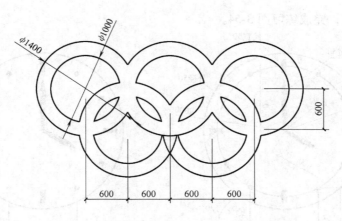

练习图 3-50

39. 综合练习，完成练习图 3-51。
40. 综合练习，完成练习图 3-52。

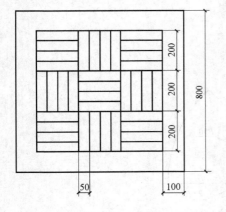

练习图 3-51

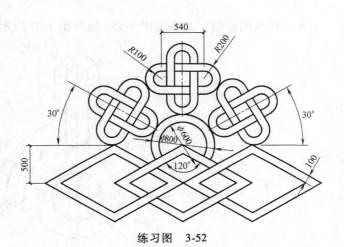

练习图 3-52

41. 综合练习，完成练习图 3-53。

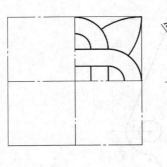
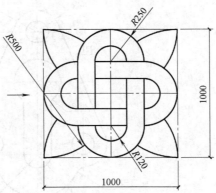

练习图 3-53

42. 综合练习，完成练习图 3-54。

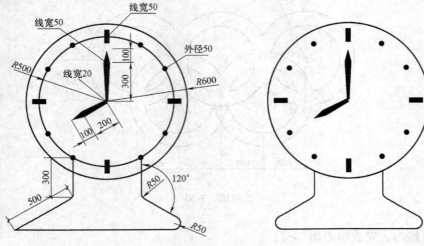

练习图 3-54

43. 机械图绘制，如练习图 3-55~练习图 3-57 所示。

练习图 3-55

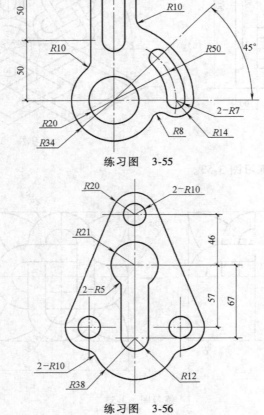

练习图 3-56

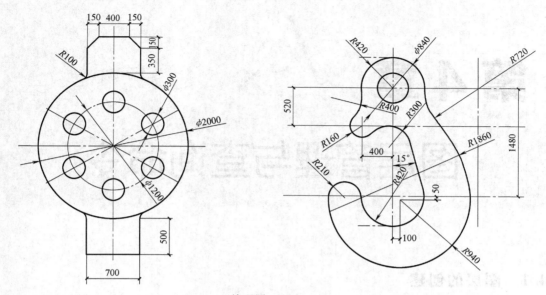

练习图 3-57

第 4 章

图层管理与查询命令

4.1 图层的创建

图层可以想象为没有厚度又完全对齐的若干张透明图纸叠加起来。他们具有相同的坐标、图形界限及显示时的缩放倍数。一个图层具有其自身的属性和状态。AutoCAD 为图层的创建提供了图层特性管理器,在图层特性管理器中可以方便地对图层进行管理、新建图层、删除图层、置为当前和刷新等,掌握这些基本的命令是绘制建筑工程的基础,通过图层创建和管理,不仅能使图形的各种信息清晰、有序,便于观察,而且也会给图形的编辑、修改和输出带来很大的方便。

创建图层包括如下内容:图层管理、新建图层、删除图层、置为当前和刷新等。

4.1.1 图层管理 LAYER（LA）

1) 菜单栏:"格式"→"图层"。
2) 工具栏:"图层"→"图层" 。
3) 命令行:输入"Layer（LA）"并按 Enter 键。

AutoCAD 提供四种方法进行图层管理:

4.1.1 图层管理

1) 单击"图层"工具栏上的 （图层特性管理器）按钮,即执行 LAYER 命令,AutoCAD 弹出如图 4-3 所示的图层特性管理器。
2) 选择"格式"→"图层"命令,即执行 LAYER 命令。
3) 在命令行输入命令"LAYER"然后按 Enter 键（图 4-1）。

```
命令:
LAYER
命令:
```

图 4-1 LAYER 命令

4) 在命令行输入快捷命令"LA"然后按 Enter 键（图 4-2）。

使用以上四种方法都可以打开"图层特性管理器"对话框（图 4-3）。

第4章 图层管理与查询命令

图 4-2 LA 命令

用户可通过"图层特性管理器"对话框建立新图层，为图层设置线型、颜色、线宽以及其他操作等。

默认情况下，AutoCAD 自动创建一个图层名为"0"的图层。下面认识一下"图层特性管理器"上的一些快捷命令如"新建图层""删除图层""置为当前"和"刷新"（图4-4）。

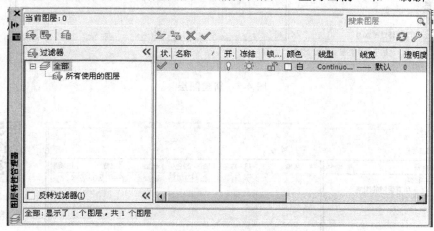

图 4-3 图层特性管理器

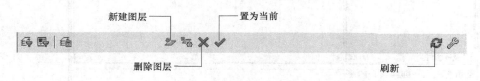

图 4-4 图层特性管理器上的一些常用快捷命令

4.1.2 新建图层（Alt+N）

1）工具栏："图层特性管理器"→。

2）键盘命令：Alt+N。

点击"新建图层" 命令或者同时按下 Alt 键和 N 键可以在图层特性管理器上新建一个图层（图4-5）。

4.1.2
新建图层

4.1.3 删除图层（Alt+D）

1）工具栏："图层特性管理器"→ 。

2）键盘命令：Alt+D。

点击"删除图层" 命令或者同时按下 Alt 键和 D 键可以将新建的图层删除，但不能删除 AutoCAD 的默认图层"0"层（图4-6）。

111

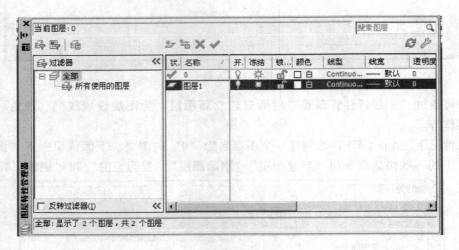

图 4-5 新建图层

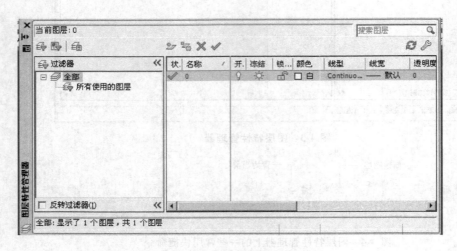

图 4-6 删除图层

4.1.3 删除图层

4.1.4 置为当前（Alt+C）

1）工具栏："图层特性管理器"→ 。
2）键盘命令：Alt+C。

AutoCAD 默认的当前图层是"0"层，点击"置为当前" 命令或者同时按下 Alt 键和 C 键可以将新建的图层变为当前图层（图 4-7）。

4.1.4 置为当前

4.1.5 刷新

工具栏："图层特性管理器"→ 。

点击"刷新" 命令可以将建立的图层进行重新排序。刷新前图层排序如图 4-8 所示，刷新后图层排序如图 4-9 所示。

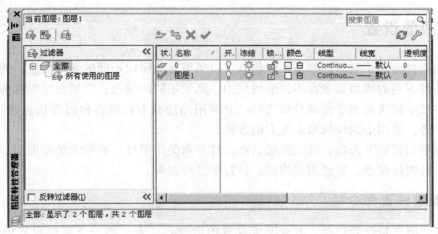

图 4-7　置为当前

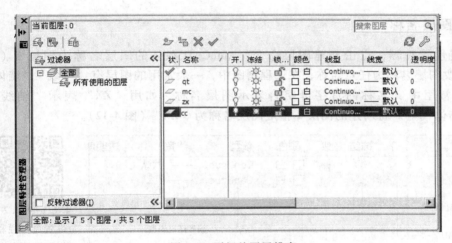

图 4-8　刷新前图层排序

4.1.5　刷新

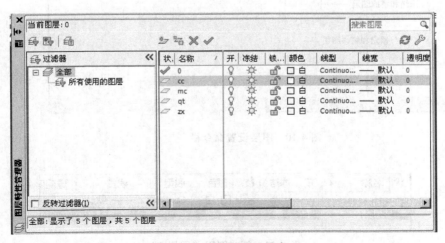

图 4-9　刷新后图层排序

4.2 图层的设置

设置图层主要是设置图层的属性和状态，以便更好地组织不同的图形信息。例如，将工程图样中各种不同的线型设置在不同的图层中，赋予不同的颜色，以增加图形的清晰性。将图形绘制与尺寸标注及文字注释分层进行，并利用图层状态控制各种图形信息的可否显示、修改与输出等，给图形的编辑带来很大的方便。

设置图层包括如下内容：设置图层名称、打开和关闭图层、冻结和解冻图层、锁定和解锁图层、设置图层颜色、设置图层线型、设置图层线宽等。

4.2.1 图层设置命令栏

首先打开图层特性管理器，看看图层设置的命令栏。来了解一下图层设置的命令（图4-10）。

4.2.2 指定图层名称

打开图层特性管理器，点击新建图层命令，AutoCAD 默认的图层名称为图层 1（图4-11），可以修改图层名称为任意名称，在工程制图中，一般常用的图层有"轴线""墙体""尺寸"等，通常用中文名称的首字母组合表示图层名称，如用"ZX"表示"轴线"、"QT"表示"墙体"等。将新建的图层 1 指定图层名称为"ZX"（图 4-12）。

4.2.1~4.2.2
设置命令栏和
指定图层名称

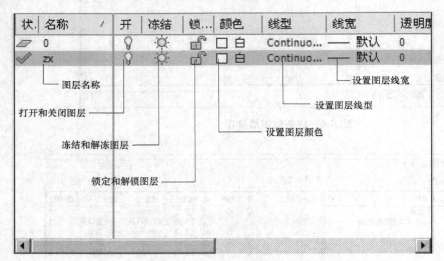

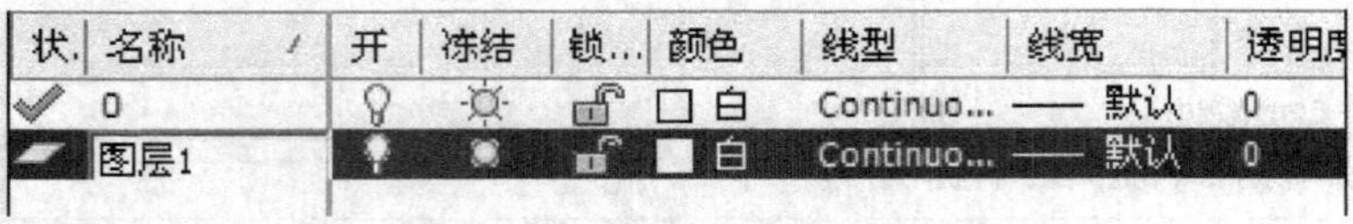

图 4-10 图层设置命令栏

图 4-11 新建图层"图层 1"

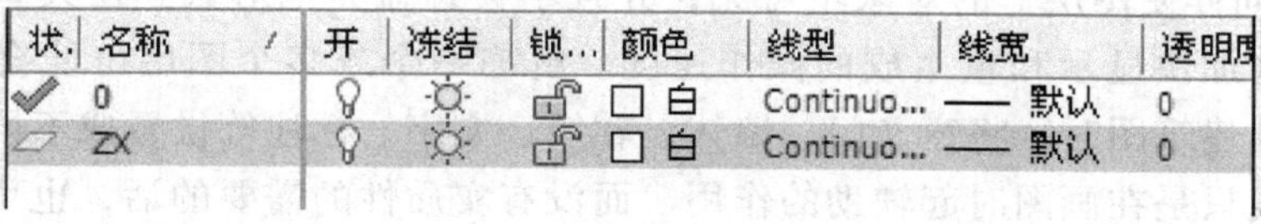

第4章 图层管理与查询命令

图 4-12 将"图层 1"指定名称为"ZX"

4.2.3 打开和关闭图层

在"图层名称"右边有"💡打开/关闭"图层命令,在"💡"上单击鼠标左键,当"💡"为黄色时表示图层打开(图 4-13),当"💡"为黑色时表示图层关闭(图 4-14)。

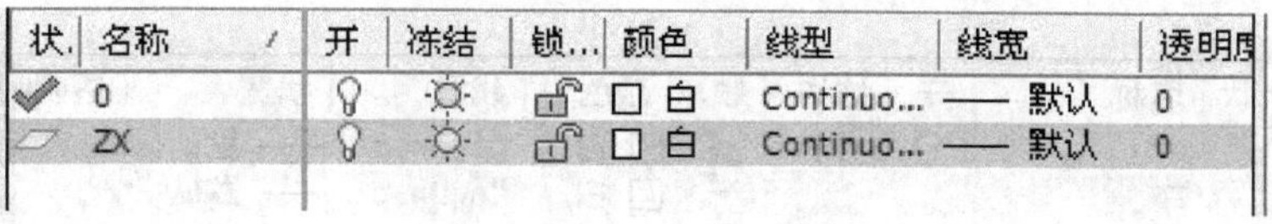

图 4-13 "ZX"图层打开状态

4.2.3 打开和关闭图层

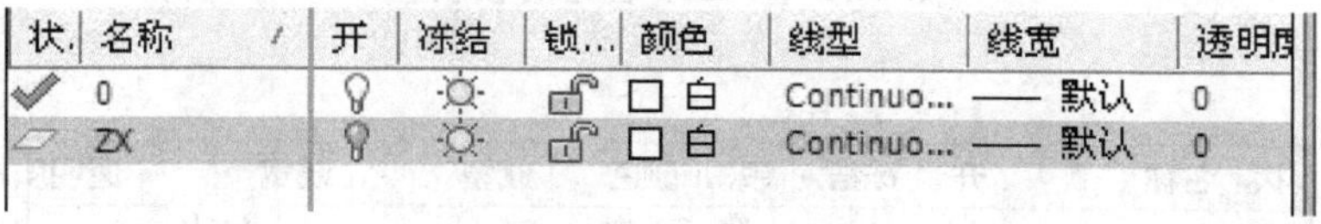

图 4-14 "ZX"图层关闭状态

关闭图形图层可以使其不可见。如果在处理特定图层或图层集的细节时需要无遮挡的视图,或者如果不需要打印细节(例如构造线),关闭图层会很有用。举个例子,在画建筑图时,将窗户、门、墙体、轴线、文字、标注等设置成不同的图层,如果现在的图中轴线只是在画图时起辅助的作用,而没有实质性的需要的话,可以将轴线图层关闭,待需要的时候可以重新打开图层。

4.2.4 冻结和解冻图层

在"💡打开/关闭"右边有"☀解冻/冻结"图层命令,在"☀"上单击鼠标左键,当"☀"为太阳表示图层解冻状态(图 4-15),当"☀"变为雪花表示图层冻结状态(图4-16)。

图 4-15 "ZX"图层解冻状态

4.2.4 冻结和解冻图层

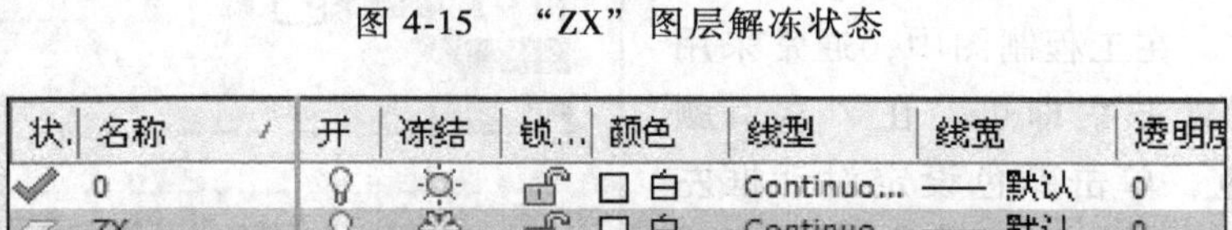

图 4-16 "ZX"图层冻结状态

115

冻结图层同样使图层上的对象不可见，并且不会遮盖其他对象。在大型图形中，冻结不需要的图层将加快显示和重生成的操作速度。解冻一个或多个图层可能会使图形重新生成。例如，在画建筑图时，将窗、门、墙体、轴线、文字、标注等设置成不同的图层，如果现在的图中轴线只是在画图时起辅助的作用，而没有实质性的需要的话，也可以将轴线图层冻结，待需要的时候可以重新解冻图层。

4.2.5 锁定和解锁图层

在"解冻/冻结"右边有"锁定/解锁"图层命令，在""上单击鼠标左键，当""为打开表示图层解锁状态（图4-17），当""变为关闭表示图层锁定状态（图4-18）。

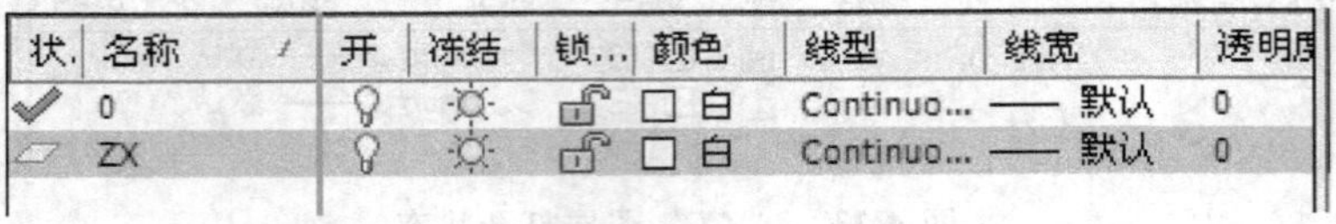

图 4-17 "ZX"图层解锁状态

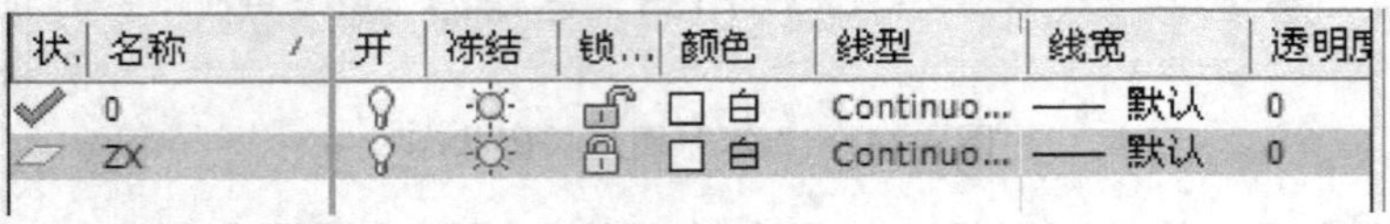

图 4-18 "ZX"图层锁定状态

锁定图层并不会是图层上的对象不可见，而是使图层上的对象不可更改。在编辑一个图层而不需要编辑其他图层时，锁定图层会很有用。举个例子，在画建筑图时，将窗、门、墙体、轴线、文字、标注等设置成不同的图层，如果现在只需要编辑墙体图层，只需将其他图层锁定即可。

4.2.6 设置图层颜色

在"锁定/解锁"右边有图层颜色命令"□"，AutoCAD 默认的图层颜色为白色，在"□"上单击鼠标左键，弹出选择颜色对话框（图4-19），选择颜色对话框有"索引颜色""真彩色"和"配色系统"三种颜色设置方案，在工程制图中，通常采用"索引颜色"设置方案即可，在"索引颜色"中选择红色，单击颜色设定对话框左下角的"确定"按钮就将"ZX"图层设置为红色（图4-20）。

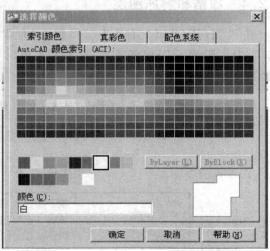

图 4-19 选择颜色对话框

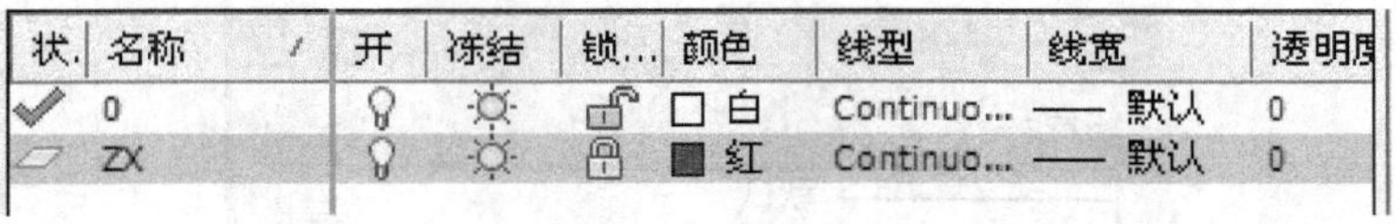

图 4-20 "ZX"图层颜色设置为红色

4.2.7 设置图层线型

在"□"图层颜色右边有图层线型命令"Continuo...",AutoCAD 默认的线型为实线,工程制图中,通常将轴线设置为虚线或者点画线,在"Continuo..."上单击鼠标左键,弹出"选择线型"对话框(图 4-21),"选择线型"对话框下方有"加载(L)...",点击"加载(L)..."命令,弹出"加载或重载线型"对话框,里面有多种线型样式,在下拉菜单中找到"CENTER2"线型(图 4-22),单击鼠标左键选择"CENTER2"线型,单击"加载或重载线型"对话框左下角的"确定"按钮,回到"选择线型"对话框,单击鼠标左键选择"CENTER2"线型,点击"选择线型"对话框左下角的确定按钮就将"ZX"图层线型设置为"CENTER2"线型(图 4-23)。

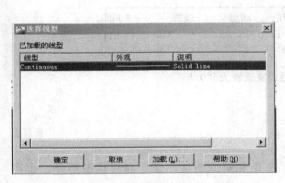

图 4-21 "选择线型"对话框

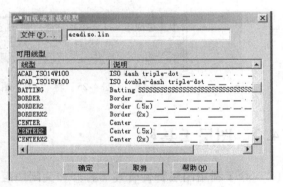

图 4-22 选择"CENTER2"线型

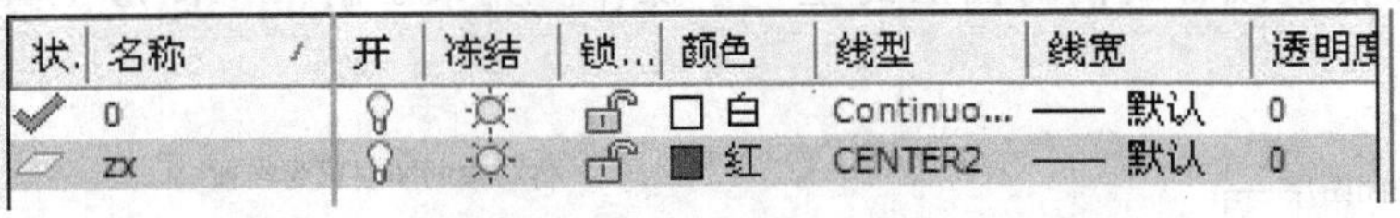

图 4-23 将"ZX"图层线型设置为"CENTER2"

4.2.8 设置图层线宽

在工程图样中,不同的线型其宽度是不一样的,以此提高图形的表达能力和可识别性。设置线宽时,在图层线型命令"Continuo..."右边有图层线宽设置命令"——默认",AutoCAD 通常默认线宽,在"——默认"上单击鼠标左键,弹出"线宽"对话框(图 4-24),在下拉菜单中选择"ZX"图层的线宽"0.15",然后单击"线型"对话框左下方的"确定"按钮,将"ZX"图层的线宽设置为"0.15"(图 4-25)。

建筑CAD

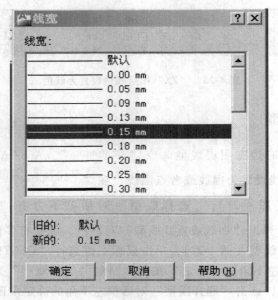

图 4-24 "线宽"对话框

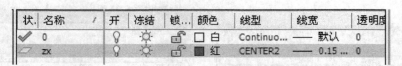

图 4-25 将"ZX"图层线宽设置为"0.15"

4.3 图层工具栏

除了利用图层特性管理器打开和关闭图层、冻结和解冻图层、锁定和解锁图层外，也可以利用图层工具栏快速地打开和关闭图层、冻结和解冻图层、锁定和解锁图层，并可以将对象的图层置为当前，或者取消对图层的上一个操作。先来了解一下图层工具栏的命令（图4-26）。

图 4-26 图层工具栏

4.3.1 打开和关闭图层

在"图层工具栏"左边有"打开/关闭"图层命令，单击图层工具栏右边的"▼"图层下拉菜单，在"💡"上单击鼠标左键，当"💡"为黄色时表示图层打开（图4-27），当"💡"为黑色时表示图层关闭（图4-28）。

图 4-27　"ZX"图层打开状态

4.3.1 打开和关闭图层

图 4-28　"ZX"图层关闭状态

4.3.2 冻结和解冻图层

在"💡打开/关闭"右边有"☼解冻/冻结"图层命令，在"☼"上单击鼠标左键，当"☼"为太阳表示图层解冻状态（图 4-29），当"☼"变为雪花表示图层冻结状态（图 4-30）。

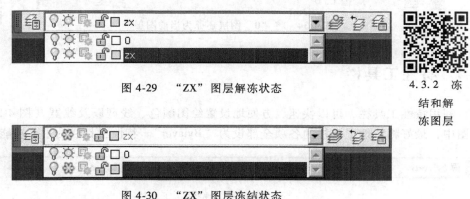

图 4-29　"ZX"图层解冻状态

4.3.2 冻结和解冻图层

图 4-30　"ZX"图层冻结状态

4.3.3 锁定和解锁图层

在"☼解冻/冻结"右边有"🔓锁定/解锁"图层命令，在"🔓"上单击鼠标左键，当"🔓"为打开表示图层解锁状态（图 4-31），当"🔓"变为关闭表示图层锁定状态（图 4-32）。

图 4-31　"ZX"图层解锁状态

4.3.3 锁定和解锁图层

图 4-32　"ZX"图层锁定状态

4.3.4 将对象的图层置为当前

AutoCAD 默认的当前图层为"0"层,在"图层工具栏"上鼠标左键点击" "将对象的图层置为当前图层的按钮,在绘图区域选择对象并单击鼠标左键即可将对象所在图层置为当前图层(图 4-33)。

图 4-33 将"ZX"图层置为当前图层

4.3.5 上一个图层

在"图层工具栏"上鼠标左键点击" "上一个图层按钮,即将上一个图层还原为当前图层(图 4-34)。

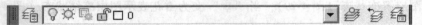

图 4-34 将"0"图层还原为当前图层

4.4 特性工具栏

利用特性工具栏,可以快速、方便地设置绘图颜色、线型以及线宽(图 4-35)。在建筑制图中,最好将特性工具栏的各项全部设为"Bylayer"。特性工具栏的主要功能如下。

图 4-35 "特性"工具栏

4.4.1 "颜色控制"列表框

"颜色控制"列表框用于设置绘图颜色。单击此列表框,AutoCAD 会弹出下拉列表,如图 4-36 所示。用户可通过该列表设置绘图颜色,一般应选择"ByLayer"随层,即把当前对象的颜色设置为跟当前图层颜色一致,或修改当前图形的颜色。

修改图形对象颜色的方法是:首先选择图形,然后在如图 4-36 所示的颜色控制列表中

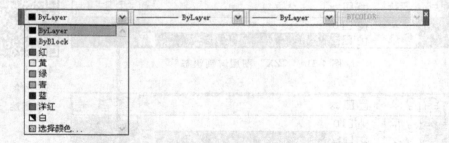

图 4-36 "颜色控制"列表框

选择对应的颜色。如果单击列表中的"选择颜色"项，AutoCAD 会弹出"选择颜色"对话框，供用户选择其他颜色。

4.4.2 "线型控制"下拉列表框

该列表框用于设置绘图线型。单击此列表框，AutoCAD 弹出下拉列表，如图 4-37 所示。用户可通过该列表设置绘图线型，一般应选择"ByLayer"随层，即把当前对象的线型设置为与当前图层线型一致，或修改当前图形的线型。

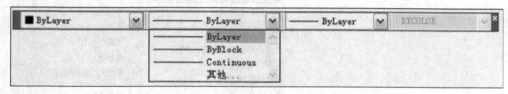

4.4.2
线型控制

图 4-37 "线型控制"下拉列表框

修改图形对象线型的方法是：选择对应的图形，然后在如图 4-37 所示的线型控制列表中选择对应的线型。如果单击列表中的"其他"选项，AutoCAD 会弹出"线型管理器"对话框，供用户选择。

4.4.3 "线宽控制"列表框

该列表框用于设置绘图线宽。单击此列表框，AutoCAD 弹出下拉列表，如图 4-38 所示。用户可通过该列表设置绘图线宽，一般应选择"ByLayer"随层，即把当前对象的线宽设置为与当前图层线宽一致，或修改当前图形的线宽。

4.4.3
线宽控制

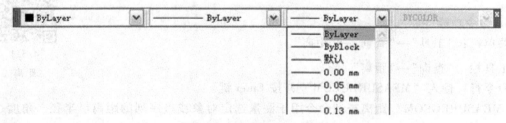

图 4-38 "线宽控制"列表框

修改图形对象线宽的方法是：选择对应的图形，然后在线宽控制列表中选择对应的线宽。

4.5 查询对象特性

在 AutoCAD 2011 中，包含了距离查询、坐标查询、面积查询等查询命令。用户可以通过"查询"工具栏、单击"■"特性按钮或"工具"→"查询"菜单来调用查询命令。

"查询"工具栏包括"MEASUREGEOM"距离查询命令、"MASSPROP"面域/质量特性查询按钮、"LIST"列表查询按钮和"ID"定位点查询按钮（图 4-39）。

"MEASUREGEOM"距离查询命令用于测量选定对象或点序列的距离、半径、角度、面积和体积,"MASSPROP"面域/质量特性查询命令用于计算面域或三维实体的质量特性,"LIST"列表查询命令用于为选定对象显示特性数据,"ID"定位点查询命令用于显示点坐标。

除了利用"查询"工具栏和"特性"按钮查询对象特性以外,AutoCAD还可以通过"工具"→"查询"命令查询对象特性(图4-40)。

图4-39 "查询"工具栏

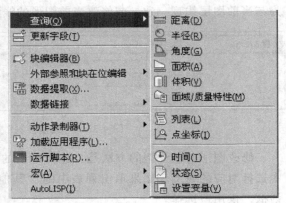

图4-40 "工具"→"查询"命令

"工具"→"查询"命令可以查询对象的距离、半径、角度、面积、体积、面域/质量特性、列表和点坐标,还可查询时间和状态。使用者可以方便地通过"工具"→"查询"命令查询对象的上述特征。

4.5.1 距离 MEASUREGEOM

1. 命令功能

菜单栏:"工具"→"查询"→"距离"。

工具栏:"查询"→"距离" 。

命令行:输入"MEASUREGEOM"并按 Enter 键。

"MEASUREGEOM"距离查询命令用于测量选定对象或点序列的距离、半径、角度、面积和体积。单击查询工具栏上的" "按钮,或点击"工具"→"查询"→"距离",或在命令行输入"MEASUREGEOM"命令,即执行"MEASUREGEOM"距离查询命令(图4-41)。

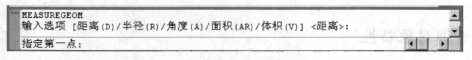

图4-41 启动"MEASUREGEOM"命令

鼠标左键点击绘图区域的任意两点,即查询两点之间的距离(图4-42)。除此以外,查询命令还提供"距离(D)/半径(R)/角度(A)/面积(AR)/体积(V)/退出(X)"选项。

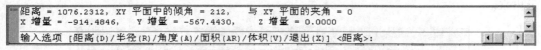

图 4-42 查询两点之间的距离

2. 选项说明

执行 MEASUREGEOM 命令后，AutoCAD 2011 提示"输入选项［距离（D）/半径（R）/角度（A）/面积（AR）/体积（V）/退出（X）］<距离>:"，各选项说明：

1)"半径（R）"用于查询对象的半径。
2)"角度（A）"用于查询对象的角度。
3)"面积（AR）"用于查询对象的面积。
4)"体积（V）"用于查询对象的体积。
5)"退出（X）"表示退出"MEASUREGEOM"距离查询命令。

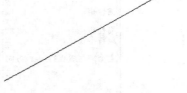

图 4-43 查询斜线的距离

6)"距离"用于查询对象的距离。

3. 操作实例

用 MEASUREGEOM 命令查询图 4-43 斜线的距离。

命令：MEASUREGEOM ↙ //执行 MEASUREGEOM 命令
指定第一个点直线左端点
指定第二个点直线右端点
命令行显示结果：
距离＝1200.0000，XY 平面中的倾角＝30，与 XY 平面的夹角＝0
X 增量＝1039.2305，Y 增量＝ 600.0000，Z 增量＝0.0000

4.5.2 面域/质量特性 MASSPROP

4.5.2 面域/质量特性

1. 命令功能

1)菜单栏："工具"→"查询"→"面域/质量特性"。
2)工具栏："查询"→"面域/质量特性" 。
3)命令行：输入"MASSPROP"并按 Enter 键。

"MASSPROP"面域/质量特性查询命令用于计算面域或三维实体的质量特性。单击"查询"工具栏上的" "面域/质量特性查询按钮，或点击"工具"→"查询"→"面域/质量特性"或在命令行输入"MASSPROP"命令，即执行"MASSPROP"面域/质量特性查询命令（图 4-44）。

图 4-44 启动"MASSPROP"命令

鼠标左键选择"MASSPROP"面域/质量特性查询的对象，再单击鼠标右键，随即会弹出"MASSPROP"面域/质量特性文本窗口（图 4-45），对象的相关特性都会在文本窗口中显示出来。

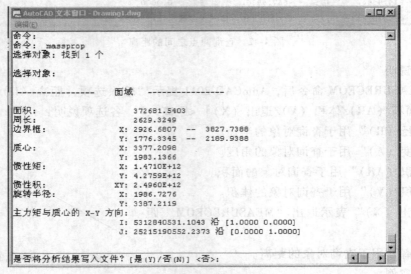

图 4-45 面域/质量特性文本窗口

2. 操作实例

用 MASSPROP 命令查询图 4-46 三角形面域的特性。

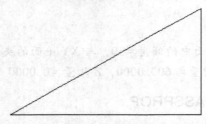

图 4-46 查询三角形的特性

命令：REGION ↙   //执行 REGION 命令
在绘图区域鼠标左键选择三角形，再单击鼠标右键，将三角形转换为面域
命令：MASSPROP ↙   //执行 MASSPROP 命令
在绘图区域鼠标左键选择三角形，再单击鼠标右键，查询三角形面域的特性
面域/质量特性文本窗口显示结果：

---------------- 面域 ----------------

面积：   311769.1454
周长：   2839.2305
边界框：   X：2097.3335 —— 3136.5640
                    Y：964.5204 —— 1564.5204
质心：   X：2790.1539
                    Y：1164.5204
惯性矩：   X：4.2903E+11

惯性积：
Y：2.4458E+12
XY：1.0184E+12

旋转半径：
X：1173.0762
Y：2800.8853

主力矩与质心的 X-Y 方向：
I：4222129563.5754 沿 [0.9370 0.3493]
J：20719402065.4163 沿 [-0.3493 0.9370]

4.5.3 列表 LIST

1. 命令功能

1）菜单栏："工具"→"查询"→"列表"。
2）工具栏："查询"→"列表" 。
3）命令行：输入"LIST"并按 Enter 键。

"LIST"列表查询命令用于为选定对象显示特性数据。单击"查询"工具栏上的" "列表查询按钮，或点击"工具"→"查询"→"列表"或在命令行输入"LIST"命令，即执行"LIST"列表查询命令（图 4-47）。鼠标左键单击"LIST"列表查询的对象，再单击鼠标右键，随即会弹出"LIST"列表文本窗口（图 4-48），对象的列表特性都会在文本窗口中显示出来。

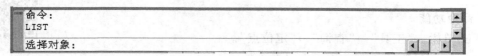

图 4-47 启动"LIST"命令

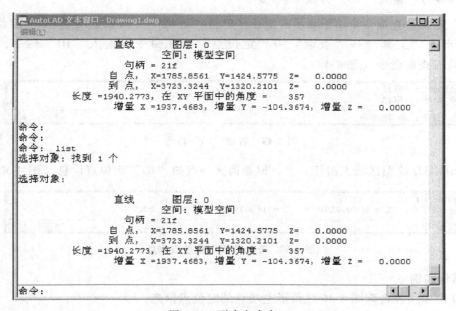

图 4-48 列表文本窗口

2. 操作实例

用 LIST 命令列表查询图 4-46 三角形的特性。

命令：LIST✓　　　　　　　　//执行 LIST 命令

在绘图区域鼠标左键选择三角形，再单击鼠标右键

列表文本窗口显示结果：

选择对象：

LWPOLYLINE 图层：0

空间：模型空间

句柄 = 228

打开

固定宽度 0.0000

面积 311769.1454

长度 2839.2305

于端点 X = 2097.3335　　Y = 1143.5799　　Z = 0.0000

于端点 X = 3136.5640　　Y = 1743.5799　　Z = 0.0000

于端点 X = 3136.5640　　Y = 1143.5799　　Z = 0.0000

于端点 X = 2097.3335　　Y = 1143.5799　　Z = 0.0000

4.5.4 定位点 ID

1. 命令功能

1) 菜单栏："工具"→"查询"→"定位点"。

2) 工具栏："查询"→"定位点" 。

3) 命令行：输入"ID"并按 Enter 键。

"ID"定位点查询命令用于显示点坐标。单击"查询"工具栏上的" "定位点查询按钮，或点击"工具"→"查询"→"定位点"或在命令行输入"ID"命令，即执行"ID"定位点查询命令（图 4-49）。

图 4-49　启动"ID"命令

在 AutoCAD 绘图区域点击任一点，即查询这一点的"ID"定位点信息（图 4-50）。

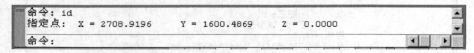

图 4-50　查询"ID"定位点信息

2. 操作实例

用 ID 命令列表查询图 4-46 三角形左端点的定位点信息。

命令：ID✓　　　　　　　　　　　　　　　　　　//执行 ID 命令

在绘图区域鼠标左键选择三角形的左端点，再单击鼠标右键

命令行显示结果：

指定点：X = 2097.3335　Y = 1143.5799　Z = 0.0000

4.6 本章练习

1. 建立"ZX"图层，并将图层颜色设置为红色，将线型设置为"CENTER2"，将线宽设置为"0.15"。

2. 建立"QT"图层，并将图层颜色设置为黄色，将线型设置为"COUTINUOUS"，将线宽设置为"0.25"。

3. 建立"MC"图层，并将图层颜色设置为蓝色，将线型设置为"COUTINUOUS"，将线宽设置为"0.20"。

4. 建立"CC"图层，并将图层颜色设置为青色，将线型设置为"COUTINUOUS"，将线宽设置为"0.15"。

5. 运用图层工具栏关闭"ZX"图层，冻结"QT"图层，锁定"MC"图层。

6. 运用特性工具栏将"ZX"图层颜色改为紫色，线型改为"COUTINUOUS"，将"CC"图层的线宽改为"0.25"。

7. 在绘图区域任意绘制一直线，运用查询工具栏的所有命令查询直线的所有特性。

8. 运用"工具"→"查询"命令修改直线的颜色、图层、线型、线型比例、线宽和厚度。

第 5 章

尺寸标注与参数化绘图

5.1 标注样式

对于工程制图来讲，精确的尺寸是技术人员照图施工的关键，因此，在图纸中，尺寸标注是非常重要的一个环节。AutoCAD 根据工程实际情况，为用户提供了各种类型的尺寸标注方法，并提供了多种编辑尺寸标注的方法。

尺寸标注是一个复合体，它以块的形式存储在图形中，其组成部分包括尺寸线、尺寸界线、标注文字和箭头等。所有组成部分的格式均由尺寸样式来控制。尺寸样式是尺寸变量的集合，这些变量决定了尺寸标注中各元素的外观。通过调整样式中这些变量，可以获得各种各样的尺寸外观。

5.1.1 尺寸标注的组成

当创建一个标注时，AutoCAD 将产生一个对象，该对象以块的形式存储在图形文件中，其组成如图 5-1 所示。表 5-1 列出了尺寸标注的组成部分及其说明。

标注具有以下几种独特的元素：标注文字、尺寸线、箭头和尺寸界线等。

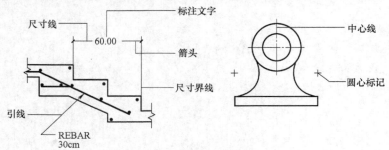

图 5-1 尺寸标注的组成

5.1.2 创建尺寸标注样式

由于标注尺寸时，尺寸标注的外观都是由当前尺寸样式控制的。因此在标注尺寸前，一

第5章 尺寸标注与参数化绘图

般都要创建新的尺寸样式，否则将以系统提供的默认尺寸样式 ISO-25 为当前样式进行标注。

表 5-1 尺寸标注的组成及其说明

组成	说明
标注文字	是用于指示测量值的文本字符串。文字还可以包含前缀、后缀和公差
尺寸线	用于指示标注的方向和范围。对于角度标注，尺寸线是一段圆弧
箭头	也称为终止符号，显示在尺寸线的两端。可以为箭头或标记指定不同的尺寸和形状。AutoCAD 已预定义了一些箭头形式，用户也可以利用块创建其他的终止符号
尺寸界线（延伸线）	也称延伸线，从部件延伸到尺寸线。尺寸界线决定了尺寸的界限，由图形中的轮廓线、轴线或对称中心线引出。在标注时尺寸界线自动从对象上延伸出来，它的端点与对象是接近而不是连接到图形上
中心标记	是标记圆或圆弧中心的小十字
中心线	是标记圆或圆弧的圆心的打断线

依次点击菜单中的"格式"→"标注样式"命令，系统会弹出如图 5-2 所示的"标注样式管理器"对话框，用户可以在该对话框中创建新的尺寸标注样式和管理已有的尺寸标注样式。

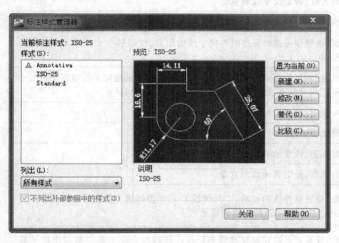

图 5-2 "标注样式管理器"对话框

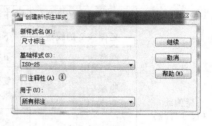

图 5-3 "创建新标注样式"对话框

单击"标注样式管理器"对话框中的"新建"按钮，弹出如图 5-3 所示的"创建新标注样式"对话框。在"新样式名"下的文本框中输入新样式的名称，并在"基础样式"下拉列表中指定某个尺寸样式作为新样式的基础样式，则新样式将包含基础样式的所有设置。此外，还可在"用于"下拉列表中设置新样式控制的尺寸类型，默认情况下该下拉列表中选择的为"所有标注"，即指新样式将控制所有类型尺寸。

单击"创建新标注样式"对话框中的"继续"按钮，弹出如图 5-4 所示的"新建标注样式：尺寸标注"对话框，用户可以在该对

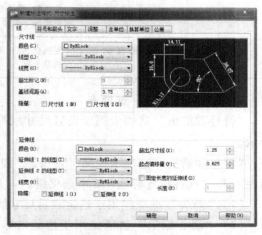

图 5-4 "新建标注样式：尺寸标注"对话框

话框的各选项卡中设置相应的参数,设置完成后单击"确定"按钮,返回"标注样式管理器"对话框,在"样式"列表框中可以看到新建的标注样式。

在"新建标注样式:尺寸标注"对话框中有"线""符号和箭头""文字""调整""主单位""换算单位"和"公差"7个选项卡,下面就一些最常用的参数选项做简要的介绍。

1. "线"选项卡

"线"选项卡(图5-4)由"尺寸线"和"延伸线"两个选项组组成,具体参数选项的功能和作用见表5-2。

表5-2 "线"选项卡组成及说明

选项组	参数选项	作用
尺寸线	颜色	下拉列表框,设置尺寸线的颜色
	线型	下拉列表框,设置尺寸线的线型
	线宽	下拉列表框,设定尺寸线的宽度
	超出标记	文本框,设置尺寸线超过延伸线的距离
	基线间距	文本框,设置使用基线标注时各尺寸线的距离,相邻平行尺寸线间的距离由该选项控制
	隐藏	复选框,控制尺寸线的显示或隐藏。"尺寸线1"复选框用于控制第1条尺寸线的显示,"尺寸线2"复选框用于控制第2条尺寸线的显示
延伸线(尺寸界线)	颜色	下拉列表框,设置延伸线的颜色
	延伸线1的线型	下拉列表框,设置延伸线1的线型
	延伸线2的线型	下拉列表框,设置延伸线2的线型
	线宽	下拉列表框,设定延伸线的宽度
	隐藏	复选框,设置延伸线的显示。"延伸线1"用于控制第1条延伸线的显示,"延伸线2"用于控制第2条延伸线的显示
	超出尺寸线	文本框,设置延伸线超过尺寸线的距离。国标规定延伸线一般超出尺寸线2~3mm,如果准备以1:1比例出图,则超出距离应设置为2mm或3mm
	起点偏移量	文本框,设置延伸线相对于尺寸线起点的偏移距离。通常应使延伸线与标注对象间不发生接触,这样才能容易地区分尺寸标注和被标注对象
	固定长度的延伸线	复选框,勾选后,结合"长度"文本框可以设置延伸线从尺寸线开始到标注原点的总长度

2. "符号和箭头"选项卡

"符号和箭头"选项卡用于设置尺寸线端点的箭头以及各种符号的外观形式,如图5-5所示。

"符号和箭头"选项卡包括"箭头""圆心标记""折断标注""弧长符号""半径折弯标注"和"线性折弯标注"6个选项组。

(1)"箭头"选项组用于选定表示尺寸线端点的箭头的外观形式。

(2)"圆心标记"选项组用于控制当标注圆的半径和直径尺寸时中心线和中心标记的外观。

（3）"折断标注"选项组，使用"标注打断"命令时，"折断标注"选项组用来确定交点处打断的大小。

（4）"弧长符号"选项组控制弧长标注中圆弧符号的显示。

（5）"半径折弯标注"选项组控制折弯（Z字形）半径标注的显示。半径折弯标注通常在中心点位于页面外部时创建。

（6）"线性折弯标注"选项组用于设置折弯高度因子，在使用"线性折弯标注"命令时，折弯高度因子乘上文字高度，形成折弯角度的两个顶点之间的距离，这就是折弯高度。

具体组成及说明见表5-3。

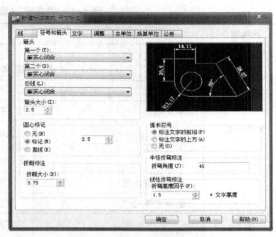

图5-5 "符号和箭头"选项卡

表5-3 "符号和箭头"选项卡组成及说明

选项组	参数选项	作 用
箭头	第一个 第二个	下拉列表框,用于设置标注的箭头形式,系统提供了19种箭头类型,用户可以为每个箭头选择所需类型
	引线	下拉列表框,用于设置尺寸线引线部分的形式
	箭头大小	文本框,用于设置箭头相对其他尺寸标注元素的大小
圆心标记	无	单选按钮,设置在圆心处不放置中心线和圆心标记
	标记	单选按钮,设置在圆心处放置一个与"大小"文本框中的值相同的圆心标记
	直线	单选按钮,设置在圆心处放置一个与"大小"文本框中的值相同的中心线标记
	大小	文本框,用于设置圆心标记或中心线的大小
折断标注	折断大小	文本框,用于确定交点处打断的大小
弧长符号	标注文字的前缀	单选按钮,表示将弧长符号放在标注文字的前面
	标注文字的上方	单选按钮,表示将弧长符号放在标注文字的上方
	无	单选按钮,表示不显示弧长符号
半径折弯标注	折弯角度	文本框,确定用于连接半径标注的延伸线和尺寸线的横向直线的角度
线性折弯标注	折弯高度因子	文本框,确定形成折弯角度的两个顶点之间的距离

3."文字"选项卡

"文字"选项卡由"文字外观""文字位置"和"文字对齐"3个选项组组成,如图5-6所示。

"文字外观"控制着标准中文字的字体、大小、颜色等属性,"文字位置"控制了文字在标注模块布局中的具体位置,而"文字对齐"则提供了文字对齐的参照依据,具体内容可参见表5-4。

表 5-4 "文字"选项卡组成及说明

选项组	参数选项	作用
文字外观	文字样式	下拉列表框,用于设置标注文字所用的样式,单击右侧的按钮,弹出"文字样式"对话框,可以创建新的文字样式
	文字颜色	下拉列表框,用于设置标注文字的颜色
	填充颜色	下拉列表框,用于设置标注中文字背景的颜色
	文字高度	文本框,用于设置当前标注文字样式的高度。如果在文本样式中已设定了文字高度,则该文本框中所设置的文本高度将是无效的
	分数高度比例	文本框,用于设置分数尺寸文本的相对字高度系数
	绘制文字边框	复选框,控制是否在标注文字四周添加一个矩形边框
文字位置	垂直	下拉列表框,设置标注文字沿尺寸线在垂直方向上的对齐方式。包括 5 种对齐类型,对于国标标注应选择"上"选项
	水平	下拉列表框,设置标注文字沿尺寸线和延伸线在水平方向上的对齐方式。包括 5 种对齐类型,对于国标标注应选择"居中"选项
	从尺寸线偏移	文本框,设置文字与尺寸线的间距。如果标注文本在尺寸线的中间,则该值表示断开处尺寸线端点与尺寸文字的间距,此外该值也可以用来控制文本边框与其中文本的距离
文字对齐	水平	单选按钮,表示标注文字沿水平线放置
	与尺寸线对齐	单选按钮,表示标注文字沿尺寸线方向放置,这也是国标标注的标准
	ISO 标准	单选按钮,表示当标注文字在延伸线之间时,沿尺寸线的方向放置;当标注文字在延伸线外侧时,则水平放置标注文字

4."调整"选项卡

"调整"选项卡用于控制标注文字、箭头、引线和尺寸线的放置,如图 5-7 所示。

图 5-6 "文字"选项卡

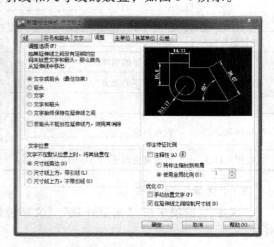

图 5-7 "调整"选项卡

(1)"调整选项"选项组用于控制基于延伸线之间可用空间的文字和箭头的位置。

（2）"文字位置"选项组用于设置标注文字从默认位置（由标注样式定义的位置）移动时标注文字的位置。

（3）"标注特征比例"选项组用于设置全局标注比例值或图纸空间比例。

（4）"优化"选项组提供用于放置标注文字的其他选项。

具体内容可见表 5-5。

表 5-5 "调整"选项卡组成及说明

选项组	参数选项	作 用
调整选项	文字或箭头（最佳效果）	对标注文本和箭头进行综合考虑，自动选择将其中之一放在尺寸界线外侧，以获得最佳标注效果
	箭头	选择该单选按钮，系统尽量将箭头放在尺寸界线内，否则文字和箭头都将放在尺寸界线外
	文字	选择该单选按钮，系统尽量将文字放在尺寸界线内，否则文字和箭头都将放在尺寸界线外
	文字和箭头	选择该单选按钮，当尺寸界线间不能同时放下文字和箭头时，就将文字和箭头都放在尺寸界线外
	文字始终保持在延伸线之间	选择该单选按钮，系统总是把文字和箭头都放在尺寸界线内
	若箭头不能放在延伸线内，则将其消除	启用该复选框时，若箭头放不下，则不显示箭头
文字位置	尺寸线旁边	选择该单选按钮，当文字在默认位置放不下时，文字首先放在尺寸线旁边
	尺寸线上方，带引线	选择该单选按钮，当文字在默认位置放不下时，文字首先放在尺寸线上方，并用引线指示
	尺寸线上方，不带引线	选择该单选按钮，当文字在默认位置放不下时，文字首先放在尺寸线上方，不加引线
标注特征比例	注释性	选择该复选框时，将启用注释性标注
	将标注缩放到布局	选择该单选按钮，在布局空间标注可以不必考虑标注箭头数字的比例，就按标注样式设定的大小自动显示
	使用全局比例	在该文本框中输入全局比例数值，可控制尺寸标注的所有组成元素的大小
优化	手动放置文字	启用该复选框时，在标注时，系统将提示用户手动为文字定位
	在延伸之间绘制尺寸线	启用该复选框时，系统总是在尺寸界线之间绘制尺寸线，禁用该复选框时，当将尺寸箭头移至尺寸界线外侧时，将不画出尺寸线

5. "主单位"选项卡

"主单位"选项卡用于设置主单位的格式及精度，同时还用于设置标注文字的前缀和后缀，如图 5-8 所示。

（1）"线性标注"选项组中可设置线性标注单位的格式及精度。

（2）"测量单位比例"选项组用于确定测量时的缩放系数。

（3）"消零"选项组控制是否显示前导 0 或尾数 0。

（4）"角度标注"选项组用于设置角度标注的角度格式，仅用于角度标注命令。

具体参数选项的组成及说明，见表 5-6。

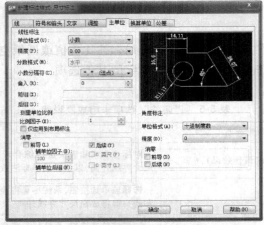

图 5-8 "主单位"选项卡

表 5-6 "主单位"选项卡组成及说明

选项组	参数选项	作　用
线性标注	单位格式	在该下拉列表中可以选择所需长度单位的类型
	精度	可以设置长度型尺寸数字的精度,小数点后显示的位数即为精度效果
	分数格式	若在"单位格式"中选择了"分数"选项,则可在此处下拉列表中选择分数的堆叠效果
	小数分隔符	如果单位类型为十进制,即可在该下拉列表中选择分隔符的形式,包括逗号、句点和空格
	舍入	数字框,设置标注数值的近似效果
	前缀	文本框,可输入标注文字的前缀
	后缀	文本框,可输入标注文字的后缀
测量单位比例	比例因子	文本框,设置尺寸标注测量值的缩放比例因子。当标注尺寸时,系统将自动在实际测量值上乘以此比例因子作为标注数据,如比例因子输入"10",则 1mm 直线的尺寸将显示为 10mm
	仅应用到布局标注	选择此复选框,则测量单位比例因子只对布局空间有效
消零	前导	复选框,用于控制是否输出所有十进制标注中的前导零,例如,"0.100"变成".100"
	辅单位因子	将辅单位的数量设定为一个单位。它用于在距离小于一个单位时以辅单位为单位计算标注距离。例如,如果后缀为 m 而辅单位后缀以 cm 显示,则输入"100"
	辅单位后缀	在标注值辅单位中包含后缀。可以输入文字或使用控制代码显示特殊符号。例如,输入 cm 可将 .96m 显示为 96cm
	后续	复选框,用于控制是否输出所有十进制标注中的后续零,例如"2.2000"变成"2.2"
	0 英尺	如果长度小于一英尺⊖,则消除英尺-英寸⊜标注中的英尺部分。例如,0'-6 1/2"变成 6 1/2"
	0 英寸	如果长度为整英尺数,则消除英尺-英寸标注中的英寸部分。例如,1'-0"变为 1'

⊖ 1 英尺 = 0.3048 米。
⊜ 1 英寸 = 0.0254 米。

(续)

选项组	参数选项	作用
角度标注	单位格式	下拉列表,显示角度标注的显示方式
	精度	数字框,设置角度标注的小数点后的位数
	消零	可以设置角度标注数值部分消除前导和后续零。当选择"前导"单选按钮,将隐藏尺寸数字前面的零;当选择"后续"单选按钮时,将隐藏尺寸数字后面的零

6. "换算单位"选项卡

"换算单位"选项卡用于设置换算单位的格式及精度,同时还用于设置换算单位的前缀和后缀,如图 5-9 所示。

图 5-9 "换算单位"选项卡

详细的参数设置内容见表 5-7。

表 5-7 "换算单位"选项卡组成及说明

选项组	参数选项	作用
换算单位	单位格式	设定换算单位的单位格式
	精度	设定换算单位中的小数位数
	换算单位倍数	指定一个乘数,作为主单位和换算单位之间的转换因子使用。例如,要将英寸转换为毫米,请输入"25.4"。此值对角度标注没有影响,而且不会应用于舍入值或正、负公差值
	舍入精度	设定除角度之外的所有标注类型的换算单位的舍入规则。如果输入"0.25",则所有标注测量值都以 0.25 为单位进行舍入。如果输入"1.0",则所有标注测量值都将舍入为最接近的整数。小数点后显示的位数取决于"精度"设置
	前缀	在换算标注文字中包含前缀。可以输入文字或使用控制代码显示特殊符号。例如,输入控制代码 %%c 显示直径符号
	后缀	在换算标注文字中包含后缀。可以输入文字或使用控制代码显示特殊符号

(续)

选项组	参数选项	作用
消零	前导	不输出所有十进制标注中的前导零。例如,0.5000 变成 .5000
	辅单位因子	将辅单位的数量设定为一个单位。它用于在距离小于一个单位时以辅单位为单位计算标注距离。例如,如果后缀为 m 而辅单位后缀以 cm 显示,则输入"100"
	辅单位后缀	在标注值辅单位中包含后缀。可以输入文字或使用控制代码显示特殊符号。例如,输入 cm 可将 .96m 显示为 96cm
	后续	不输出所有十进制标注的后续零。例如,12.5000 变成 12.5,30.0000 变成 30
	0 英尺	如果长度小于一英尺,则消除英尺-英寸标注中的英尺部分。例如,0'-6 1/2″ 变成 6 1/2″
	0 英寸	如果长度为整英尺数,则消除英尺-英寸标注中的英寸部分。例如,1'-0″ 变为 1'
位置	主值后	将换算单位放在标注文字中的主单位之后
	主值下	将换算单位放在标注文字中的主单位下面

7. "公差"选项卡

"公差"选项卡用于设置公差的格式和输入上下公差值,如图 5-10 所示。该选项卡各主要选项的组成及说明见表 5-8。

图 5-10 "公差"选项卡

表 5-8 "公差"选项卡组成及说明

选项组	参数选项	作用
公差格式	方式	在该下拉列表中提供了公差的 5 种格式。含义介绍如下 无:只显示基本尺寸 对称选择:该选项则只能在"上偏差"文本框中输入数值。此时标注尺寸时,系统自动添加符号"±" 极限偏差:选择该选项后,可以在"上偏差"和"下偏差"文本框中分别输入尺寸的上下偏差值。默认情况下系统自动在上偏差前添加符号"+",在下偏差前添加符号"-"。如果在输入偏差值时输入了"+"号或"-"号,则最终显示的符号将是默认符号与输入符号相乘的结果 极限尺寸:同时显示最大极限尺寸和最小极限尺寸 基本尺寸:将尺寸标注数值放置在一个长方形的框中

(续)

选项组	参数选项	作用
公差格式	精度	设置上下偏差值的精度,即小数点后的位数
	上偏差	文本框,输入上公差值
	下偏差	文本框,输入下公差值
	高度比例	在该文本框中可以设置偏差值文本相对于尺寸文本的高度。默认值为1,此时偏差文本与尺寸文本高度相同。国标情况下一般设置为0.7,但如果公差格式为"对称",则高度比例仍设置为1
	垂直位置	在该下拉列表中可指定偏差文字相对于基本尺寸的位置关系,包括上、中和下3种类型。国标情况下一般选择"中"选项
	公差对齐	可以选择以小数点分隔符为公差对齐的依据或者以运算符为公差对齐的依据
	消零	可以设置公差数值部分消除前导和后续零。当选择"前导"单选按钮,将隐藏尺寸数字前面的零;当选择"后续"单选按钮,将隐藏尺寸数字后面的零
换算单位公差	精度	设置换算单位的精度,即小数点后的位数
	消零	可以设置换算单位数值部分消除前导和后续零。当选择"前导"单选按钮,将隐藏尺寸数字前面的零;当选择"后续"单选按钮,将隐藏尺寸数字后面的零

5.2 常见的尺寸标注

标注是向图形中添加测量注释的过程。

用户可以为各种对象沿各个方向创建标注。基本的标注类型包括:线性、径向(半径、直径和折弯)、角度、坐标、弧长等。图5-11列出了几种示例。

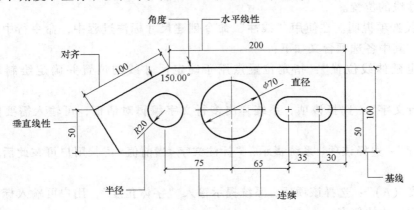

图5-11 常见尺寸标注示例

为了方便尺寸标注,可以使用"标注工具栏",默认情况下,"标注工具栏"是不显示的,可以通过以下步骤来打开此工具栏:在任意工具栏上单击鼠标右键,在弹出的快捷工具栏上选择"标注"选项,即可显示"标注工具栏",如图5-12所示。

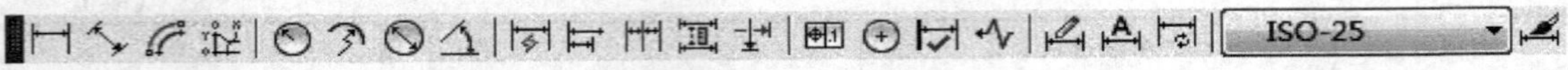

图 5-12 标注工具栏

5.2.1 线性标注

线性标注可以水平、垂直或对齐放置。使用对齐标注时，尺寸线将平行于两个尺寸界线原点之间的直线（想象或实际）。基线（或平行）和连续（或链）标注是一系列基于线性标注的连续标注。

1. 水平和垂直标注

水平和垂直标注使用的是"线性"标注功能，该功能用于对水平尺寸、垂直尺寸及旋转尺寸等长度类尺寸的标注，这些尺寸标注方法基本类似。

（1）创建水平或垂直标注的一般步骤。启动命令：
1）菜单栏："标注"→"线形"。
2）工具栏："标注"→"线形" 。
3）命令行：输入"Dimlinear（Dimlin）"并按 Enter 键。

操作步骤：

按 Enter 键选择要标注的对象，或指定第一条和第二条尺寸界线的原点。

在指定尺寸线位置之前，可以替代标注方向并编辑文字、文字角度或尺寸线角度：

5.2.1 1.水平和垂直标注

要旋转尺寸界线，请输入"r"（旋转）。然后输入尺寸线角度。

要编辑文字，请输入"m"（多行文字）。在"多行文字编辑器"中修改文字，然后单击"确定"。

要旋转文字，请输入"a"（角度）。然后输入文字角度。

指定尺寸线的位置。

（2）相关选项说明。在使用"线性"命令创建尺寸标注过程中，命令行中还包含了如下几个选项，其中各选项含义如下：

1）"指定延伸线位置"：指定位置点用于确定尺寸线的位置并确定绘制尺寸界线的方向。

2）"多行文字"：选择该项，系统弹出多行文字编辑对话框，可输入需要的标注文字内容。

3）"文字"：选择该项，系统提示："标注文字<当前值>:"，用户可在此后输入新的标注文字。

4）"角度（A）"：选择该项后，系统提示输入"字体角度"，用户可输入标注文字角度的新值来修改尺寸的角度。

5）"水平（H）"：选择该项，系统将使尺寸文字水平放置。

6）"垂直（V）"：选择该项，系统将使尺寸文字垂直放置。

7）"旋转（R）"：该项可创建旋转尺寸标注，此时可在命令行提示下输入所属的旋转角度。

（3）操作实例。用"线性"标注如图 5-13 所示 AB、BC 段尺寸，具体操作步骤如下：

操作步骤	说　明	示意图
标注 AB 段 1. 命令：Dimlinear 2. 指定第一条尺寸界线原点或<选择对象> 3. 选取标注对象：拾取线段 AB 4. 多行文字(M)/文字(T)/角度(A)/水平(H)/垂直(V)/旋转(R)：在线段 AB 左方点取一点 标注 BC 段 1. 命令：Dimlinear 2. 指定第一条尺寸界线原点或<选择对象>：捕捉点 B 3. 第二条延伸线起始位置：捕捉点 C 4. 多行文字(M)/文字(T)/角度(A)/水平(H)/垂直(V)/旋转(R)：在线段 BC 下方点取一点	执行"线性"标注命令 按 Enter 键选取对象 选取标注线段 AB 确定尺寸线位置，完成标注 执行"线性"标注命令 确定第一条尺寸界线原点 确定第二条尺寸界线原点 确定尺寸线位置，完成标注	 图 5-13　水平和垂直标注实例

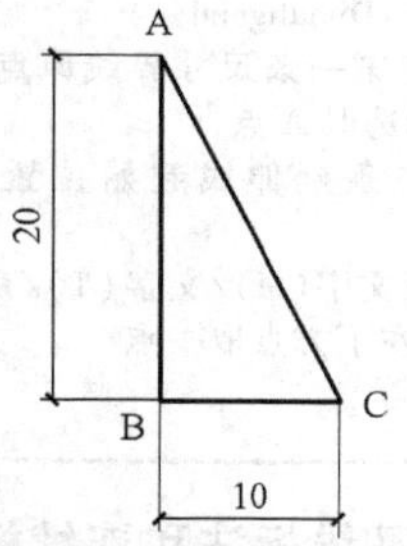

2. 对齐标注

对齐标注也是线性标注中常用的一中标注工作，使用对齐标注时，尺寸线将平行于两个尺寸界线原点之间的直线。

（1）创建对齐标注的步骤。启动命令：

1）菜单栏："标注"→"对齐"。

2）工具栏："标注"→"对齐" 。

3）命令行：输入"Dimaligned（Dimali）"并按 Enter 键。

操作步骤：

在命令提示下，输入"dimaligned"。

按 Enter 键选择要标注的对象，或指定第一条和第二条尺寸界线的原点。

指定尺寸线位置之前，可以编辑文字或更改文字角度：

要使用多行文字编辑文字，请输入"m"（多行文字）。在"在位文字编辑器"中修改文字，单击"确定"。

要使用单行文字编辑文字，请输入"t"（文字）。在命令提示下修改文字，然后按 Enter 键。

要旋转文字，请输入"a"（角度）。然后输入文字角度。

指定尺寸线的位置。

（2）相关选项说明。在使用"线性"命令创建尺寸标注过程中，命令行中还包含了如下几个选项，其中各选项含义如下：

1）"多行文字（M）"：选择该项后，系统弹出多行文字编辑对话框，可输入需要的标注文字内容。

2）"文字（T）"：选择该项后，系统提示："标注文字<当前值>："，用户可在此后输入新的标注文字。

3）"角度（A）"：选择该项后，系统提示输入"字体角度"，用户可输入标注文字角度的新值来修改尺寸的角度。

（3）操作实例。用"对齐"标注如图 5-14 所示 AC 段尺寸，具体操作步骤如下：

操作步骤	说　　明	示意图
1. 命令：Dimaligned 2. 指定第一条尺寸界线原点或<选择对象>：鼠标选取 A 点 3. 第二条延伸线起始位置：鼠标选取 C 点 4. 多行文字(M)/文字(T)/角度(A)：在线段 AC 左下方点取一点	执行"对齐"标注命令 确定第一条尺寸界线原点 确定第二条尺寸界线原点 确定尺寸线位置，完成标注	 图 5-14　对齐标注实例

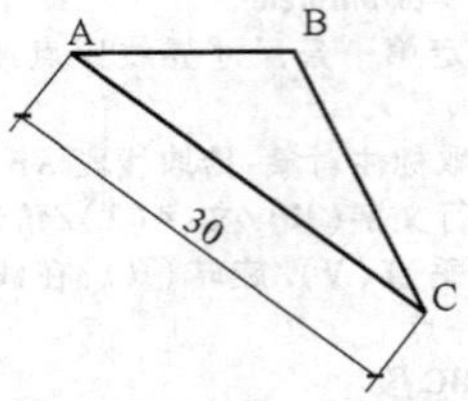

3. 基线标注和连续标注

基线标注是自同一基线处测量的多个标注。连续标注是首尾相连的多个标注。

在创建基线或连续标注之前，必须创建线性、对齐或角度标注。基线、连续标注命令是根据已有的尺寸标注快速创建出与所选尺寸标注类型相同的其他尺寸标注，从而提高作图效率。

（1）创建基线线性标注的步骤。启动命令：

1）菜单栏："标注"→"基线"。

2）工具栏："标注"→"基线" 。

3）命令行：输入"Dimbaseline（Dimbase）"并按 Enter 键。

5.2.1
3. 基线标注

操作步骤：

默认情况下，上一个创建的线性标注的原点用作新基线标注的第一尺寸界线。提示用户指定第二条尺寸线。

使用对象捕捉选择第二条尺寸界线的原点，或按 Enter 键选择任一标注作为基准标注。

程序将在指定距离（在"标注样式管理器"的"直线"选项卡的"基线间距"选项中指定）处自动放置第二条尺寸线。

使用对象捕捉指定下一个尺寸界线原点。

根据需要可继续选择尺寸界线原点。

按两次 Enter 键结束命令。

（2）创建连续线性标注的步骤。启动命令：

1）菜单栏："标注"→"连续"。

2）工具栏："标注"→"连续" 。

3）命令行：输入"Dimcontinue"且按 Enter 键。

操作步骤：

程序使用现有标注的第二条尺寸界线的原点作为第一条尺寸界线的原点。

使用对象捕捉指定其他尺寸界线原点。

按两次 Enter 键结束命令。

（3）操作实例。用"基线"标注命令标注如图 5-15 所示图形中 B 点、C 点、D 点距 A 点的长度尺寸。

第5章 尺寸标注与参数化绘图

操作步骤	说 明	示意图
1. 命令：Dimlinear 2. 指定第一条尺寸界线原点或<选择对象>：点选 A 点 3. 第二条延伸线起始位置：点选 B 点 4. 多行文字(M)/文字(T)/角度(A)/水平(H)/垂直(V)/旋转(R)：在线段 AB 下方点取一点 5. 命令：Dimbaseline 6. 指定第二条尺寸界线原点或[放弃(U)/选择(S)]<选择>：点选 C 点 7. 指定第二条尺寸界线原点或[放弃(U)/选择(S)]<选择>：点选 D 点 8. 指定第二条尺寸界线原点或[放弃(U)/选择(S)]<选择>：按 Enter 键结束命令	1. 执行"线性"标注命令 2. 确定第一条尺寸界线原点 3. 确定第二条尺寸界线原点 4. 确定 AB 尺寸线位置 5. 执行"基线"标注命令 6. 确定 AC 尺寸线 7. 确定 AD 尺寸线 8. 完成基线标注	图 5-15 基线标注实例

用"连续"标注命令标注如图 5-16 所示图形中 AB、BC、CD 线段的长度尺寸。

操作步骤	说 明	示意图
1. 命令：Dimlinear 2. 指定第一条尺寸界线原点或<选择对象>：捕捉点 A 3. 第二条延伸线起始位置：捕捉点 B 4. 多行文字(M)/文字(T)/角度(A)/水平(H)/垂直(V)/旋转(R)：在线段 AB 上方点取一点 5. 命令：Dimcontinue 6. 指定第二条尺寸界线原点或[放弃(U)/选择(S)]<选择>：点选 C 点 7. 指定第二条尺寸界线原点或[放弃(U)/选择(S)]<选择>：点选 D 点 8. 指定第二条尺寸界线原点或[放弃(U)/选择(S)]<选择>：按 Enter 键结束	1. 执行"线性"标注命令 2. 确定第一条尺寸界线原点 3. 确定第二条尺寸界线原点 4. 确定 AB 尺寸线位置 5. 执行"连续"标注命令 6. 确定 BC 尺寸线 7. 确定 CD 尺寸线 8. 完成连续标注	图 5-16 连续标注实例

5.2.2 径向标注

1. 半径标注

（1）创建半径标注的步骤。启动命令：

1）菜单栏："标注"→"半径"。

2）工具栏："标注"→"半径" 。

5.2.2 1. 半径标注

3）命令行输入"Dimradius（Dimrad）"并按 Enter 键

操作步骤：

选择圆弧、圆或多段线圆弧段。

根据需要输入选项：

要编辑标注文字内容，请输入"t"（文字）或"m"（多行文字）。

要编辑标注文字角度，请输入"a"（角度）。

指定引线的位置。

(2) 选项说明。

1) "多行文字（M）"：选择该项后，系统弹出多行文字编辑对话框，可输入需要的标注文字内容。

2) "文字（T）"：选择该项后，系统提示"输入标注文字<当前值>:"，用户可在此后输入新的标注文字。

3) "角度（A）"：选择该项后，系统提示输入"字体角度"，用户可输入标注文字角度的新值来修改尺寸的角度。

(3) 操作实例。为图 5-17 圆弧标注半径。

操作步骤	说　明	示意图
1. 命令:Dimradius 2. 选取弧或圆:点选圆弧 3. 指定尺寸线位置或[多行文字(M)/文字(T)/角度(A)]:圆弧左方拾取点	1. 执行"半径"标注命令 2. 选择标注对象 3. 确认尺寸线位置	R15 图 5-17　半径标注实例

2. 直径标注

(1) 创建直径标注的步骤。启动命令：

1) 菜单栏："标注"→"直径"。

2) 工具栏："标注"→"直径"。

3) 命令行：输入"Dimdiameter（Dimdia）"并按 Enter 键。

5.2.2　2.
直径标注

操作步骤：

选择要标注的圆或圆弧。

根据需要输入选项：

要编辑标注文字内容，请输入"t"（文字）或"m"（多行文字）。

要改变标注文字角度，请输入"a"（角度）。

指定引线的位置。

(2) 选项说明。

1) "多行文字（M）"：选择该项后，系统弹出多行文字编辑对话框，可输入需要的标注文字内容。

2) "文字（T）"：选择该项后，系统提示："标注文字<当前值>:"，用户可在此后输入新的标注文字。

3) "角度（A）"：选择该项后，系统提示输入："指定标注文字角度"，用户可输入标注文字角度的新值来修改尺寸的角度。

(3) 操作实例。为图 5-18 圆标注直径。

第5章 尺寸标注与参数化绘图

操作步骤	说　　明	示意图
1. 命令：Dimdiameter 2. 选取弧或圆：点选圆 3. 指定尺寸线位置或[多行文字(M)/文字(T)/角度(A)]：圆内部右上方拾取点	1. 执行"直径"标注命令 2. 选择标注对象 3. 确认尺寸线位置	φ80 图 5-18　直径标注实例

3. 折弯标注

圆弧或圆的中心位于布局外部，且无法在其实际位置显示时，通过"折弯"命令可以创建折弯半径标注，也称为"缩放的半径标注"。可以在更方便的位置指定标注的原点（称为中心位置替代）。

（1）创建折弯半径标注的步骤。启动命令：

1）菜单栏："标注"→"折弯"。

2）工具栏："标注"→"折弯" 。

5.2.2 3. 折弯半径

3）命令行：输入"Dimjogged"并按 Enter 键。

操作步骤：

选择圆弧、圆或多段线圆弧段。

指定标注原点的位置（中心位置替代）。

指定尺寸线角度和标注文字位置的点。

指定标注折弯位置的另一个点。

（2）选项说明。

1）"多行文字（M）"：选择该项后，系统弹出多行文字编辑对话框，可输入需要的标注文字内容。

2）"文字（T）"：选择该项后，系统提示："标注文字<当前值>："，用户可在此后输入新的标注文字。

3）"角度（A）"：选择该项后，系统提示输入："指定标注文字角度"，用户可输入标注文字角度的新值来修改尺寸的角度。

（3）操作实例。为图 5-19 圆弧标注折弯半径。

操作步骤	说　　明	示意图
1. 命令：Dimjogged 2. 选择圆弧或圆：点选圆弧 3. 指定图示中心位置：圆弧下方拾取点 4. 指定尺寸线位置或[多行文字(M)/文字(T)/角度(A)]：圆弧左方拾取点 5. 指定折弯位置：圆弧上方拾取点	1. 执行"折弯"标注命令 2. 选择标注对象 3. 确认中心位置替代位置 4. 确认尺寸线箭头位置 5. 确认折弯线位置	R25 图 5-19　折弯标注实例

5.2.3　角度标注

角度标注测量两条直线或三个点之间的角度。

1. 创建角度标注的步骤

启动命令：

1) 菜单栏："标注"→"角度"。
2) 工具栏："标注"→"角度" ◁。
3) 命令行：输入"Dimangular"并按 Enter 键。

操作步骤：

使用以下方法之一：

要标注圆，请在角的第一端点选择圆，然后指定角的第二端点。

要标注其他对象，请选择第一条直线，然后选择第二条直线。

根据需要输入选项：

要编辑标注文字内容，请输入"t"（文字）或"m"（多行文字）。

要编辑标注文字角度，请输入"a"（角度）。

要将标注限制到象限点，请输入"q"（象限点），并指定要测量的象限点。

指定尺寸线圆弧的位置。

5.2.3
角度标注 a

5.2.3
角度标注 b

2. 选项说明

1)"多行文字（M）"选择该项后，系统弹出多行文字编辑对话框，可输入需要的标注文字内容。

2)"文字（T）"选择该项后，系统提示："输入标注文字<当前值>："，用户可在此后输入新的标注文字。

3)"角度（A）"选择该项后，系统提示输入"标注文字的角度"，用户可输入标注文字角度的新值来修改角度。

3. 操作实例

为图 5-20 所示的直线和圆分别标注角度。

操作步骤	说　　明	示意图
标注 a 图直线夹角 1. 命令：Dimangular 2. 选择圆弧，圆，直线或<指定顶点>：拾取图 a 上的 AB 边 3. 角度标注的另一线段：拾取图 a 上的 AC 边 4. 指定标注弧线位置或 [多行文字(M)/文字(T)/角度(A)]：拾取图 a 夹角内一点	1. 执行"角度"标注命令 2. 确认角度第一边 3. 确认角度另一边 4. 确定尺寸线的位置	a)
标注 b 图圆上的角度 1. 命令：Dimangular 2. 选择圆弧，圆，直线或<指定顶点>：拾取图 b 圆上的 D 点 3. 指定角的第二个端点：拾取图 b 圆上的点 E 4. 指定标注弧线位置或 [多行文字(M)/文字(T)/角度(A)]：拾取一点	1. 执行"角度"标注命令 2. 选择标注对象 3. 选择角度另一边 4. 确定尺寸线的位置	b)

图 5-20　角度标注实例

5.2.4　坐标标注

坐标标注测量原点（称为基准）到特征点（例如部件上的一个孔）的垂直距离。这些标注通过保持特征点与基准点之间的精确偏移量,来避免误差增大。

1. 坐标标注的步骤

启动命令:

1)菜单栏:"标注"→"坐标"。

2)工具栏:"标注"→"坐标"。

3)命令行:输入"Dimordinate(Dimord)"并按 Enter 键。

5.2.4 坐标标注

操作步骤:

如果需要直线坐标引线,请打开正交模式。

在"选择功能位置"提示下,指定点位置。

输入 x(X 基准)或 y(Y 基准)。

在确保坐标引线端点与 X 基准近似垂直或与 Y 基准近似水平的情况下,可以跳过此步骤。

指定坐标引线端点。

2. 选项说明

1)"指定引线端点":指定点后,系统用指定点位置和该点的坐标差来确定是进行 X 坐标标注还是 Y 坐标标注。当 Y 坐标的坐标差大时,使用 X 坐标标注;否则就是用 Y 坐标标注。

2)"X 坐标(X)":改选项后,则使用 X 坐标标注。

3)"Y 坐标(Y)":改选项后,则使用 Y 坐标标注。

4)"多行文字(M)":选择该项后,系统弹出多行文字编辑对话框,可输入需要的标注文字内容。

5)"文字(T)":该项后系统提示:"标注文字<当前值>:",用户可在此后输入新的文字。

6)"角度(A)":选择该项后,系统提示输入"指定标注文字的角度",用户可输入标注文字角度的新值来修改角度。

3. 操作实例

用"坐标"标注命令标注图 5-21 所示的两圆的圆心 A 点和 B 点的坐标。

操作步骤	说 明	示意图
1. 命令:Dimordinate 2. 指定坐标点:捕捉点 A 3. 指定引线端点或[X 基准(X)/Y 基准(Y)/多行文字(M)/文字(T)/角度(A)]:拾取点 D 4. 命令:Dimordinate 5. 选取纵向标注点:捕捉点 B 6. 指定引线端点或[X 基准(X)/Y 基准(Y)/多行文字(M)/文字(T)/角度(A)]:拾取点 C 7. 命令:Dimordinate 8. 选取纵向标注点:捕捉点 A 9. 指定引线端点或[X 基准(X)/Y 基准(Y)/多行文字(M)/文字(T)/角度(A)]:拾取点 E 10. 命令:Dimordinate 11. 选取纵向标注点:捕捉点 B 12. 指定引线端点或[X 基准(X)/Y 基准(Y)/多行文字(M)/文字(T)/角度(A)]:拾取点 F	1. 执行"坐标"标注命令 2. 选取标注点 3. 确定引线端点,并完成标注 4. 执行"坐标"标注命令 5. 选取标注点 6. 确定引线端点,并完成标注 7. 执行"坐标"标注命令 8. 选取标注点 9. 确定引线端点,并完成标注 10. 执行"坐标"标注命令 11. 选取标注点 12. 确定引线端点,并完成标注	图 5-21 坐标标注实例

5.2.5 弧长标注

弧长标注用于测量圆弧或多段线圆弧段上的距离。

弧长标注的典型用法包括测量围绕凸轮的距离或表示电缆的长度。为区别它们是线性标注还是角度标注,默认情况下,弧长标注将显示一个圆弧符号。

1. 创建弧长标注的步骤

启动命令:

1)菜单栏:"标注"→"弧长"。

2)工具栏:"标注"→"弧长" 。

3)命令行:输入"Dimarc"并按 Enter 键。

操作步骤:

选择圆弧或多段线圆弧段。

指定尺寸线的位置。

5.2.5 弧长标注

2. 选项说明

1)"弧长标注位置"指定尺寸线的位置并确定尺寸界线的方向。

2)"多行文字(M)"选择该项后,系统弹出多行文字编辑对话框,可输入需要标注的文字内容。

3)"文字(T)"在命令提示下,自定义标注文字。生成的标注测量值显示在尖括号中。

4)"角度(A)"修改标注文字的角度。

5)"部分(P)"标注部分弧长的长度。

6)"引线(L)"添加引线对象。仅当圆弧(或圆弧段)大于 90°时才会显示此选项。引线是按径向绘制的,指向所标注圆弧的圆心。

3. 操作实例

用"弧长"标注命令标注图 5-22 所示弧。

操作步骤	说 明	示意图
1. 命令:Dimarc 2. 选择弧线段或多段线圆弧段 3. 指定弧长标注位置或[多行文字(M)/文字(T)/角度(A)/部分(P)/]: 4. 标注文字:21.29	1. 执行"弧长"标注命令 2. 选择标注内容 3. 确认标注位置 4. 显示弧长	21.29 图 5-22 弧长标注实例

5.3 编辑标注

设置标注后,标注可能会与当前图形中的几何对象产生重叠,或者标注位置可能不符合设计要求,此时,用户可以适当地调整标注的尺寸线、尺寸界线的位置和间距等,以确保尺寸界线或尺寸线不会遮挡任何对象,也可以调整线性标注的位置从而使其分布均匀,图纸更加清晰美观、增强可读性。此外还可对标注文本的外观进行修改，以获得所需的标注效果。

5.3.1 替代标注样式

当修改某一标注样式时，系统将改变所有与该样式关联的尺寸标注。但有时可能需要创建一些个别特殊形式的标注，而不影响其他标注，此时用户不能直接修改当前尺寸样式，但也不必再去创建新的标注样式，只需采用当前样式的替代方式进行标注即可。标注样式替代功能可以对当前标注样式中的指定设置进行局部的更改，而不更改当前标注样式。

1. 设置标注样式替代的步骤

依次单击"格式"→"标注样式"。

在"标注样式管理器"的"样式"下，选择要为其创建替代的标注样式。单击"替代"。

在"替代当前样式"对话框中，单击相应的选项卡来更改标注样式。

单击"确定"将返回"标注样式管理器"。

在标注样式名称列表中修改的样式下，列出了标注样式替代，如图 5-23 所示。

单击"关闭"。

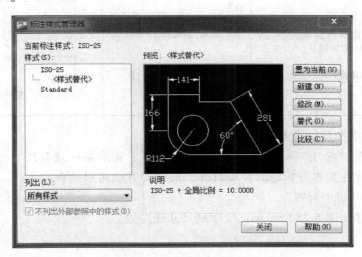

图 5-23　样式替代

2. 恢复原来标注样式的步骤

在使用替代样式后，如果要恢复原来的尺寸样式，可执行以下操作。

依次单击"格式"→"标注样式"；在"标注样式管理器"中单击原来的样式，并单击"置为当前"；在打开的提示对话框上单击"确定"；单击"关闭"。

5.3.2 更新标注样式

创建标注时，当前标注样式将与之相关联。标注将保持此标注样式，除非对其应用新标注样式或设置标注样式替代。

通过指定其他标注样式修改现有的标注。更改标注样式后，可以选择是否更新与此标注样式相关联的标注。

将当前标注样式应用到现有标注的步骤：

依次单击"标注"→"更新"，或单击标注工具栏按钮；选择要更新为当前标注样式的标注；按 Enter 键。

5.3.3 编辑标注文字位置和内容

创建标注后，可以更改现有标注文字的位置、方向和内容等。

1. 旋转标注文字的方法

依次单击菜单"标注"→"对齐文字"→"角度"，选取某一现有尺寸标注，并输入标注文本所需旋转的角度，按 Enter 键，即可将标注文本按角度旋转。

操作实例：对图 5-24 所示标注文字旋转 30°。

5.3.3
1. 旋转标注文字

操作步骤	说明	示意图
1. 命令：Dimtedit 2. 选择标注 3. 为标注文字指定新位置或[左对齐(L)/右对齐(R)/居中(C)/默认(H)/角度(A)]：A 4. 指定标注文字的角度：30	1. 执行"对齐文字"标注命令 2. 选择标注对象 3. 选择"角度(A)"功能 4. 输入标注文本的角度	图 5-24 旋转标注文字实例

2. 将标注文字在尺寸线上移动的方法

依次单击菜单"标注"→"对齐文字"→"左对齐"，选取某一现有尺寸标注，即可将标注文本与标注的左端对齐。同样的方法可以使标注文字"右对齐"或"居中对齐"。

操作实例：移动图 5-25 所示标注文字到尺寸线左边。

5.3.3
2. 标注文字在尺寸线上移动

操作步骤	说明	示意图
1. 命令：Dimtedit 2. 选择标注 3. 为标注文字指定新位置或[左对齐(L)/右对齐(R)/居中(C)/默认(H)/角度(A)]：L	1. 执行"对齐文字"标注命令 2. 选择标注对象 3. 选择"左对齐(L)"功能	图 5-25 移动标注文字实例

3. 编辑标注文字内容的方法

依次单击菜单"修改"→"对象"→"文字"→"编辑",选择要编辑的标注文字,在弹出的"多行文字编辑器"中修改文本内容或输入新的标注文字,单击"确定"即可。

操作实例:对图 5-26 所示标注文字进行修改。

5.3.3
3. 编辑标注文字内容

操作步骤	说　明	示意图
1. 命令:Ddedit 2. 选择注释对象或[放弃(U)] 3. 选择注释对象或[放弃(U)]	1. 执行"编辑文字"命令 2. 选择需修改的标注对象,在弹出的"多行文字编辑器"中修改文本为"长度为50mm",单击"确定"按 Enter 键退出	50 长度为50mm 图 5-26　修改标注文字实例

5.3.4　其他编辑尺寸标注的方法

除了上述方法,AutoCAD 还提供了其他编辑尺寸标注的方法,如通过夹点编辑或"特性选项板"的方法来快速修改个别尺寸的外观,还可以利用"等距标注"工具调整平行尺寸线的距离,将各条平行尺寸线的间距修改为相同数值。

1. 通过"特性选项板"编辑尺寸标注

通过标注的"特性选项板"可以对尺寸标注的多种属性进行修改,如标注样式、箭头的样式和大小、尺寸界线和尺寸线的显示状态、文字的高度和距离尺寸线的偏移量等。当然所修改的属性仅针对所选尺寸标注,并不影响该标注样式下的其他尺寸标注。

5.3.4
1. "特性选项板"编辑尺寸标注

选取某一尺寸标注,并单击鼠标右键。然后在打开的快捷菜单中选择"特性"选项,并在打开的"特性"选项板中设置第一尺寸线和第一尺寸界线为"建筑标记",效果如图 5-27 所示。

2. 通过夹点编辑尺寸标注

夹点编辑方式非常适合于移动尺寸线和标注文本。进入该编辑模式后,一般通过拖动尺寸线两端或标注文本所在处的关键点来调整标注位置。

选取某一尺寸标注进入夹点编辑模式,然后拖动尺寸线上端的夹点将调整尺寸线的位置;拖动尺寸线下端的夹点将调整尺寸界线距离图形端点的偏移量;拖动标注文本处的夹点将调整文本相对于尺寸线的位置,效果如图 5-28 所示。

3. 修改平行尺寸线的间距

在标注图形时,同一方向上有时会标注多个尺寸。若这多个尺寸如果间距参差不齐,则整个图形注释会显得很乱,而手动调整各尺寸线间的距离相等又不太现实。为此 AutoCAD 提供了"等距标注"工具,利用该工具可以使平行尺寸线按用户指定的数值等间距分布。

建筑CAD

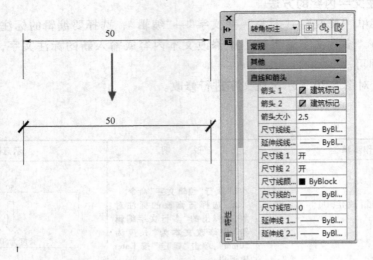

图 5-27 "特性"选项板中的"建筑标记"

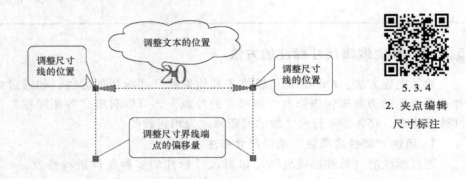

图 5-28 通过夹点编辑尺寸标注

5.3.4 2. 夹点编辑尺寸标注

在"标注"工具栏中单击"等距标注"按钮，选取如图 5-29a 所示的某一尺寸为基准尺寸，并选取另外 3 个尺寸为要产生间距的尺寸，按 Enter 键。此时系统要求设置间距，可以按 Enter 键，由系统自动调整各尺寸的间距，也可以输入数值后再按 Enter 键，各尺寸将按照所输入间距数值进行分布，效果如图 5-29b 所示。

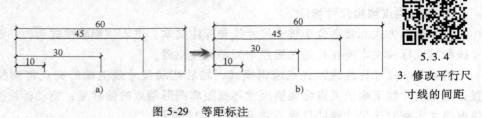

图 5-29 等距标注

5.3.4 3. 修改平行尺寸线的间距

5.4 公差标注

公差标注一般在机械制图中才会使用到，标注尺寸公差和形位公差是在机械制图中表达零件精度的主要方式,两者都是评定产品质量的重要指标。其中尺寸公差是指零件尺寸所允许的变动量,该变动量的大小直接决定了零件的机械性能和零件是否具有互换性;形位公差是指零件的形状和位置公差,其数值直接决定了零件的加工精度。

5.4.1 标注尺寸公差

利用 AutoCAD 提供的堆叠文字工具可以方便地标注尺寸的公差或一些分数形式的公差配合代号。一般的操作方法如下。

1)依次单击菜单"标注"→"线性标注"命令,创建如图 5-30a 所示的标注。

2)依次单击菜单"修改"→"对象"→"文字"→"编辑",选择标注文字,在打开的"多行文字编辑器"中的尺寸数值后面输入公差"+0.01^0.02",效果如图 5-30b 所示。

3)选取后部的公差部分"+0.01^0.02",并单击右键。然后在打开的快捷菜单中选择"堆叠"选项,并在空白区域单击,即可完成尺寸公差的标注,效果如图 5-30c 所示。

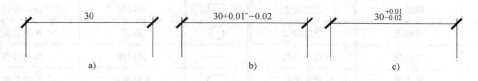

图 5-30 标注尺寸公差

5.4.2 标注形位公差

在标注机械零件图时必须标注正确的形位公差,以合理地规定零件几何要素的形状和位置公差,限制实际要素的形状和位置误差,否则过度吻合的形位公差又会因额外的制造费而造成浪费。在 AutoCAD 中可以通过标注形位公差,显示图形的形状、轮廓、方向位置和跳动的偏差等。

在 AutoCAD 中利用"公差"工具进行形位公差标注,主要是对公差框格中的内容进行定义,如设置形位公差符号、公差值和包容条件等。

1. "形位公差"对话框

依次单击菜单"标注"→"公差"命令,系统将弹出"形位公差"对话框(图 5-31),该对话框各选项的功能说明如下:

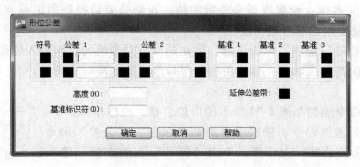

5.4.2 标注形位公差

图 5-31 "形位公差"对话框

1)"符号"选项区域:单击该列的黑色方块,将打开"特征符号"对话框,可以为第1个或第2个公差选择几何特征符号,如图5-32所示。符号的具体特征见表5-9。

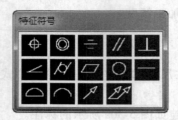

图5-32 为公差选择几何特征符号

图5-33 为公差选择包容条件符号

表5-9 形位公差符号

符号	特征	类型	符号	特征	类型
⊕	位置度	定位公差	⌭	圆柱度	形状公差
◎	同轴度	定位公差	▱	平面度	形状公差
═	对称度	定位公差	○	圆度	形状公差
∥	平行度	定向公差	—	直线度	形状公差
⊥	垂直度	定向公差	⌒	面轮廓度	形状公差
∠	倾斜度	定向公差	⌒	线轮廓度	形状公差
↗	圆跳动	位置公差	⌰	全跳动	位置公差

2)"公差1"和"公差2"选项区域:单击该列前面的黑色方块,将插入一个直径符号。在中间的文本框中,可以输入公差值。单击该列后面的黑色方块,将打开"附加符号"对话框,可以为公差选择包容条件符号,如图5-33所示。包容条件的符号和定义见表5-10。

表5-10 包容条件的符号和定义

符号	定义
Ⓜ	对于最大包容条件(符号为M,也称为MMC),特征包含极限尺寸内的最大包容量
Ⓛ	对于最小包容条件(符号为L,也称为LMC),几何特征包含极限尺寸内的最小包容量
Ⓢ	不考虑特征尺寸(符号为S,也称为RFS)是指几何特征可以是极限尺寸内的任何尺寸

3)"基准1""基准2"和"基准3"选项区域:设置公差基准和相应的包容条件。

4)"高度"文本框:设置投影公差带的值。投影公差带控制固定垂直部分延伸区的高度变化,并以位置公差控制公差精度。

5)"延伸公差带"选项:单击该框,可在延伸公差带值的后面插入延伸公差带符号。

6)"基准标识符"文本框:创建由参照字母组成的基准标识符号。

2. 操作实例

用"公差"命令创建如图5-34所示的形位公差。操作步骤如下。

(1)打开"公差"命令。依次单击菜单"标注"→"公差"命令后,系统弹出"形位公差"对话框,单击"符号"下的方框"■",在打开的"特征符号"对话框中选择位置度"⊕"公差符号。

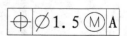

图5-34 标注的形位公差

（2）选择直径符号。单击"公差1"文本框左侧的方框"■"，在该公差值前面添加直径符号。

（3）输入公差值。在"公差1"文本框中输入公差值1.5。

（4）选择包容条件符号。单击文本框右边方框"■"，选择最大包容条件符号"Ⓜ"。

（5）输入文本。在"基准1"下的文本框中输入"A"。以上步骤设置后，效果如图5-35所示。

（6）完成形位公差。选择"确定"，指定特征控制框位置，完成形位公差。

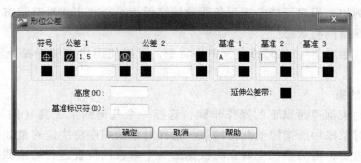

图 5-35　形位公差设置

5.5　参数化图形

5.5.1　参数化图形

由于传统的 CAD 系统是面向具体的几何形状，属于交互式绘图，要想改变图形大小的尺寸，可能需要对原有的整个图形进行修改或重建，这就增加了设计人员的工作，大大降低了工作效率。而使用参数化的图形，要绘制与该图结构相同，但是尺寸大小不同的图形时，只需根据需要更改对象的尺寸，整个图形将自动随尺寸参数而变化，但形状不变。

参数化图形是一项用于具有约束的设计的技术，AutoCAD 提供了参数化建模工具可以通过约束图形中的几何图形来保持设计规范和要求，使绘图变得更加智能化（图5-36）。约束是应用至二维几何图形的关联和限制，有两种常用的约束类型：几何约束和标注约束。

几何约束能够在对象或关键点之间建立关联，控制对象相对于彼此的关系。传统的对象捕捉是暂时性的，而现在，约束被永久保存在对象中以帮助精确实现设计意图。

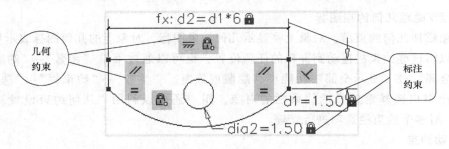

图 5-36　参数化图形

建筑CAD

标注约束控制对象的距离、长度、角度和半径值，添加标注约束可以利用尺寸参数驱动图形形体的变化。

一般情况下，在设计中通常应用几何约束以确定设计的形状，然后应用标注约束以确定对象的大小。

5.5.2 几何约束

几何约束支持用户在对象间或对象上的各点之间建立几何关系，如平行、垂直、同心、共线、相切等。例如，用户可能希望两条线段始终保持平行状态或垂直状态，或使一个弧形和一个圆形始终保持同心状态。

使用菜单栏"参数"→"几何约束"中的命令，可以使用户能够轻松地添加和控制几何约束。

1. 添加几何约束

所有的几何约束都遵循以下的操作步骤：选择一个几何约束工具（例如"平行"），然后依次选取两个对象添加所指定的几何约束。选择对象的顺序将决定对象如何更新，所选的第一个对象非常重要，因为第二个对象将根据第一个对象的位置进行约束调整。

各几何约束的含义参见表 5-11。

表 5-11　几何约束符号和定义

符号	定　　义
⊥	重合：确保两个对象在一个特定点上重合。此特定点也可以位于经过延长的对象之上
⊻	垂直：使两条线段或多段线段保持垂直关系
∥	平行：使两条线段或多段线段保持平行关系
⌒	相切：使两个对象（例如一个弧形和一条直线）保持相切关系
═	水平：使一条线段或一个对象上的两个点保持水平（平行于 X 轴）
∥	竖直：使一条线段或一个对象上的两个点保持竖直（平行于 Y 轴）
⌖	共线：使第二个对象和第一个对象位于同一个直线上
◎	同心：使两个弧形、圆形或椭圆形（或三者中的任意两个）保持同心关系
⌒	平滑：将一条样条线连接到另一条直线、弧线、多线段或样条线上，同时保持几何连续性
[ ]	对称：相当于一个镜像命令，若干对象在此项操作后始终保持对称关系
=	相等：使任意两条直线始终保持等长，或使两个圆形具有相等的半径
🔒	固定：将对象上的一点固定在世界坐标系的某一坐标上

2. 显示/隐藏几何约束图标

为对象添加几何约束后，对象上将显示几何约束图标，对象上的几何图标表示所附加的约束。可以将这些约束栏拖动到屏幕的任意位置，也可以通过菜单"参数"→"约束栏"中的"隐藏全部"或"显示全部"功能将其隐藏或恢复。"参数"→"约束栏"→"选择对象"命令能够让用户选择希望显示约束栏的对象。用户还可以利用"几何约束设置"对话框（图 5-37）对多个约束栏选项进行管理。

3. 自动约束

一般情况下，要为对象添加几何约束，都是自己选择"水平""垂直""平行"这些约束命令，再选择要约束的对象。而直接执行"自动约束"命令，选择对象后，系统可以自动计算一下，选中的对象符合哪种约束条件，并自动将该约束添加到对象上。

进行自动约束，首先需要设置，要将哪些约束类型，应用到"自动约束"里，这个设置可以在"自动约束"对话框里面完成。利用"约束设置"中的"自动约束"选项卡，用户能够设置优先级和容限等参数。

执行菜单中"参数"→"约束设置"命令后，即可打开如图 5-38 所示的"约束设置"对话框，选择"自动约束"选项卡，即可进行相关设置。

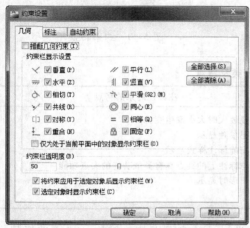

图 5-37　几何约束设置

图 5-38　自动约束设置

"自动约束"选项卡中的方框内，提供了 9 种几何约束类型，只有这 9 种约束是可以应用到"自动约束"中的。在方框中，用户可以勾选需要应用到"自动约束"里的约束类型（对勾呈现绿色状态时为勾选）。

同时，用户还可以通过对话框右侧的"上移"和"下移"按钮，调整在进行自动约束时，各种约束类型的优先顺序。

5.5.3　标注约束

AutoCAD 中的几何体和尺寸参数之间始终保持一种驱动的关系。当绘制一条长度适当的线段，然后修改它的尺寸参数，当用户改变尺寸参数值时，几何体将自动进行相应更新，这正是 AutoCAD 2011 的新特性之一。

1. 标注约束的定义与分类

标注约束，又称尺寸约束，是通过应用标注约束和指定值来控制二维几何对象之间或对象上的点之间的距离或角度，圆弧和圆的大小，也可以通过变量和方程式约束几何图形。如图 5-39 所示，可以指定直线的长度应始终保持为 4 个单位，两直线之间的夹角应始终保持为 120 度，圆的直径应始终保持为 1 个单位，这样当几何体其他部分发生任何变化时，都不会对这几个约束尺寸产生影响。

与传统尺寸标注不同的是，约束尺寸标注上有一个"锁定"图标，并且每个尺寸标注都指定一个名称，例如 d1、角度 1 等，如图 5-39 所示。

标注约束分为动态约束和注释性约束，两种约束的特点参见表 5-12。

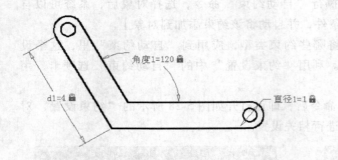

图 5-39　标注约束

图 5-40　约束转换

表 5-12　标注约束分类及特点

动态约束的特点	注释性约束的特点
缩小或放大时保持大小相同	缩小或放大时大小发生变化
可以在图形中轻松全局打开或关闭	随图层单独显示
使用固定的预定义标注样式进行显示	使用当前标注样式显示
自动放置文字信息，并提供三角形夹点，可以使用这些夹点更改标注约束的值	提供与标注上的夹点具有类似功能的夹点功能
打印图形时不显示	打印图形时显示

默认情况下，添加的标注约束为动态约束。两类尺寸约束可以相互转换，只需选择尺寸约束，鼠标右击选择"特性"选项，然后在打开的特性选项板的"约束形式"下拉列表中设置尺寸约束的形式，如图 5-40 所示。

2．添加标注约束

在菜单栏"参数"→"标注约束"下，一个有水平、竖直、对齐、角度、半径、直径 6 个标注约束命令，它们的具体功能可参见表 5-13。

表 5-13　标注约束符号和定义

符号	定　义
![]	对齐：约束不同对象上两个点之间的距离
![]	水平：约束对象上的点或不同对象上两个点之间的 X 距离
![]	竖直：约束对象上的点或不同对象上两个点之间的 Y 距离
![]	角度：约束直线之间的角度、圆弧圆心角的角度，或对象上三个点之间的角度
![]	半径：约束圆或圆弧的半径
![]	直径：约束圆或圆弧的直径

标注约束命令的使用方法与对应的尺寸标注命令基本类似，选择一个标注约束工具（例如"对齐"），然后按照提示依次选取对象生成标注后，系统会跳出显示实际测量值的"多行文字文本框"，可在文本框内修改需要的数值以锁定尺寸。

通过双击尺寸文本或在参数管理器中改变参数值，用户可以轻松地对尺寸约束进行编辑，也可以将约束更名为更恰当的名称。

5.5.4 参数化绘图实例

1. 参数化绘图的步骤

利用参数化功能绘图的步骤与采用一般绘图命令绘图是不同的，主要作图过程如下。

（1）设定绘图区域。根据图样的大小设定绘图区域大小，并将绘图区充满图形窗口显示，这样就能了解随后绘制的草图轮廓的大小，而不至于使草图形状失真太大。

（2）分外轮廓和内轮廓。将图形分成由外轮廓及多个内轮廓组成，按先外后内的顺序绘制。

（3）绘制外轮廓。绘制外轮廓的大致形状，创建的图形对象，其大小是任意的，相互间的位置关系如平行、垂直等是近似的。

（4）添加几何约束。根据设计要求对图形元素添加几何约束，确定它们间的几何关系。一般先让 AutoCAD 自动创建约束如重合、水平等，然后加入其他约束。为使外轮廓在直角坐标面的位置固定，应对其中某点施加固定约束。

（5）确定各图形元素。添加尺寸约束确定外轮廓中各图形元素的精确大小及位置。创建的尺寸包括定形及定位尺寸，标注顺序一般为先大后小，先定形后定位。

（6）绘制内轮廓采用相同的方法依次绘制各个内轮廓。

2. 操作实例

使用参数化绘图，绘制如图 5-41 所示图形。

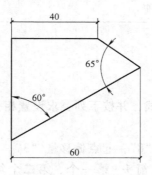

图 5-41 参数化绘图实例

5.5.4 参数化绘图

具体操作步骤如下：

绘 图 步 骤	示 意 图
1. 设定绘图区域大小为 200×200，并使该区域充满整个图形窗口 2. 使用"直线"绘图命令，任意绘制图形，图形尺寸、角度等，只需大致形状符合原图即可，如右图所示	(图中示意 A、B、C、D 四点构成的四边形)

（续）

绘图步骤	示 意 图
3. 添加以下几何约束 （1）重合约束：执行"参数"→"几何约束"→"重合"命令，指定 AB、AD 两条相交直线，重复命令对图中 ABCD 四个交点施加重合约束。如能保证绘图时四条直线均相交，亦可使用"参数"→"自动约束"命令完成此步骤 （2）水平约束：执行"参数"→"几何约束"→"水平"命令，选取 AB 线，为 AB 线施加水平约束 （3）垂直约束：执行"参数"→"几何约束"→"垂直"命令，选取 AD 线，为 AD 线施加垂直约束	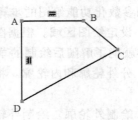
4. 添加以下标注约束 （1）水平约束： 执行"参数"→"标注约束"→"水平"命令，指定 A、B 点，在 AB 上方任意区域单击，输入约束值 40，按 Enter 键完成 d1 约束。 重复执行"水平"命令，指定 D、C 点，在 DC 下方任意区域单击，输入约束值 60，按 Enter 键完成 d2 约束。 （2）角度约束： 执行"参数"→"标注约束"→"角度"命令，指定 BC、CD 两线，在 ∠BCD 内侧区域单击，输入约束值 65，按 Enter 键完成角度 1 约束。 重复执行"角度"命令，指定 AD、DC 两线，在 ∠ADC 内侧区域单击，输入约束值 60，按 Enter 键完成角度 2 约束。	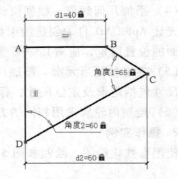

5.6　本章练习

1. 创建"dim1"尺寸标注样式，并按下列要求设置相关参数。

1）尺寸标注样式名称：dim。

2）"线"选项卡：基线间距"8"，起点偏移量"3"。

3）"符号和箭头"选项卡：箭头–第一个、第二个均设为"/建筑标记"，箭头大小"1.5"。

4）"文字"选项卡：文字样式"Standard"。

5）"调整"选项卡：调整选项"文字始终保持在延伸线之间"，文字位置"尺寸线上方，不带引线"，使用全局比例"4"。

6）"主单位"选项卡：精度"0"。

7）其他参数按默认值。

2. 创建"dim2"尺寸标注样式，并按下列要求设置相关参数。

1）尺寸标注样式名称：dim2。

2）"线"选项卡：基线间距"6"，起点偏移量"1"。

3）"符号和箭头"选项卡：箭头–第一个、第二个均设为"实心闭合"，箭头大小"2"。

4）"文字"选项卡：文字样式"Standard"。

5)"调整"选项卡:调整选项"文字始终保持在延伸线之间",文字位置"尺寸线上方,不带引线",使用全局比例"4"。

6)"主单位"选项卡:精度"0"。

7)其他参数按默认值。

3. 按练习图 5-1 绘制图形,并运用线性标注和对齐标注命令完成尺寸标注,标注样式为"dim1"。

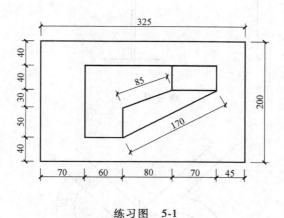

练习图 5-1

4. 按练习图 5-2 绘制房屋立面图,合理使用连续标注和基线标注等命令,样式为"dim1"。

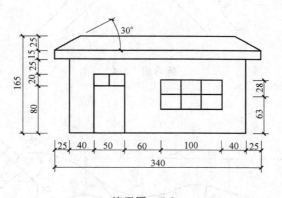

练习图 5-2

5. 按练习图 5-3 绘制路灯立面图,使用线性标注、半径、直径、折弯等命令完成尺寸标注,线性标注用"dim1",其他标注用"dim2"。

6. 完成如练习图 5-4 所示的立交桥平面图,并使用线性命令和半径命令完成标注。线性标注用"dim1",半径标注用"dim2"。

7. 绘制如练习图 5-5 所示的零件图,并完成尺寸标注,样式为"dim2"。

8. 绘制如练习图 5-6 所示的折线图,并运用角度标注命令完成尺寸标注,样式为"dim2"。

9. 绘制练习图 5-7,并运用角度、线性等标注命令完成尺寸标注,样式为"dim2"。

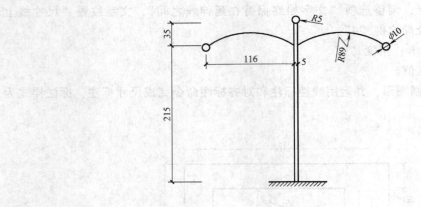

练习图 5-3

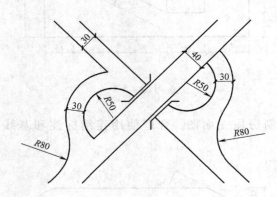

练习图 5-4

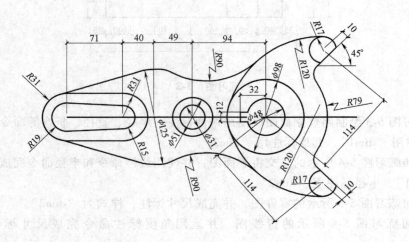

练习图 5-5

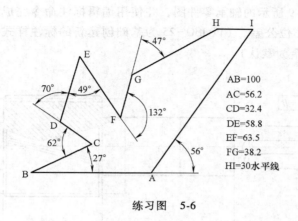

练习图 5-6

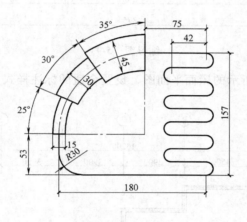

练习图 5-7

10. 绘制练习图 5-8，并运用弧长、角度、线性、倾斜等标注命令完成尺寸标注，线性标注用"dim1"，其他标注用"dim2"。

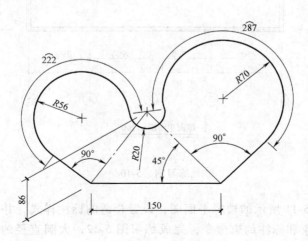

练习图 5-8

11. 绘制如练习图 5-9 所示的轴承零件图，并使用编辑标注命令完成尺寸公差，使用多重引线和公差命令标注形位公差。（以 ISO-25 为基础创建新的标注样式，调整全局比例为 3，尺寸精度为 0.0，其余为默认）。

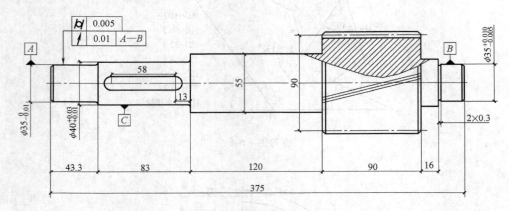

练习图 5-9

12. 绘制练习图 5-10 所示的屋面平面图，设置合适的标注样式，并完成标注。

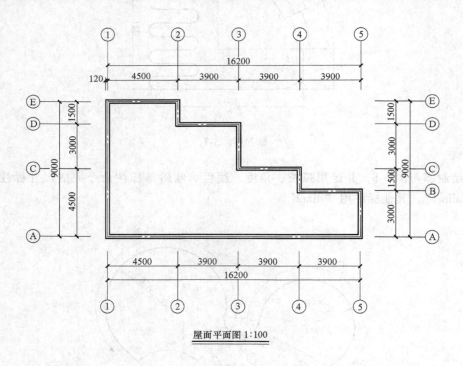

屋面平面图 1:100

练习图 5-10

13. 绘制练习图 5-11 所示的楼梯平面图，设置合适的标注样式，并完成标注。
14. 使用几何约束和标注约束命令，完成练习图 5-12，大圆直径约束为 200，小圆直径约束为大圆直径的 1/8。

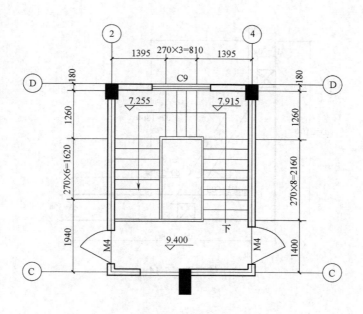

楼梯平面图 1:50

练习图　5-11

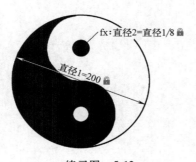

练习图　5-12

15. 使用几何约束和标注约束命令，完成练习图 5-13。

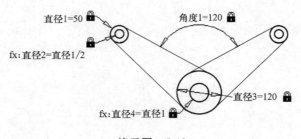

练习图　5-13

16. 运用参数化绘图方法绘制练习图 5-14，合理使用尺寸约束和几何约束等命令。完成绘图后，修改尺寸约束"角度 1"的数值，整个机构会相应发生变动。

建筑CAD

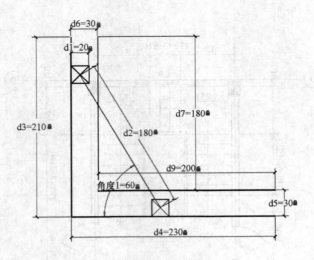

练习图 5-14

第 6 章

文本标注与表格

6.1 设置文字样式

在 AutoCAD 2011 中输入文字，必须创建文字样式，图形中的所有文字都具有与之相关联的文字样式。输入文字时，程序将使用当前文字样式。

文字样式用于设定字体、字号、倾斜角度、方向和其他文字特征。

6.1.1 文字样式概述

在 AutoCAD 2011 菜单中选择"格式"→"文字样式"命令，可以打开"文字样式"对话框，如图 6-1 所示。

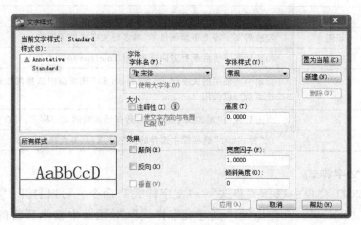

图 6-1 文字样式对话框

文字样式对话框各主要选项的说明见表 6-1。

6.1.2 创建文字样式的步骤

除了默认的 STANDARD 文字样式外，必须创建任何所需的文字样式，一般步骤如下。

表 6-1 文字样式对话框各主要选项的说明

选项组	设置对象	说明
当前文字样式		显示的当前可用于绘制文字的文字样式,默认为 Standard
样式		显示目前可以选择的所有文字样式名称
所有样式		用于选择在"样式"窗口中出现的样式类别,有"所有样式"和"正在使用的样式"两个选项
预览窗口		用于显示当期设置的文字样式的效果
字体	字体名	当前样式使用的字体,可以通过下方的下拉菜单选择所需的字体,其中带有双"T"的为 Windows 系统提供的 TrueType 字体,其他字体是 AutoCAD 特有的字体文件(∗.shx),被称为大字体文件
	使用大字体	用于非 ASCII 字符集的特殊形定义文件,是专为亚洲国家设计的字体文件,只有 SHX 字体才能勾选
	大字体	大字体的格式,当"使用大字体"被勾选后才能设置
大小	注释性	勾选后,表示创建的文字为注释性文字。"注释性"属于通常用于对图形加以注释的对象的特性,该特性用户可以自动完成注释缩放过程
	使文字方向与布局匹配	勾选"注释性"后才能选择,指定图纸空间中文字方向与布局方向匹配
	图纸文字高度	勾选"注释性"后才能设置,将注释性对象定义为图纸高度,并在布局视口和模型空间中,按照由这些空间的注释比例设置确定的尺寸显示
	高度	设置字符高度
效果	宽度因子	设置扩展或压缩字符,默认为 1,若输入数值小于 1,则文本变窄,反之文本变宽
	倾斜角度	设置倾斜字符。角度为正,文字向右倾斜;角度为负,文字向左倾斜
	反向	勾选后文字将镜像显示,对多行文字对象无影响
	颠倒	勾选后文字将上下颠倒显示,对多行文字对象无影响
	垂直	勾选后文字将沿垂直方向排列,对 TrueType 字体无效
置为当前		指定当前使用的文字样式,在"样式(S)"选项框中选择需要的文字样式,点击此按钮后就可以使用
新建		点击后弹出"新建文字样式"对话框创建新的文字样式,可自行命名文字样式
删除		在"样式(S)"选项框中选择的文字样式,点击此按钮删除

1. 创建新的文字样式

在 AutoCAD 2011 菜单中选择"格式"→"文字样式"命令,可以打开"文字样式"对话框,点击"新建(N)…",在弹出的"新建文字样式"对话框中输入所需的文字样式名称,完成后点击"确认"。

注意:文字样式名称最长可达 255 个字符。名称中可包含字母、数字和特殊字符,如美元符号"$"、下画线"_"和连字符"-"。如果不输入文字样式名,将自动把文字样式命名为"样式 N",其中 N 是从 1 开始的数字。

2. 指定文字字体

在"文字样式"对话框中,按需要指定"字体名"和"字体样式",将字体指定给文字样式。

注意：

1）字体定义了构成每个字符集的文字字符的形状。除了编译的 SHX 字体以外，还可以使用 TrueType 字体。

2）有若干个因素可影响图形中 TrueType 字体的显示。

3）TrueType 字体在图形中始终以填充方式显示；而在打印时，TEXTFILL 系统变量控制是否填充字体。默认情况下，TEXTFILL 设定为 1，从而打印以填充方式显示的字体。

4）在位文字编辑器仅显示 MIcrosoft Windows 能够识别的字体。由于 Windows 不能识别 SHX 字体，所以在选择 SHX 或其他非 TrueType 字体进行编辑时，将在在位文字编辑器中提供等效的 TrueType 字体。

3. 设定文字高度

在"文字样式"对话框中，按需要在"高度（T）"方框内输入相关数值。

注意：

1）文字高度是用户所用字体中的字符大小（以图形单位计算）。

2）如果将固定高度指定为文字样式的一部分，则在创建单行文字时将不提示输入"高度"。如果文字样式中的高度设定为 0，每次创建单行文字时都会提示用户输入高度。要在创建文字时指定其高度，请将高度设定为 0。

3）在 SHX 字体中，高度值通常表示大写字母的大小。对于 TrueType 字体，指定的文字高度值表示首字母的高度加上上方字符区的高度，上方字符区用于标注重音符号和其他非英语语言中使用的符号。指定给首字母部分和上方字符部分的相对高度由字体设计者在设计字体时决定；因此，各种字体之间会有所不同。

4）除了构成用户指定的文字高度的首字母的高度和上方字符区的高度，TrueType 字体的字符还有延伸到文字插入线下方的字符部分（例如，y、j、p、g 和 q）。

5）将文字高度替代应用于编辑器中的所有文字时，整个多行文字对象按比例缩放，包括它的宽度。

4. 设定其他字体效果

根据需要勾选"颠倒""反向""垂直"或设置"宽度因子"和"倾斜角度"。

注意：

1）设定文字倾斜角度：输入一个 -85 到 85 之间的数值使文字倾斜。倾斜角度的值为正时文字向右倾斜。倾斜角度的值为负时文字向左倾斜。

2）设定水平文字方向或垂直文字方向：文字只有在关联的字体支持双向时，才能具有垂直的方向。垂直文字旋转角通常是 270°。TrueType 字体和符号不支持垂直方向，可选择以 @ 符号开始的字体，文字将自动旋转 270°。

6.1.3　编辑文字样式的方法

文字样式的修改也是在"文字样式"对话框中进行。用户可在菜单中选择"格式"→"文字样式"命令，在"样式"框中选择需要编辑的样式，修改需变更的字体、大小、效果等参数，修改完成后，依次点击"应用"→"置为当前"→"关闭"。

注意：

1）修改完成后，必须单击"应用"，修改才会生效。AutoCAD 将立即更新使用该文字样式的现有文字。

2）如果要使用修改后的"文字样式"创建新的文字，需单击"置为当前"后才能关闭对话框。

3）某些样式设置对多行文字和单行文字对象的影响不同。例如，更改"颠倒"和"反向"选项对多行文字对象无影响。更改"宽度因子"和"倾斜角度"对单行文字无影响。

4）更改多行文字对象的文字样式时，已更新的设置将应用到整个对象中，单个字符的某些格式可能不会被保留（如粗体、字体、高度、斜体等）。

6.2 创建文字

添加到图形中的文字可以表达各种信息，可以是复杂的技术要求、标题栏信息、标签，甚至是图形的一部分。AutoCAD 中可以通过两种方式创建文字：单行文字和多行文字。

1）单行文字：对于不需要多种字体或多行的简短项，可以创建单行文字。单行文字对于标签非常方便。

2）多行文字：对于较长、较为复杂的内容，可以创建多行或段落文字。多行文字是由任意数目的文字行或段落组成的，布满指定的宽度。还可以沿垂直方向无限延伸。

无论行数是多少，单个编辑任务中创建的每个段落集将构成单个对象；用户可对其进行移动、旋转、删除、复制、镜像或缩放操作。

多行文字的编辑选项比单行文字多。例如，可以将对下画线、字体、颜色和文字高度的更改应用到段落中的单个字符、单词或短语。

6.2.1 创建单行文字（DTEXT）

可以使用单行文字创建一行或多行文字，其中，每行文字都是独立的对象，可对其进行重定位、调整格式或进行其他修改。

创建单行文字时，要指定"文字样式"并设定"对齐方式"。"文字样式"设定文字对象的默认特征，"对齐"决定字符的哪一部分与插入点对齐。

1. 选择文字样式

在创建单行文字前，需先设定文字样式，具体方法有两种：

方法一：鼠标左键依次单击菜单中的"格式"→"文字样式"命令，选择所需的"文字样式"，点击"置为当前"并"关闭"。

方法二：鼠标左键依次单击菜单中的"绘图"→"文字"→"单行文字"命令，输入"S"（样式），在"输入样式名"提示下输入现有文字样式名。如果要先查看文字样式列表，请输入"?"，然后按 Eenter 键两次。

2. 对齐单行文字

创建文字时，可以使它们对齐。即根据下图所示的对齐选项之一对齐文字。左对齐是默认选项，因此要左对齐文字，不必在"对正"提示下输入选项。

依次单击菜单中的"绘图"→"文字"→"单行文字"命令，输入"J"（对正）并按下 Eenter 键后，将打开如图 6-2 所示的对正快捷菜单，选择任意对齐选项即可。

其中,"对齐"选项让用户选择任意两个点作为单行文字的宽度,系统会自动根据输入的文字数量调整文字的高度和宽度,使一行文字能填满整个宽度范围。"布满"选项操作方法基本与"对齐"一致,但仅自动调整文字宽度,而保持文字高度始终等于输入的高度值。其余 12 个选项是设置文字起点的对正效果,具体如图 6-3 所示。

图 6-2 文字对齐菜单

3．创建单行文字步骤

启动命令：

1）菜单栏："绘图"→"文字"→"单行文字"。

2）工具栏："文字"→"单行文字" A。

3）命令行：输入"TEXT"并按 Enter 键。

操作步骤：

1）鼠标左键单击画布上的任意一点,为文字指定起点。

2）输入大于 0 的数值并按 Enter 键,确定文字的高度（此提示只有文字高度在当前文字样式中设定为 0 时才显示）。

3）输入 0~360 中的任意数值并按 Enter 键,确定文字的旋转角度,如无需旋转,请输入"0"并按 Enter 键即可。

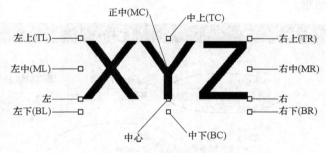

图 6-3 单行文字对正

6.2.1 创建单行文字

4）在画布上出现闪烁的光标时,可输入需要的文字内容,并通过按 Enter 键结束每一行文字。

5）所有文字输入完成后,按 Enter 键或 ESC 键结束命令。

注意：

1）将以适当的大小在水平方向显示文字,以便用户可以轻松地阅读和编辑文字；否则,文字将难以阅读（如果文字很小、很大或被旋转）。

2）如果在此命令中指定了另一个点,光标将移到该点上,可以继续键入。每次按 Enter 键或指定点时,都会创建新的文字对象。

3）在空行处按 Enter 键将结束命令。

4．单行文字中特殊符号的输入

在使用单行文字输入时,经常会碰到使用键盘不能输入的特殊符号,此时可以通过 CAD 的特殊代码来输入,这些特殊字符的输入及其含义见表 6-2。

5．操作实例

使用单行文字命令创建如下两段文字标注,其中字体为仿宋,文字高度为 100,旋转角度为0。

表 6-2 特殊字符的输入及其含义

特殊字符	代码输入	说　明
±	%%P	公差符号
—	%%O	上画线
—	%%U	下画线
%	%%%	百分比符号
Φ	%%C	直径符号
°	%%D	角度

1. 室内地坪±0.000以下墙体采用190×190×90的实心混凝土砌块。
2. 屋面檐沟纵向排水坡度为1%。泛水及落水管处均附加防水卷材一层。

具体操作如下：

（1）新建样式。通过"格式"→"文字样式"命令，新建文字样式"样式1"，修改字体名为"仿宋_GB2312"，文字高度改为100，如图6-4所示，依次单击"应用""置为当前""关闭"，完成文字样式的创建。

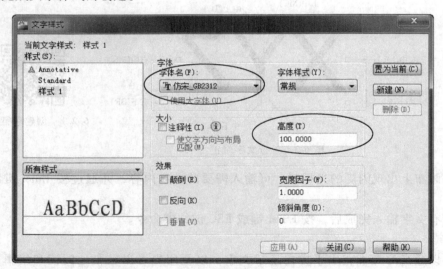

图 6-4　新建文字样式

（2）执行单行命令。依次单击菜单中的"绘图"→"文字"→"单行文字"命令。

（3）指定文字位置。在画布任意位置单击鼠标左键，指定文字的位置。

（4）指定文字旋转角度。输入"0"并单击键盘Enter键，指定文字旋转角度。

（5）输入部分文字。输入文字"1、室内地坪%%P0.000以下墙体采用190×190×90的实心混凝土砌块。"，单击键盘Enter键，切换到下一行。

（6）再输入部分文字。输入文字"2、屋面檐沟纵向排水坡度为1%。泛水及落水管处均附加防水卷材一层。"双击键盘Enter键，确认并退出单行文字命令。

6.2.2 创建多行文字（MTEXT）

除了"单行文字"工具外，还可以利用"多行文字"工具创建复杂的文字说明。多行文字类似于一个文本框，利用该工具输入的文字可以包含一个或多个文字段落，可作为单一对象处理。此外用户还能对多行文字中的任意单个字符或某一部分文字的字体、颜色、倾斜等属性进行单独设置。

鼠标左键依次单击菜单中的"绘图"→"文字"→"多行文字"命令（或在命令窗口中直接输入"MTEXT"），在绘图区任意位置单击鼠标左键，拖动鼠标划出一个矩形区域，再单击鼠标左键，就会出现多行文字编辑工具条（图6-5）和多行文字文本输入框（图6-6）。

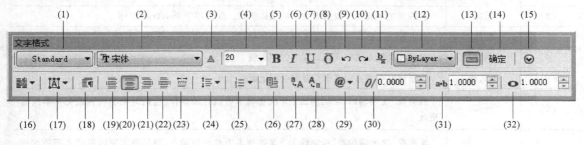

图6-5 多行文字编辑工具条

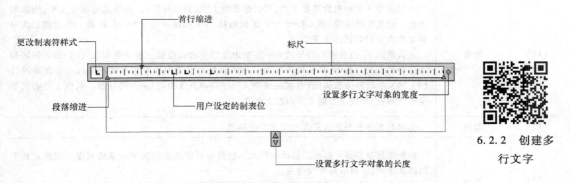

图6-6 多行文字文本输入框

1. 多行文字编辑工具条

该工具条类似于Word中的编辑菜单，各选项板中可以设置所输入文字的各种格式，如文字字体、文字高度、各种字体效果、颜色等，各功能项的具体含义见表6-3。

2. 多行文字文本输入框

使用"多行文字文本输入框"，可以实现以下功能。

（1）在多行文字文本输入框内，用户可以通过输入或导入文字创建多行文字对象。可以直接在文本框中一个或多个多行文字段落，也可以在文本框中单击鼠标右键，在弹出快捷菜单中选择"输入文字"选项，可以插入以TXT或RTF格式保存的文件中的文字。

（2）可以通过标尺来调整文字的段落格式。文本框上"标尺"的使用方法与Word中的标尺类似，可对输入文本框中的字体进行"首行缩进""段落缩进""设置制表符"等段落格式的调整，同时也可以调整多行文字文本框的整体宽度。

表 6-3　多行文字编辑工具功能表

编号	选项名称	功 能 说 明
(1)	样式	向多行文字对象应用文字样式。默认情况下,"standard"文字样式处于活动状态
(2)	字体	为新输入的文字指定字体或更改选定文字的字体。TrueType 字体按字体族的名称列出。AutoCAD 编译的形(SHX)字体按字体所在文件的名称列出。自定义字体和第三方字体在编辑器中显示为 Autodesk 提供的代理字体
(3)	注释性	打开或关闭当前多行文字对象的"注释性"
(4)	文字高度	使用图形单位设定新文字的字符高度或更改选定文字的高度。如果当前文字样式没有固定高度,则文字高度将为系统变量 TEXTSIZE 中存储的值。多行文字对象可以包含不同高度的字符
(5)	粗体	打开和关闭新文字或选定文字的粗体格式。仅适用于 TrueType 字体
(6)	斜体	打开和关闭新文字或选定文字的斜体格式。仅适用于 TrueType 字体
(7)	下画线	打开和关闭新文字或选定文字的下画线
(8)	上画线	为新建文字或选定文字打开和关闭上画线
(9)	放弃	放弃在"文字编辑器"功能区上下文选项卡中执行的动作,包括对文字内容或文字格式的更改
(10)	重做	重做在"文字编辑器"功能区上下文选项卡中执行的动作,包括对文字内容或文字格式的更改
(11)	堆叠	如果选定文字中包含堆叠字符,则创建堆叠文字(例如分数)。如果选定堆叠文字,则取消堆叠。使用堆叠字符、插入符号(^)、正向斜杠(/)和磅符号(#)时,堆叠字符左侧的文字将堆叠在字符右侧的文字之上 默认情况下,包含插入符号的文字转换为左对正的公差值。包含正斜杠(/)的文字转换为居中对正的分数值,斜杠被转换为一条同较长的字符串长度相同的水平线。包含磅符号(#)的文字转换为被斜线(高度与两个文字字符串高度相同)分开的分数。斜线上方的文字向右下对齐,斜线下方的文字向左上对齐
(12)	颜色	指定新文字的颜色或更改选定文字的颜色
(13)	标尺	在编辑器顶部显示标尺。拖动标尺末尾的箭头可更改多行文字对象的宽度。列模式处于活动状态时,还显示高度和列夹点 也可以从标尺中选择制表符。单击"制表符选择"按钮将更改制表符样式:左对齐、居中、右对齐和小数点对齐。进行选择后,可以在标尺或"段落"对话框中调整相应的制表符
(14)	确定	关闭编辑器并保存所做的所有更改
(15)	选项	显示其他文字选项列表
(16)	分栏	显示栏弹出菜单,该菜单提供三个栏选项:"不分栏""静态栏"和"动态栏"
(17)	多行文字对正	显示"多行文字对正"菜单,并且有九个对齐选项可用。"左上"为默认
(18)	段落	显示"段落"对话框。有关选项列表,请参见"段落"对话框
(19)	左对齐	设置当前段落或选定段落的左、中或右文字边界的对正和对齐方式。包含在一行的末尾输入的空格,并且这些空格会影响行的对正
(20)	居中	
(21)	右对齐	
(22)	两端对齐	
(23)	分散对齐	

(续)

编号	选项名称	功能说明
(24)	行距	显示建议的行距选项或"段落"对话框。在当前段落或选定段落中设置行距
(25)	编号	显示"项目符号和编号"菜单 显示用于创建列表的选项。不适用于表格单元。缩进列表以与第一个选定的段落对齐
(26)	插入字段	显示"字段"对话框,从中可以选择要插入到文字中的字段。关闭该对话框后,字段的当前值将显示在文字中
(27)	大写	将选定文字更改为大写
(28)	小写	将选定文字更改为小写
(29)	符号	在光标位置插入符号或不间断空格。也可以手动插入符号
(30)	倾斜角度	确定文字是向前倾斜还是向后倾斜。倾斜角度表示的是相对于90°方向的偏移角度。输入一个-85°~85°之间的数值使文字倾斜。倾斜角度的值为正时文字向右倾斜。倾斜角度的值为负时文字向左倾斜
(31)	追踪	增大或减小选定字符之间的空间。1.0设置是常规间距
(32)	宽度因子	扩展或收缩选定字符。1.0设置代表此字体中字母的常规宽度

注意:

1)输入文字之前,应指定文字边框的对角点。文字边框用于定义多行文字对象中段落的宽度。多行文字对象的长度取决于文字量,而不是边框的长度。可以用夹点移动或旋转多行文字对象。

2)多行文字对象和输入的文本文件最大为 256 KB。

3)文字的大多数特征由文字样式控制。文字样式设定默认字体和其他选项,如行距、对正和颜色。可以使用当前文字样式或选择新样式。默认设置为 STANDARD 文字样式。

4)在多行文字对象中,可以通过将格式(如下画线、粗体和不同的字体)应用到单个字符来替代当前文字样式。

3. 创建多行文字的步骤

启动命令:

1)菜单栏:"绘图"→"文字"→"多行文字"。

2)工具栏:"文字"→"多行文字" 。

3)命令行:"MTEXT"且按 Enter 键。

操作步骤:

在绘图区任意位置单击鼠标左键,拖动鼠标划出一个矩形区域,再单击鼠标左键。

按需要设置相关格式。

要对每个段落的首行缩进,拖动标尺上的第一行缩进滑块。要对每个段落的其他行缩进,拖动段落滑块。

要设定制表符,在标尺上单击所需的制表符位置。

如果要使用文字样式而非默认样式,请单击多行文字工具条上的样式栏,从下拉列表中选择所需的文字样式。

在文本框内输入文字。如需插入符号或特殊字符,请单击多行文字工具条上的"符号"

建筑CAD

按钮，选择所需符号即可。

按需调整部分文字的格式。

选择需要调整格式的文字，在多行文字工具条上指定不同的字体和文字高度，可以应用粗体、斜体、下画线、上画线和颜色。还可以设定倾斜角度、改变字符之间的间距以及将字符变得更宽或更窄。

格式的更改只影响选定的文字；当前的文字样式不变。

可以指选项菜单上的"重置格式"选项可以将选定文字的字符属性重置为当前的文字样式，还可以将文字的颜色重置为多行文字对象的颜色。

单击多行文字工具条上的"确定"按钮，或者按 Ctrl+Enter 组合键，保存并退出编辑器。

4．操作实例

使用多行文字命令创建如下多行文字说明，其中标题的字体为黑体，字高为 120，其余内容的字体为宋体，字高为 100，所有数值加粗并加下画线，"国家建筑标准设计图集 02J003-7" 加粗并倾斜。

一、阳台

（1）阳台栏板的高度除注明者外，未注明时高度均为 <u>**1200**</u>。

（2）阳台栏杆（包括屋面维护栏杆）的高度除注明者外，未注明时临空高度在 <u>**24m**</u> 以下不应低于 <u>**1.05m**</u>，临空高度在 <u>**24m**</u> 及 <u>**25m**</u> 以上，栏杆高度不应低于 <u>**1.10m**</u>。

二、室外工程

（1）建筑周边设明沟，在入口、台阶处加盖板。做法详见墙身剖面图明沟详图。在遇到踏步、坡道、台阶时，埋设 <u>**150**</u> 水泥管相接。

（2）台阶做法参照详见***国家建筑标准设计图集 02J003-7***。

具体操作如下：

（1）打开多行文字。单击"绘图"→"文字"→"多行文字"。

（2）输入需要标注的文字。单击，在绘图区中弹出多行文字输入框，在该输入框中输入所需的标注文字。

（3）设置字体及字高。选中"一、阳台"，在"文字格式"工具栏的"字体"下拉列表框中选择"黑体"选项，在"字高"下拉列表框中输入"120"。按照类似的方法修改"二、室外工程"的字体及字高。

（4）设置其余文字的字体和字号。设置其余文字的字体为"宋体"，字号为"100"。

（5）加粗、加下画线。选中第二行的数字"1200"，依次单击"B（加粗）""U（下画线）"按钮，其他数字同样按此方法修改。

（6）加粗、斜体。选中最后一行"国家建筑标准设计图集 02J003-7"，依次单击"B（加粗）""I（斜体）"按钮。

（7）确定。设置完成后，单击"文字格式"工具栏中的"确定"按钮。

6.3 编辑修改文字

无论是使用"单行文字"还是"多行文字"创建的文字，都可以像其他对象一样进行修改。可以移动、旋转、删除和复制它。可以在特性选项板中更改文字特性。也可以编辑现有文字的内容和创建它的镜像图像。

6.3.1 更改单行文字

对已有的单行文字，可以根据需要对其内容、格式和特性进行修改，可以使用 DDEDIT 和 PROPERTIES 命令更改单行文字。如果只需要更改文字的内容而无需更改文字对象的格式或特性，则使用 DDEDIT。如果要更改内容、文字样式、位置、方向、大小、对正和其他特性，则使用 PROPERTIES。

1. 编辑单行文字内容

启动命令：

1）菜单栏："修改"→"对象"→"文字"→"编辑"。

2）命令行：输入"DDEDIT"并按 Enter 键。

操作步骤：在命令提示下，输入"ddedit"。

选择一个单行文字对象。

在文本编辑器中修改原有的文字或者输入新文字。

按 Enter 键。

6.3.1 更改单行文字

选择要编辑的另一个文字对象继续修改，或者按 Enter 键结束命令。

注意：双击单行文字对象，也可以对单行文字内容进行编辑。

2. 修改单行文字对象的特性

选择一个单行文字对象。

在选定的对象上单击鼠标右键。单击"特性"。

在特性选项板中，根据需要可对单行文字的文字样式、位置、方向、大小、颜色、对正等格式或特性进行修改。

6.3.2 更改多行文字

可以使用特性选项板、多行文字编辑工具和夹点来更改多行文字对象的位置和内容。

创建多行文字后，可以使用特性选项板更改多行文字的文字样式、对正方式、宽度、旋转、行距等格式或特性。同时，还可以使用多行文字编辑工具条修改部分文字的格式，例如粗体和下画线，还可以更改多行文字对象的宽度。

1. 编辑多行文字的内容和格式

启动命令：

1）菜单栏："修改"→"对象"→"文字"→"编辑"。

2）命令行：输入"DDEDIT"并按 Enter 键。

操作步骤：在命令提示下，输入"ddedit"。

6.3.2 更改多行文字

选择一个多行文字对象，多行文字编辑工具条会自动弹出。

在多行文字文本编辑器中修改原有的文字或者输入新文字，或者对全部或部分文字格式进行修改。

单击多行文字编辑工具条上的"确定"或按 Ctrl+Enter 组合键退出。

选择要编辑的另一个多行文字对象继续修改，或者按 Enter 键结束编辑命令。

注意：双击多行文字对象，也可以对多行文字内容进行编辑。

2. 更改多行文字对象的宽度

双击多行文字对象。

将光标移动到标尺右端的"◆"上，光标会变为双箭头。当拖动到右端以拉伸标尺时，工具提示将显示其宽度。释放光标以设定新宽度。

单击多行文字编辑工具条上的"确定"或按 Ctrl+Enter 组合键保存更改并退出编辑器。

6.3.3 更改文字比例和对正

一个图形可能包含成百上千个需要设置比例的文字对象，如果对这些比例单独进行设置会很浪费时间。使用 SCALETEXT 命令可更改一个或多个文字对象（如文字、多行文字和属性）的比例。可以指定相对比例因子或绝对文字高度，或者调整选定文字的比例以匹配现有文字高度。每个文字对象使用同一个比例因子设置比例，并且保持当前的位置。

比例缩放多行文字对象而不更改其位置的步骤如下：

启动命令：
1) 菜单栏："修改"→"对象"→"文字"→"比例"。
2) 命令行：输入"SCALETEXT"并按 Enter 键。

操作步骤：在命令提示下，输入"ddedit"。

选择一个或多个多行文字对象并按 Enter 键。

指定一种对正方式或按 Enter 键以接受现有的文字对正方式。

输入"S"并按 Enter 键，再输入要应用于每个多行文字对象的比例因子。

6.3.3 更改文字比例和对正

6.4 表格

在 CAD 中，为了对相关图形进行说明，经常会使用到表格，表格是在行和列中包含数据的对象，是由包含注释（以文字为主，也包含多个块）的单元构成的矩形阵列。

经过几年的升级完成，AutoCAD 的表格功能已较为成熟。用户除了可以从空表格或表格样式创建表格对象，向表格中添加文字和块，在表格单元中使用公式，还可以将表格链接至 Microsoft Excel（XLS、.XLSX 或 CSV）文件中的数据（整个电子表格、各行、列、单元或单元范围）。

6.4.1 表格样式

表格的外观由表格样式控制。用户可以使用默认表格样式 STANDARD，也可以创建自己的表格样式。表格样式可以指定标题、表头和数据行的格式。鼠标左键单击"格式"→"表格样式"，可以启动如图 6-7 所示的"表格样式"对话框。在表格样式对话框中，可以完成新建、修改表格样式等工作。

1. 新建表格样式

（1）创建新的表格样式。鼠标左键单击表格样式上的"新建"按钮，系统会弹出如图

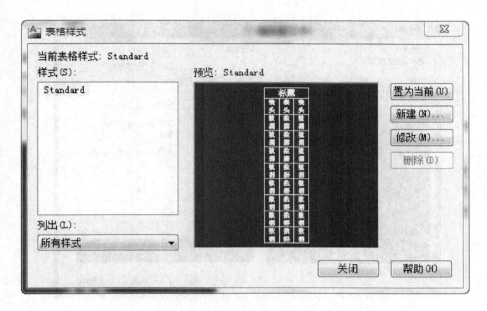

图 6-7 "表格样式"对话框

6-8"创建新的表格样式"对话框,在"新样式名"中键入所需的名称,单击"继续"即可创建新的表格样式。

注意:创建新的表格样式时,在"基础样式"中可以指定一个已有的表格样式作为样板,在此基础上可以根据需要进行参数的修改,默认基础样式为 STANDARD。

(2)新建表格样式修改。在"创建新的表格样式"对话框中单击"继续"后,系统就会弹出如图 6-9 所示的"新建表格样式"对话框,在此对话框中可以修改刚刚新建的表格样式的相关参数。新建表格对话框由"起始表格""常规""单元样式"和"单元样式预览"四个选项组构成,具体说明参见表 6-4。

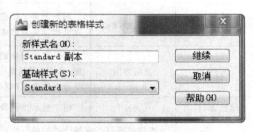

图 6-8 "创建新的表格样式"对话框

(3)按需要修改完各项参数后,点击"确定",再点击"关闭",退出并保存表格样式。

6.4.2 创建表格

在完成了新建表格样式后,就可以创建表格了。选择菜单栏中"绘图"→"表格"命令,系统会弹出"插入表格"对话框,如图 6-10 所示。

系统提供了如下 3 种创建表格的方式:

"从空表格开始"单选按钮:表示创建可以手动填充数据的空表格。

"自数据链接"单选按钮:表示从外部电子表格中获得数据创建表格。

"自图形中的对象数据"单选按钮:表示启动"数据提取"向导来创建表格。

6.4.2 创建表格

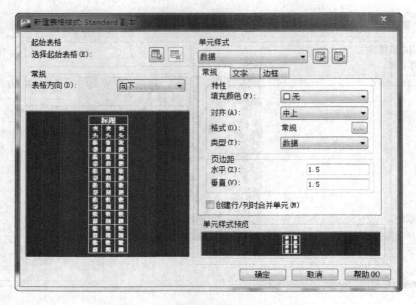

图 6-9 "新建表格样式"对话框

表 6-4　表格样式设置

选项组	设置对象	说　明
起始表格	选择起始表格	起始表格是图形中用作设置新表格样式格式样例的表格。一旦选定表格,用户即可指定要从此表格复制到表格样式的结构和内容
常规	表格方向	用于更改表格的方向,通过在"表格方向"下拉列表中选择"向上"或"向下"来设置。"向上"创建由下而上读取的表格,标题行和表头都在表格底部;"向下"创建的即为一般使用的标题、表头居顶部的表格
预览窗口	—	用于显示当前设置的表格样式的效果
单元样式		表格样式可以在每个类型的行中指定不同的单元样式,可以为文字和网格线显示不同的对正方式和外观。插入表格时指定这些单元样式
单元样式	菜单列表	显示了表格中的单元样式,默认有"数据""标题""表头"三种。可通过后方的两按钮新建或管理单元格
单元样式	常规	包含"特性"和"页边距"两个设置组。"特性"主要是用于设置表格单元的填充样式、表格内容的对齐方式、表格内容的格式和类型;"页边距"用于调整单元格内容和表格之间的水平和垂直间距
单元样式	文字	设置表格中文字的样式、高度、颜色和对齐方式等 表格单元中的文字外观由当前单元样式中指定的文字样式控制,可以使用图形中的任何文字样式或创建新样式
单元样式	边框	设置表格边框的线宽、线型、颜色和对齐方式。标题行、列标题行和数据行的边框具有不同的线宽设置和颜色,可以显示也可以不显示
单元样式预览	—	用于显示当前设置的单元样式的效果

第6章 文本标注与表格

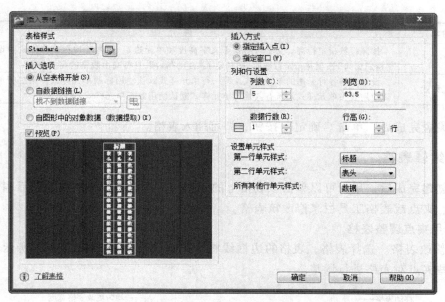

图 6-10 "插入表格"对话框

系统默认设置"从空表格开始"方式创建表格,当选择"自数据链接"方式或"自图形中的对象数据"时,对话框右侧的参数变灰色,表示不可设置。

当使用"从空表格开始"方式创建表格时,选择"指定插入点"单选按钮时,需要指定表左角的位置,表格参数设置说明见表 6-5。

表 6-5 表格参数设置说明

设置对象	说 明
表格样式	指定将要插入的表格采用的表格样式,默认样式为 Standard。通过单击下拉列表旁边的按钮,可以创建新的表格样式
插入选项	指定插入表格的方式
预览	控制是否显示预览。如果从空表格开始,则预览将显示表格样式的样例。如果创建表格链接,则预览将显示结果表格。处理大型表格时,清除此选项以提高性能
指定插入点	选择该选项,则插入表时,需要指定表格左上角的位置。用户可使用定点设备,也可以在命令行输入坐标值。如果表样式将表的方向设置为由下而上读取,则插入点位于表的左下角
指定窗口	选择该选项,则插入表时,需要指定表的大小和位置。选定该选项时,行数、列数、列宽和行高取决于窗口的大小以及列和行设置
列数	指定列数。选定"指定窗口"选项并指定列宽时,"自动"选项将被选定,且列数由表格的宽度控制。如果已指定包含起始表格的表格样式,则可以选择要添加到此起始表格的其他列的数量
列宽	指定列的宽度。选定"指定窗口"选项并指定列数时,则选定了"自动"选项,且列宽由表格的宽度控制。最小列宽为一个字符
数据行数	指定行数。选定"指定窗口"选项并指定行高时,则选定了"自动"选项,且行数由表格的高度控制。 带有标题行和表格头行的表格样式最少应有三行。最小行高为一个文字行。如果已指定包含起始表格的表格样式,则可以选择要添加到此起始表格的其他数据行的数量

(续)

设置对象	说　明
行高	按照行数指定行高。文字行高基于文字高度和单元边距,这两项均在表格样式中设置。选定"指定窗口"选项并指定行数时,则选定了"自动"选项,且行高由表格的高度控制
设置单元样式	设置表格各行采用的单元样式。第一行单元样式默认使用标题单元样式。第二行单元样式默认使用表头单元样式。所有其他行单元样式默认使用数据单元样式

参数设置完成后,单击"确定"按钮,即可插入表格。

6.4.3　编辑表格

表格创建完成后,用户可以单击该表格上的任意网格线以选中该表格,然后通过使用特性选项板、夹点或表格工具栏来修改该表格。

1. 使用夹点调整表格

(1) 修改表格。选择表格,表格的边框线将会出现很多夹点,如图6-11所示,用户可以通过这些夹点对表格进行调整。

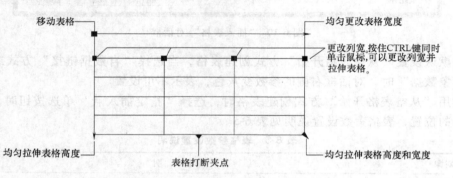

图 6-11　表格夹点功能

注意:更改表格的高度或宽度时,只有与所选夹点相邻的行或列将会更改。表格的高度或宽度保持不变。要根据正在编辑的行或列的大小按比例更改表格的大小,请在使用列夹点时按 Ctrl 键,如图6-12所示。

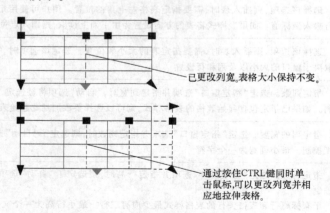

图 6-12　夹点更改列宽

6.4.3　编辑表格夹点

（2）修改单元格。在单元内单击以选中它。单元边框的中央将显示夹点。在另一个单元内单击可以将选中的内容移到该单元。拖动单元上的夹点可以使单元及其列或行更宽或更小，如图 6-13 所示。

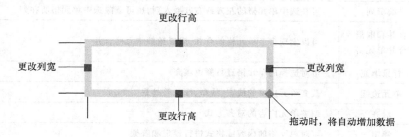

图 6-13　单元格夹点功能

注意：

1）选择一个单元后，按 F2 键可以编辑该单元文字。

2）要选择多个单元，请单击并在多个单元上拖动。也可以按住 Shift 键并在另一个单元内单击，同时选中这两个单元以及它们之间的所有单元。

2. 通过特性选项板调整表格

选取表格单元或单元区域，鼠标右击打开快捷菜单，选择"特性"选项，即可在打开的特性选择板中调整单元格的宽、高、边框等属性，如图 6-14 所示。

更改表格单元特性的步骤如下：

在要更改的表格单元内单击。

按住 Shift 键并在另一个单元内单击可以同时选中这两个单元以及它们之间的所有单元。

要更改一个或多个特性，请在特性选项板中，单击要更改的值并输入或选择一个新值。

要恢复默认特性，请单击鼠标右键。单击"删除特性替代"。

6.4.3　编辑表格工具条

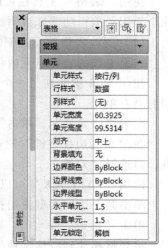

3. 使用表格工具栏编辑表格

如果在功能区处于活动状态时在表格单元内单击，则将显示表格功能区上下文选项卡。如果功能区未处于活动状态，则将显示表格工具栏（图 6-15）。使用此工具栏，可以执行以下操作：

各功能项的具体含义见表 6-6。

图 6-14　表格特性

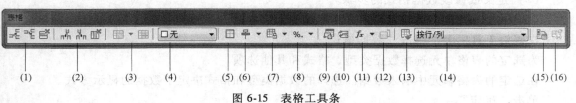

(1)　(2)　(3)　(4)　(5)(6)　(7)　(8)(9)(10)(11)(12)(13)　(14)　(15)(16)

图 6-15　表格工具条

表 6-6　表格编辑工具功能表

编号	选项名称	功能说明
（1）	编辑行	可在选中单元格的上方或下方插入行，也可删除选中单元格所在行
（2）	编辑列	可在选中单元格的左方或右方插入列，也可删除选中单元格所在列
（3）	合并和取消合并单元格	可以实现多个单元格的合并，或者撤销单元格合并
（4）	背景填充	可对选择的单元格进行颜色填充
（5）	单元边框	改变单元边框的线宽、线型、颜色等外观
（6）	对齐	调整单元内容的对齐方式
（7）	锁定	可对单元格的内容或格式进行锁定和解锁
（8）	数据格式	显示数据类型列表（"角度""日期""十进制数"等），从而可以设置表格行的格式
（9）	插入块	在表格单元中插入块
（10）	插入字段	在表格单元中插入字段
（11）	插入公式	在表格单元中插入公式，公式必须以等号（=）开始
（12）	管理单元内容	显示选定单元的内容。可以更改单元内容的次序以及单元内容的显示方向
（13）	匹配单元	把一个单元的格式复制到其他单元
（14）	单元样式	创建和编辑单元样式
（15）	链接单元	可将数据从在 Microsoft Excel 中创建的电子表格链接至图形中的表格
（16）	从源下载	更新其他数据源中链接过来的数据信息

使用"表格"工具栏可以实现编辑表格的大部分功能，操作的方法大同小异，下面举几个常用的编辑功能来说明编辑表格的方法。

（1）更改表格单元边框的线宽、线型或颜色的步骤。

在要更改的表格单元内单击。

按住 Shift 键并在另一个单元内单击可以同时选中这两个单元以及它们之间的所有单元。

在表格工具栏上，单击"单元边框"。

6.4.3　编辑表格夹点

在"单元边框特性"对话框中，选择线宽、线型和颜色。要指定双线边框，请选择"双线"。

使用"BYBLOCK"可以使边框特性与已应用于表格中的表格样式的设置相匹配。

单击某个边框类型按钮指定要修改单元的哪些边框，或在预览图像中选择边框。

单击"确定"。

将光标移动到特性选项板之外，并按 Esc 键删除选择，或选择另一个单元。

（2）定义或修改数据格式的步骤。

在表格中，单击要重新定义数据和格式的表格单元。

在表格工具栏上，单击"数据格式"。

为选定的表格单元选择数据类型、格式和其他选项。

在选定的表格单元中输入数据。选择的数据类型和格式决定了数据的显示方式。

单击"确定"。

（3）将某个单元的特性复制到其他单元的步骤。

在要复制其特性的表格单元内单击。

在表格工具栏上，单击"匹配单元"。

光标形状变为画笔。

要将特性复制到图形中的其他表格单元中，请在单元内单击。

单击鼠标右键或按 Esc 键可以停止复制特性。

6.4.4 向表格中添加文字和块

表格单元数据可以包括文字和多个块。

6.4.4 在表格中添加文字

1. 在表格中输入文字

创建表格后，会亮显第一个单元，显示"文字格式"工具栏时可以开始输入文字。单元的行高会加大以适应输入文字的行数。要移动到下一个单元，请按 Tab 键，或使用箭头键向左、向右、向上和向下移动。

此外，还可以通过双击需编辑的单元格或在选定的单元中按 F2 键，快速编辑单元文字。

2. 在表格中插入块的方法

在表格单元中插入块时，块可以自动适应单元的大小，也可以调整单元以适应块的大小。可以通过表格工具栏或鼠标右键快捷菜单插入块。具体操作方法如下：

选择一个单元，然后单击鼠标右键。依次单击"插入"→"块"。

在"插入"对话框中，从图形的块列表格中选择块，或单击"浏览"查找其他图形中的块。

指定块的以下特性：

单元对齐：指定块在表格单元中的对齐方式。块相对于上、下单元边框居中对齐、上对齐或下对齐；相对于左、右单元边框居中对齐、左对齐或右对齐。

缩放：指定块参照的比例，输入值或选择"自动调整"缩放块以适应选定的单元。

旋转角度：指定块的旋转角度。

单击"确定"。

如果块具有附着属性，则显示"编辑属性"对话框。

3. 在表格单元中插入字段的步骤

在表格单元内双击。

在"表格"工具栏上，单击"插入字段"，或按 Ctrl+F 组合键。

在"字段"对话框中，选择"字段类别"列表格中的类别以显示该类别中的字段名。

选择一个字段。

选择可用于该字段的格式或其他选项。

单击"确定"。

6.4.5 在表格单元中使用公式

选定表格单元后，可以从表格工具栏及快捷菜单中插入公式。也可以打开在位文字编辑器，然后在表格单元中手动输入公式。此功能与 Excel 的公式功能操作方法类似。

1. 插入公式的方法

（1）使用表格工具栏插入公式的方法。通过在表格单元内单击，选择要放置公式的表格单元。屏幕将显示表格工具栏。

在表格工具栏上，单击以下选项之一：

1)"插入公式""均值"。
2)"插入公式""求和"。
3)"插入公式""计数"。
4)"插入公式""单元"。

用鼠标左键指定一个矩形框，选中需计算的原始数据单元。

如果需要，编辑此公式。

要保存更改并退出编辑器，请在编辑器外的图形中单击。

6.4.5 在单元格中输入公式

（2）手动输入公式的步骤。除了使用表格工具栏，还可以手工输入公式，具体步骤如下：

在表格单元内双击（此时将打开文字编辑器）。

按以下示例格式，输入公式（函数或算术表达式）：

=sum（a1：a25，b1）。对A列前25行和B列第一行中的值求和。

=average（a100：d100）。计算第100行中前4列中值的平均数。

=count（a1：m500）。显示A列到M列的第1行到第500行中单元的总数。

=（a6+d6）/e1。将A6和D6中的值相加，然后用E1中的值除去此总数。

使用冒号定义单元范围，使用逗号定义单个单元。公式必须由等号开始，其中可以包含以下任何符号：加号（+）、减号（-）、乘号（×）、除号（/）、指数运算符（^）和括号（）。

要保存更改并退出编辑器，请在编辑器外的图形中单击。

此单元将显示计算结果。

注意：

1）在公式中，可以通过单元的列字母和行号引用单元。例如，表格中左上角的单元为A1。合并的单元使用左上角单元的编号。单元的范围由第一个单元和最后一个单元定义，并在它们之间加一个冒号。例如，范围A5：C10包括第5行到第10行A、B和C列中的单元。

2）公式必须以等号（=）开始。用于求和、求平均值和计数的公式将忽略空单元以及未解析为数值的单元。如果在算术表达式中的任何单元为空，或者包含非数字数据，则其他公式将显示错误（#）。

2. 复制公式的方法

为了提高效率，用户可以对单元中的公式进行复制。操作方法较为简单，只需在原单元上单击鼠标右键，选择复制，再选择需放置公式的新单元，右键粘贴即可。但需注意以下问题：

1）在表格中将一个公式复制到其他单元时，范围会随之更改，以反映新的位置。例如，如果A10中的公式对A1到A9求和，则将其复制到B10时，单元的范围将发生更改，从而该公式将对B1到B9求和。

2）如果在复制和粘贴公式时不希望更改单元地址，请在地址的列或行处添加一个美元符号（$）。例如，如果输入 $ A10，则列会保持不变，但行会更改。如果输入 $ A $ 10，则列和行都保持不变。

3．使用增量数据自动填充单元

在表格单元内双击。

输入一个数值，例如 1 或 01/01/2000。

按向下箭头键，然后输入下一个所需的数值。

在"文字格式"工具栏上，单击"确定"。

要更改单元数据的格式，请在该单元上单击鼠标右键。选择"数据格式"。

选择增量数据的起始单元。

单击单元右下角的夹点。

要更改"自动填充"选项，请在选定的单元范围的右下角的"自动填充"夹点上单击鼠标右键，并选择"自动填充"选项。

拖动该夹点穿过要自动增加的单元。每个单元的值预览将显示在选定夹点的右侧。

注意：

1）可以使用"自动填充"夹点，在表格内的相邻单元中自动增加数据。例如，通过输入第一个必要日期并拖动"自动填充"夹点，包含日期列的表格将自动输入日期。

2）如果选定并拖动一个单元，则将以 1 为增量自动填充数字。同样，如果仅选择一个单元，则日期将以一天为增量进行解析。如果用以一周为增量的日期手动填充两个单元，则剩余的单元也会以一周为增量增加。

6.5 本章练习

1．创建以下文字样式。

1）样式名：仿宋体；字体名：仿宋体 GB2312；高宽比：0.7；字高 5mm。

2）样式名：工程字；使用大字体：shx 字体为 gbenor.shx、大字体为 gbcbig.shx；高宽比为 1。

3）样式名：JZ；字体为 tssdeng.shx，大字体为 tssdchn.shx（如计算机中没有对应的字体，请下载两个字体文件放到 CAD 安装目录的 Fonts 文件夹中）；字体高度为 0；宽度因子为 0.75。

2．将文字样式"仿宋体"置为当前样式，使用单行文字，写出如下的字体。

单行文字用于书写比较简短的文字和需要有颠倒及反向等特殊效果的文字；

多行文字则用于书写比较复杂的段落文字，比如段落中需要文字样式不同，文字颜色不同，字符高度不同以及需要进行堆叠的字符等。

3．将文字样式"standard"置为当前样式录入下列文字，注意特殊符号。

±0.005   45°   ϕ50   60%

$X_1^2 + X_2^2 = a$ $X^2 + Y^2 = b$

4．单行文字练习，按下面要求创建单行文字，注意特殊符号的输入方法。如练习图 6-1 所示。

建筑平面图1：100

标高±0.000

角度为45°

（黑体　高度30）

（宋体　高度20）

（宋体　高度20）

练习图　6-1

5. 多行文字练习，按下面要求创建多行文字，如练习图 6-2 所示。

说明： （楷体，高度20）

（1）墙上排风扇适用于一般工厂、仓库、办公室、厨房内通风换气用。

（仿宋体，高度10）

（2）墙上开孔尺寸：宽＝D+130，高＝D+130。D 为风机尺寸。　（仿宋体，高度10）

（3）风机安装孔详见产品说明。　（仿宋体，高度10）

（4）钢件刷防漆二道，其他按工程设计。　（仿宋体，高度10）

说明：

（1）墙上排风扇适用于一般工厂、仓库、办公楼、厨房内通风换气用。

（2）墙上开孔尺寸：宽＝D+130，高＝D+130。D 为风机尺寸。

（3）风机安装孔详见产品说明。

（4）钢件刷防漆二道，其他按工程设计。

练习图　6-2

6. 绘制练习图 6-3 楼梯梁配筋图，并完成所有标注。尺寸标注使用 dim1 标注样式；文字标注使用 jz 文字样式，高度为 20 和 15；钢筋标注使用 jz 文字样式，高度为 15。

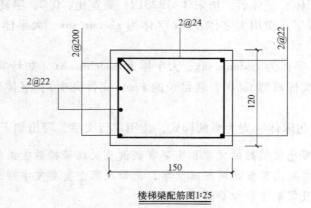

楼梯梁配筋图1:25

练习图　6-3

7. 了解图号的含义，按练习图 6-4 绘制常用图号，并标注说明。

8. 绘制练习图 6-5，并完成标注。尺寸标注使用 dim1 标注样式（全局比例调整为 2.5）；文字标注使用 jz 文字样式；填充图案分别为 ANS131，ANS137，ARCONC。

9. 按练习图 6-6 和练习图 6-7，绘制标注 A3 图纸的横式幅面和立式幅面的示意图，并

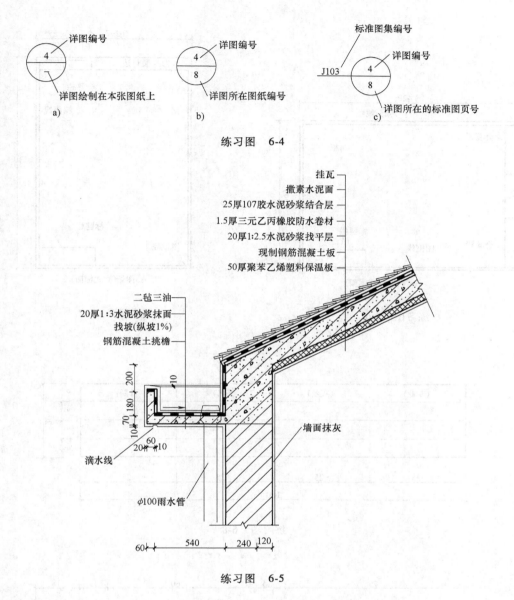

练习图 6-4

练习图 6-5

完成标注。尺寸标注使用 dim1 标注样式；文字标注使用 jz 文字样式。

10. 利用 CAD 表格绘制功能，按练习图 6-8 绘制会签栏。

11. 使用绘图命令或表格命令，按练习图 6-9 绘制标题栏，表格文字为仿宋体，填入文字为楷体。

12. 使用绘图命令或表格命令，按练习图 6-10 绘制装修表。字体使用 jz 文字样式，文字高度分别为 10、15、25。

13. 使用表格命令，按练习图 6-11 绘制门窗表，表格样式名为"门窗表"。

要求：①标题字高为 10mm，表格线宽为 0.5mm；②表头字高为 7mm，表格外框线宽为 0.5mm；③数据表格字高为 5mm，表格外框线宽为 0.5mm。表格中所有文字样式均为"工程字"，文字对正方式为"正中对正"，其余采用默认设置。

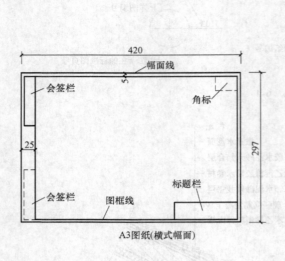

练习图 6-6

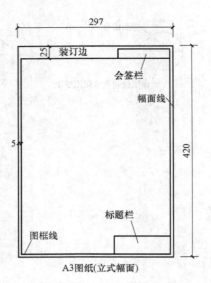

练习图 6-7

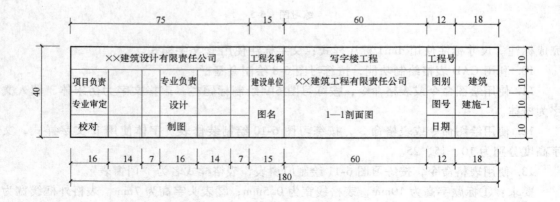

练习图 6-8

练习图 6-9

装修表

部位代号\名称	地面	楼面	踢脚板	内墙面	外墙面	天棚	油漆	备注
餐厅								
卫生间								
楼梯间								
客厅								
卧室								
厨房								
外墙								

练习图 6-10

门窗表

类别	门窗名称	门窗形式	洞口尺寸	门窗数量	备注
窗	C–1	70系列铝合金固定窗	φ1000		白色铝合金框，清水玻璃
	C–2	70系列铝合金推拉窗	1600×1000		白色铝合金框，清水玻璃
	C–3	70系列铝合金平开窗	700×1900		白色铝合金框，清水玻璃
门	M–1	木门	1500×2260		见二次装修
	M–2	夹板门	900×2100		见二次装修
	M–3	卷闸门	3880×2550		成品

练习图 6-11

第 7 章

图块与外部参照工具

7.1 图块

块是组成复杂图形的一组图形对象，AutoCAD 中将逻辑上相关联的一系列图形对象定义为一个整体，称之为块。块的定义实际上是在图形文件中定义了一个块的库。在工程设计中，有很多图形元素需要大量重复使用，如建筑室内设计中的桌椅等家具，就不需要从头开始绘制，能节省大量时间，避免重复和浪费。

插入块则相当于在相应的插入点调用块库中的定义。所以，如果在图形中插入了很多相同的块，并不会显著增加图形文件的大小，即相对减小图形文件占用的空间。

同时，块的定义支持嵌套，即已经是块的图形允许被包含到另一个不同名的块中。

7.1.1 创建块 BLOCK（B）

首先，将要制作成块的原始图形对象绘制出来，然后进行块的创建。

1. 命令功能

1）命令行：在命令行中键盘输入完整命令 BLOCK，或输入快捷命令 B，并按 Enter 键或空格键确认。

2）菜单栏：单击"插入"选项卡 → "块定义"面板 → "创建块"下拉按钮 → "创建块"按钮。

3）工具栏：单击"　　"形按钮。

2. 操作演示

下面用一个简单的案例来讲解块的创建过程。

块的定义包括 3 个基本要素：块的名称、块的基点、组成块的图元对象。

现在需要将一套桌椅的家具创建为图块，操作过程如下：

（1）绘制原始图形。首先，绘制完成桌椅原始图形。

（2）创建块。单击"插入"选项卡 → "块定义"面板 → "创建块"下拉按钮，此时软件弹出"块定义"对话框，在"名称"文本框中输入"桌椅"作为块的名称，如图 7-1 所示。

（3）拾取基点。单击"基点"选项组中的"拾取点"按钮，软件会提示拾取一个坐标点作为这个块的基点（即块的插入点）。打开对象捕捉功能，单击鼠标左键拾取一点，如图 7-2 所示。完成拾取基点后，回到"块定义"对话框。

（4）制作块。单击"对象"选项组中的"选择对象"按钮，软件会提示选取组成块的图形对象，此时使用窗口选择模式全部选取已经绘制的桌椅图形，如图 7-3 所示。完成选择对象后，按 Enter 键回到"块定义"对话框，如图 7-4 所示。

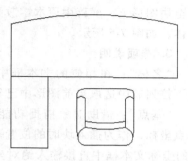

图 7-1　桌椅图形

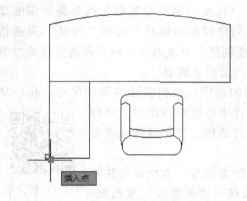

图 7-2　拾取端点为基点

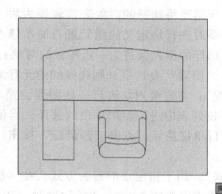

图 7-3　选择制作块的对象

图 7-4　"块定义"对话框

（5）转换为块。在"对象"选项组中选择"转换为块"单选按钮，而"注释性"复选框不用勾选，因为对于图形块来说，需要在不同出图比例中进行缩放，而符号块才需要增加注释性特性。

（6）完成。单击"确定"按钮，完成块的定义。此时单击已定义的块或将鼠标光标移动至块图形上，屏幕中原本零散而独立的图元变成了一个整体，如图7-5所示。

3. 选项说明

"名称"：在相应的文本框中输入块的名称；也可以在下拉列表中选取当前图形中已经存在的块的名称。

"基点"：借助对象捕捉功能在屏幕上直接拾取块的基点坐标，作为插入块时的位置基准点；也可以在X、Y、Z的坐标文本框中直接输入绝对坐标值；如果没有拾取基点，则软件默认（0，0，0）为块的基点。

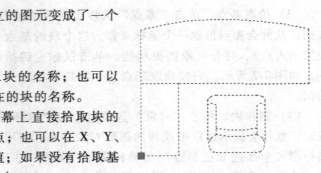

图7-5 完成创建后的"桌椅"块

"对象"：在屏幕中选择对象，指定块中所需要包含的图元。当需要将选择的对象直接转换为块，选择"转换为块"复选框，这是最常用的操作；当需要对进行块定义的图元进行简单修改，而创建相似的块时，选择"保留"复选框时，则将选择的图元保留为一组零散的对象；当需要创建一个块的库，而不再需要原始对象时，选择"删除"复选框，则选择的图元对象被从当前图形删除。

"设置"：在需要对块进行一些特性设置时所用的选项。根据实际的设计尺寸，在"块单位"下拉列表中进行图形单位的选择，当使用设计中心将块拖出时，软件会自动进行单位换算；点击"超链接"按钮，弹出对话框，将超链接与块定义相关联。

"方式"：用于指定块的行为方式。在"注释性"复选框中为块指定注释性；当需要固定块的X、Y、Z的比例时，选择"按统一比例缩放"复选框，则插入块时不允许单独方向的缩放比例；当允许块被分解时，选择"允许分解"复选框。

7.1.1 设计中心插入块

7.1.2 插入块 INSERT（I）

当一个块创建完成时，就可以在后续的操作中将其插入到绘制的图形中。

1. 命令功能

1）命令行：在命令行中键盘输入完整命令 INSERT ，或输入快捷命令 I，并按 Enter 键或空格键确认。

2）菜单栏：单击"插入"选项卡 → "块"面板 → "插入"按钮。

3）工具栏：单击" "形按钮。

4）设计中心：键盘 Ctrl+2 调用设计中心，在现有的文件中选择已创建的块。

2. 操作演示

继续以7.1.1中的桌椅家具为案例进行插入块命令的操作演示。

（1）插入块。单击"插入"选项卡 → "块"面板 → "插入"按钮，弹出"插入"对话框，在"名称"下拉列表中，显示已经定义的块"桌椅"的名称，点击选中后，保留其他默认设置不作改变，如图7-6所示。

（2）确定。单击"确定"按钮，软件提示：

命令：_ INSERT

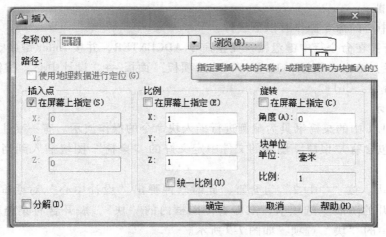

图 7-6 "插入"对话框

指定插入点或 [基点(B)/比例(S)/X/Y/Z/旋转(R)]：(打开对象捕捉，拾取定义点，完成块的插入，如图 7-7 所示)

则在一个房间的平面图中，插入了一套桌椅的家具。

3. 选项说明

"名称"：当图形中已经有定义好的块时，直接从下拉列表中选择；如果要将 DWG 图形作为块插入到当前图形中，则单击"浏览"按钮，确定文件的路径，选择需要插入的文件。

"插入点"：勾选"在屏幕上指定"复选框，借助对象捕捉功能，用鼠标在绘图区域拾取块的插入点；在 X、Y、Z 三个文本框中直接输入绝对坐标数值。以上两种方法都可以用于指定块的插入点。

7.1.2 插入块

图 7-7 完成插入块后的书房平面图

"比例"：在 X、Y、Z 三个文本框中直接输入缩放的比例，如果数字为负值，则插入块的镜像图形；勾选"在屏幕上指定"复选框，在屏幕上直接进行缩放，一般不在精确绘图中使用。以上两种方法都可以用于指定块的缩放比例，"统一比例"复选框勾选后，则 X 轴的缩放比例值会自动跳入 Y、Z 的文本框。

"旋转"：勾选"在屏幕上指定"复选框，直接在绘图区域进行旋转；在"角度"文本框中直接输入旋转角度。

"分解"：如果在插入块后要将原始图形分解，则勾选该复选框。

7.1.3 设计中心

在早期的 AutoCAD 软件中，在一个图形中创建的块，只能在本文件中使用，如果其他文件中需要使用当前文件中的块，则要将当前文件作为块整体插入来调用，在操作中非常不便。在 AutoCAD 2000 以后的版本中，提供了设计中心。

1. 命令功能

进入设计中心的命令操作有以下三种：

1) 命令行：在命令行中键盘输入完整命令 ADCENTER，并按 Enter 键或空格键确认。
2) 菜单栏：单击"视图"选项卡→"选项板"面板→"设计中心"按钮。
3) 快捷命令：Ctrl+2。

2. 操作演示

继续以 7.1.1 中的桌椅家具为案例进行插入块命令的操作演示。有一套住宅建筑标准层图形，将另一包含有"桌椅"图块的文件中定义好的"桌椅"图块插入到当前文件中。操作步骤如下：

（1）选择块。按"Ctrl+2"组合键，此时软件弹出"设计中心"对话框，如图 7-8 所示，选择"打开的图形"选项卡，双击右侧图框内的"块"，展开含有桌椅图块的 dwg 文件，并选择其中的"块"选项，如图 7-9 所示。

图 7-8 "设计中心"对话框

图 7-9 "打开的图形"选项卡

（2）插入块。设计中心对话框右侧部分将已经定义的块都以图形的方式显示出来了，包括数种植物平面，此时只要选中需要的桌椅的块，按下鼠标左键拖动，插入当前图形。将"设计中心"拖到屏幕左侧，以方便后续操作。

（3）完成。选择左侧"设计中心"的"桌椅"图块，按住鼠标左键，拖动到如图 7-10 所示的书房内。当需要精确定位时，应打开对象捕捉功能。

利用设计中心可以以一种十分直观的方式，在当前文件中，插入其他图形中的块，而不必使用插入块的命令。设计中心还可以通过相类似的鼠标左键选择其他图形文件中的标注样式、文字样式、线型、图层等元素，并拖动到当前图形文件中，直接应用。

图 7-10 在"设计中心"中插入桌椅图块后的书房平面图

7.1.4 工具选项板

工具选项板将一些常用的块和填充图案分类放置,并集中到一个窗口中显示,需要使用的时候拖动到当前图形文件中即可,为图形文件绘制创造了简便快捷的途径。

1. 命令功能

进入工具选项板的命令操作有以下三种:

1) 命令行:在命令行中键盘输入完整命令 TOOLPALETTES 或者快捷命令 TP,并按 Enter 键或空格键确认。

2) 菜单栏:单击"视图"选项卡 → "选项板"面板 → "工具选项板"按钮。

3) 快捷命令:Ctrl+3。

2. 操作演示

继续以 7.1.1 中的桌椅家具为案例进行插入块命令的操作演示。

将包含有"桌椅"图块的文件中定义好的"桌椅"图块放到工具选项板中,然后从工具选项板中,插入到当前打开的包含有住宅建筑标准层平面图的图形文件,操作步骤如下:

7.1.4 工具选项板插入

(1) 打开"工具选项板"面板。按"Ctrl+3"组合键,此时软件弹出"工具选项板"面板,如图 7-11 所示。面板左侧有分类标签,右侧大框内显示已有块的形状和名称。

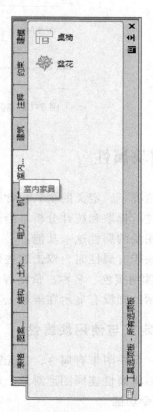

图 7-11 "工具选项板"面板　　　　图 7-12 将文件中的图块拖动到工具选项板中

（2）新建选项板。在选项板标签或标题栏位置单击鼠标右键，在弹出的快捷菜单栏中选择"新建选项板"命令，创建一个名为"室内家具"的选项板。

（3）将图块拖动到工具选项板中。鼠标左键单击选中的图形文件中的名称为"桌椅"的图块，并拖动到新创建的工具选项板中，如图 7-12 所示，重复以上操作，将"盆花"图块也拖动到工具选项板中。

（4）将图块拖动到图形中。将当前图形切换到不包含桌椅家具的住宅建筑标准层平面图形文件，将工具选项板上的"桌椅"及"盆花"图块逐个拖到书房平面上的相应位置，如图 7-13 所示。

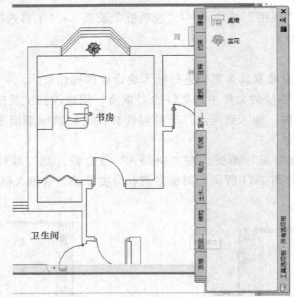

图 7-13　将块从工具选项板中拖动到当前图形中

7.2　图块属性

一般情况下，定义的块只包含图形信息。但是也有非图形信息不显示在图形中，并在必要的时候进行提取和统计分析。当需要定义块的非图形信息时，比如家具的颜色、材料等信息，可利用块的属性这一功能。

当图块带有属性时，双击这些带属性的块，可以在打开的"增强属性编辑器"中看到颜色、名称、价格等信息，这些属性有些显示在图形中，有的不需要显示的则没有显示在屏幕上。

7.2.1　定义与使用块属性

要让一个块附带有属性，首先需要绘制出组成块的图元对象，并定义出属性，然后将属性连同图形对象一起创建成块，最后插入块，按照提示输入这些属性值。

1. 命令功能

首先绘制图形，然后创建属性。进入创建属性命令的方法如下：

1)命令行:在命令行中键盘输入完整命令 ATTDEF 或快捷命令 ATT,并按 Enter 键或空格键确认。

2)菜单栏:单击"插入"选项卡 → "块定义"面板 → "定义属性"按钮。

2. 操作演示

下面以两个实际操作案例来演示命令的使用,一个是定义块的属性并插入块,另一个是利用属性创建带参数的符号。

操作案例 1 下图是一个柜子的平面图形,如图 7-14 所示。选择将图形定义成块并加上名称、颜色、价格 3 个属性。

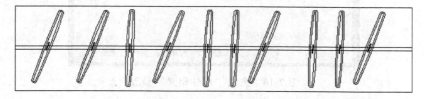

图 7-14 大衣柜平面图

(1)属性的定义。单击"插入"选项卡 → "块定义"面板 → "定义属性"按钮,弹出"属性定义"对话框,如图 7-15 所示。

图 7-15 "属性定义"对话框

(2)"名称"属性的定义。在"属性"选项组的"标记"文本框中输入属性标记"名称",在"提示"文本框中输入"请输入名称",在"默认"对话框中输入"大衣柜"。勾选"模式"选项组中的"预设"复选框,然后单击"拾取点"按钮,在柜子的四个角中拾取一点。此时软件回到"属性定义"对话框,在"文字设置"选项组的"文字高度"数值框中输入"150",最后单击"确定"按钮,完成"名称"属性的定义。如图 7-16 所示。

(3)其他项的属性定义。按照此方法完成"颜色"和"价格"属性的定义,当定义时只勾选"不可见"复选框,并且勾选"在上一个属性定义下对齐"复选框,"颜色"和"价格"属性值分别为"棕色"和"1200"。最后完成的属性定义如图 7-17 所示。

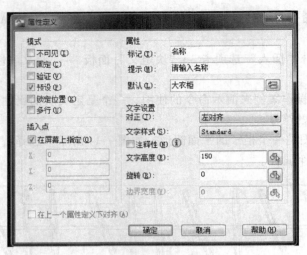

图 7-16 完成"属性定义"设置

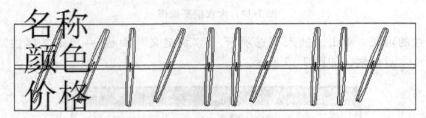

图 7-17 完成属性定义设置后的大衣柜

(4) 创建块。将此图形连同属性一起定义名称为"大衣柜"的块。单击"插入"选项卡 → "块定义"面板 → "创建块"按钮,弹出"块定义"对话框,并将大衣柜四角中的左下角拾取为基点,选择对象时将大衣柜的所有组成图元与属性共同选中,并选择"删除"单选按钮,最后单击"确定"按钮,如图 7-18 所示。这时,图形被定义成块存放在文件的块库中,同时,屏幕上的图形不显示。

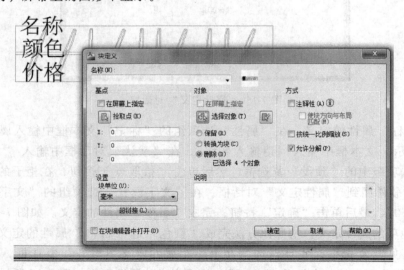

图 7-18 完成设置后的"块定义"对话框

（5）在当前图形中插入定义好的带属性的块。单击“插入”选项卡 →“块”面板 →“插入”按钮，在屏幕上弹出的对话框中单击“确定”按钮，如图 7-19 所示。尖括号中的数字是属性的默认值，在提示输入价格时输入“1500”，对颜色不做修改，如图 7-20 所示。因为名称属性的模式选择了“预设”，因此没有提示输入名称。最后插入的块如图 7-21 所示。因为颜色和价格属性都选择了“不可见”，因此在插入后没有被显示出来。

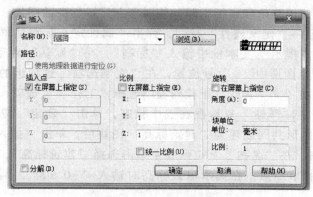

图 7-19 “插入”对话框

```
命令: i
INSERT
指定插入点或 [基点(B)/比例(S)/X/Y/Z/旋转(R)]:
输入属性值
请输入价格: 1500
请输入颜色: 棕色

命令:
```

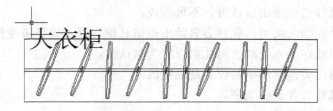

图 7-20 插入带属性的块的命令窗口

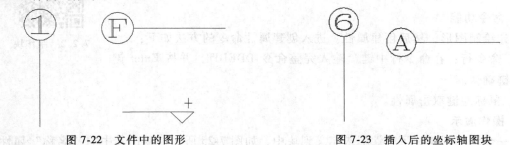

图 7-21 插入完成后的属性块

操作案例 2 下列图显示有两个图形文件：轴线坐标图块、不带属性的建筑标高符号，如图 7-22 所示。现在要求改变轴线坐标图块的字母和数字，并为标高的符号加上属性，使之显示标高的数字。

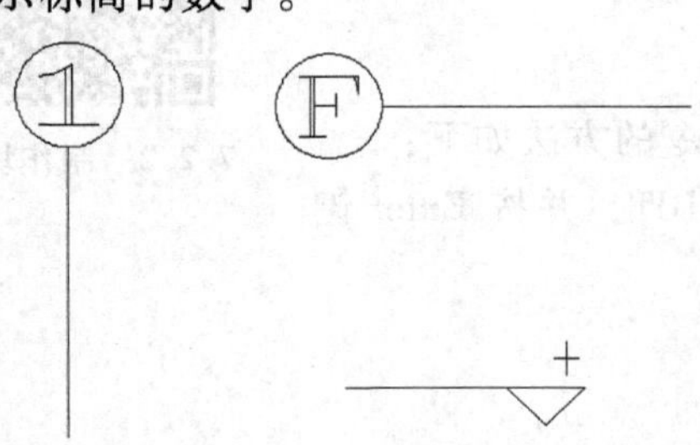

图 7-22 文件中的图形

图 7-23 插入后的坐标轴图块

操作步骤如下：

（1）插入轴线坐标。使用滚轮和鼠标中间，使屏幕上显示坐标轴的图块，单击"插入"选项卡→"块"面板→"插入"按钮，在"名称"下拉列表中单击选择"轴线坐标"，并单击"确定"按钮，在绘图区域任意拾取一点，在提示输入坐标轴数字时输入"6"，对右侧的块重复以上操作，提示输入坐标轴字母时输入"A"，编辑完毕后的块如图7-23所示。

（2）插入标高。使用滚轮和鼠标中间，使屏幕上显示标高的图块。单击"插入"选项卡→"块定义"面板→"定义属性"按钮，弹出"属性定义"对话框，在"标记"文本框中输入"BG"，在"提示"文本框中输入"标高"，在"默认"对话框中输入"0.0"，插入点拾取图7-22右侧图形中"+"号位置，在"文字选项"选项组的"对正"下拉列表中选择"右"选项，在"文字样式"下拉列表中选择"工程字"选项，在"高度"数值框中输入"3.5"。确认"注释性"复选框在选中状态，单击"确定"按钮，完成创建"标高"属性。将属性和图形共同创建为"建筑标高"图块后，单击"插入"选项卡→"块"面板→"插入"按钮，在"名称"下拉列表中单击选择"建筑标高"，并单击"确定"按钮，在绘图区域任意拾取一点，在提示输入标高时输入"-0.900"，编辑完毕后的块如图7-24所示。

图7-24 插入后的标高图块

3. "属性定义"对话框详细说明

"不可见"指属性在屏幕上的图形中不显示。

"固定"指该属性已经给出属性值，不可修改。

"验证"指属性在插入块时，软件会自动出现信息框，提示验证属性值的正确性。

"预设"指该属性在插入块时，属性值设置为默认值。

"锁定位置"指此属性在块中的位置是固定的。

"多行"指该属性包含多行文字。

"标记"指该属性的代号。

"提示"指在插入包含此属性定义的块时，软件将显示信息框进行提示。

"默认"指默认属性值，也可以输入字段。

7.2.2 创建块之前属性的编辑

1. 命令功能

首先绘制图形，然后创建属性。进入创建属性命令的方法如下：

1）命令行：在命令行中键盘输入完整命令 DDEDIT，并按 Enter 键或空格键确认。

2）鼠标左键双击属性。

7.2.2 制作块

2. 操作演示

有一个浴缸创建好了属性但未定义到块中，如图7-25所示，双击其中的"名称"属性，软件自动弹出"编辑属性定义"对话框,如图7-26所示。在此对话框中,对属性的标记、提示、默认3个特性进行编辑,但是不能对其模式、文字特性等进行编辑。

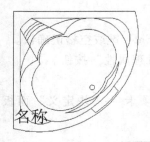

图7-25 已有的浴缸平面图和创建好的属性

图7-26 "编辑属性定义"对话框

7.2.3 创建块之后属性的编辑

当属性和图形块结合在一个块中,对块进行编辑的同时,即可对属性进行编辑。

1. 命令功能

进入编辑块的命令的方法如下:

1)命令行:在命令行中键盘输入完整命令EATTEDIT并按Enter键或空格键确认。

2)菜单栏:单击"插入"选项卡 → "块"面板 → "编辑属性"下拉按钮 → "单个"按钮。

3)鼠标左键双击附带属性的块。

2. 操作演示

有一个附带3个属性的转角浴缸图块,鼠标左键双击,弹出"增强属性编辑器"对话框,如图7-27所示,其中可以对属性的值、文字选项、特性进行编辑,但是不能对其模式、表示、提示进行编辑。如果修改了属性值其中的某些可显示的项目,那么屏幕图形中显示出来的属性将在被编辑后有相应变化。

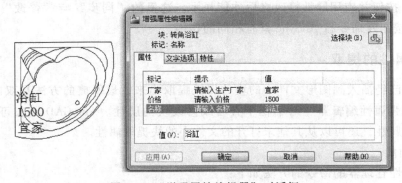

图7-27 "增强属性编辑器"对话框

7.2.4 块属性管理器

块属性管理器的功能比属性编辑器更为强大,通过它,可以将图形文件中图块的属性标记、提示、值、模式（除"固定"之外）、文字选项、特性等进行编辑，还可以调整插入块时提示属性的顺序。

1．命令功能

进入块属性管理器的命令的方法如下：

1) 命令行：在命令行中键盘输入完整命令 BATTMAN 并按 Enter 键或空格键确认。

2) 菜单栏：单击"插入"选项卡 →"块定义"面板 →"管理属性"按钮。

2．操作演示

对上图中的转角浴缸进行块属性的定义，单击"插入"选项卡 →"块定义"面板 →"管理属性"按钮，弹出对话框，如图7-28所示。

图7-28 "块属性管理器"对话框

使用对话框右侧区域的"上移"或"下移"按钮，将顺序调整至"名称""颜色""价格"。重新插入"转角浴缸"图块，鼠标左键双击图块，看到属性的顺序为编辑调整过之后的顺序。

3．"属性定义"对话框详细说明

"块属性管理器"对话框中的"同步"按钮可以更新具有当前定义属性特性的选定块的全部项目，而不影响在每个块中指定给属性的任何值。这步操作的实用意义在于，向已经插入好的块中增加属性，一般方法是重新定义块，已经插入图形的块并不显示新增属性，知道单击"同步"按钮并应用属性修改之后才能显示。这里的"同步"与"修改"工具栏中的"同步属性"按钮及命令行 AttSync 具有相同的作用。

7.2.5 块属性的提取

当需要将已经插入到图形文件中的块的属性提取出来，最便捷的方法是双击插入的块，在弹出的"增强属性编辑器"对话框中查看或修改块的属性。AutoCAD 不仅可以对当前文件中的块提取属性，还可以从其他未打开的文件中的块提取属性。

1．命令功能

进入块属性管理器的命令的方法如下：

1) 命令行：在命令行中键盘输入完整命令 DATAEXTRACTION 并按 Enter 键或空格键确认。

2) 命令行：在命令行中键盘输入完整命令并按 Enter 键或空格键确认。

3) 菜单栏：单击"工具"选项卡 →"链接和提取"面板 →"提取数据"按钮。

第7章 图块与外部参照工具

2. 操作演示

有一个住宅建筑标准层平面布置图，右侧套型内布置了家具，如图7-29所示。图形中的家具等都是带有属性的块，需要计算其价格时，则应先将属性提取，再进行统一计算。

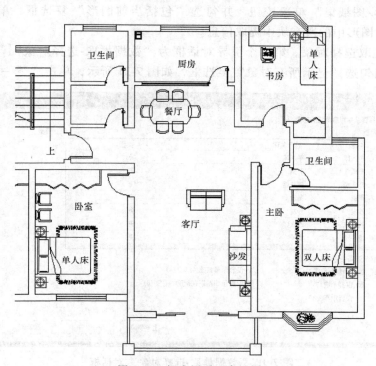

图7-29 标准层平面布置图

（1）打开"数据提取"对话框。单击"工具"选项卡→"链接和提取"面板→"提取数据"按钮。此时软件弹出数据提取的引导对话框，如图7-30所示，从第一个"开始"开始，选择"创建新数据提取"单选按钮，单击"下一步"按钮。

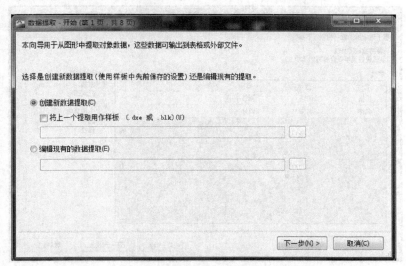

图7-30 "数据提取-开始"对话框

（2）将数据提取另存。第二个引导对话框为"将数据提取另存为"，在文件名文本框中默认为 7-2.dxe，单击"保存"按钮。

（3）选择数据源。第三个引导对话框为"数据提取-定义数据源"，选择"数据源"选项组中的"图形/图纸集"单选按钮，并勾选"包括当前图形"复选框，单击"下一步"按钮，则从当前图形中的所有块中提取信息。

（4）数据提取选择对象。第四个引导对话框为"数据提取-选择对象"，单击"仅显示块"按钮，取消勾选"显示所有对象"复选框，如图7-31所示，单击"下一步"按钮。

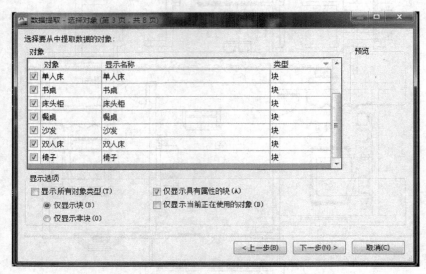

图 7-31 "数据提取-选择对象"对话框

（5）选择特性。第五个引导对话框为"数据提取-选择特性"，在"类别过滤器"中勾选"属性"复选框，取消其他项目的勾选，接着在"特性"列表中勾选"价格"复选框，取消其他项目的勾选，如图7-32所示，单击"下一步"按钮。

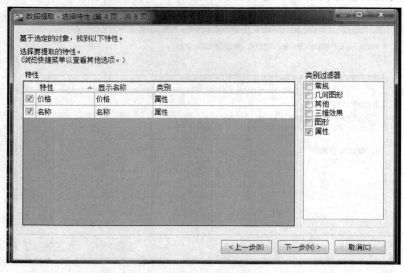

图 7-32 "数据提取-选择特性"对话框

(6) 优化数据。第六个引导对话框为"数据提取-优化数据",属性的查询结果都显示在列表中,如图 7-33 所示,如果要对列进行重新排序,鼠标左键单击列名称并进行左右拖动即可,单击"下一步"按钮。

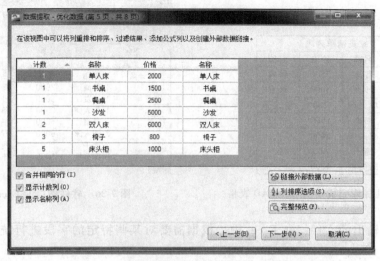

图 7-33 "数据提取-优化数据"对话框

(7) 选择输出。第七个引导对话框为"数据提取-选择输出",勾选"将数据提取处理表插入图形"复选框,可以将属性提取到软件的表中,再勾选"将数据输出至外部文件"复选框,可以将属性提取到如 Excel 等其他类型的外部文件。单击"…"按钮,在弹出的"另存为"对话框的"文件类型"下拉列表中选择需要输出的文件类型(本案例演示中选择"*.xls"),在"文件名"文本框中输入保存的路径及文件名,单击"保存"按钮回到"选择输出"主对话框,单击"下一步"按钮。

(8) 表格样式。第八个引导对话框为"数据提取-表格样式",在"输入表格的标题"文本框中输入"家具清单列表",然后选择表格的样式,如图 7-34 所示,单击"下一步"按钮。

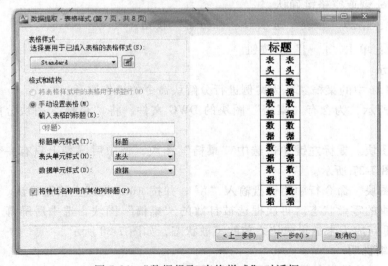

图 7-34 "数据提取-表格样式"对话框

（9）完成。第九个引导对话框为"数据提取-完成"，单击"完成"按钮，软件弹出引导命令，单击"是"按钮，在屏幕上指定插入表的位置，如图7-35所示。

图7-35　属性提取完成后的 AutoCAD 表格　　　　图7-36　软件输出的 Excel 表格

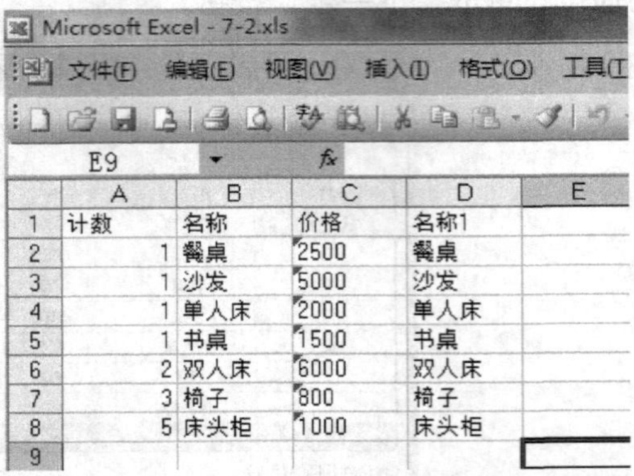

（10）打开输出的文件，在 Excel 中，根据需要对某些特定的字段进行统计计算，如图7-36所示。

7.3　修改与编辑图块

7.3.1　分解块

7.3.1　分解块

将块从一个整体分解为原始组成的单独零散的图元。
1. 命令功能
进行分解块的命令操作有以下三种：
1）命令行：在命令行中键盘输入完整命令"EXPLOED"或者快捷命令"X"，并按 Enter 键或空格键确认。
2）菜单栏：单击"修改"选项卡→"分解"按钮。
3）工具栏：单击" "形按钮。
2. 操作演示
继续以 7.1.1 中的桌椅家具为案例进行分解块命令的操作演示。
如图7-37所示，为含有"桌椅"图块的 DWG 文件，将"桌椅"图块分解。操作步骤如下：
（1）原始图块。鼠标左键单击选中"桌椅"图块，选中后屏幕上只有一个编辑点，即块的基点，如图7-37所示。
（2）分解图块。命令行中用键盘输入"X"，并按 Enter 键或空格键确认。
（3）原图块的零散状态。再次框选被打散的"桌椅"图块，选中后屏幕上出现多个编辑点，即图块重新成为未编辑成块之前的零散状态，如图7-38所示。
3. 命令详细说明
当图块被分解为零散的图元之后，就不再是一个整体，而可以对其进行单独的编辑操作。如果在创建块的时候不勾选"允许分解"复选框，则创建后的块无法被分解。一次使用分解命令只能分解一级的块，如果是多级的块嵌套在一起，则需要逐级进行分解。

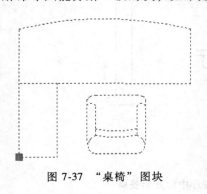

图 7-37 "桌椅"图块

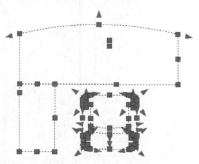

图 7-38 打散后的"桌椅"图块

7.3.2 重定义块

当块被分解后，在屏幕上显示为一组零散的图元，可以单独编辑。而块库中的定义是不受到影响的，即当再次插入这个块的时候，依然是一个没有被编辑修改过的整体。

如果需要改变块库中的图块，需要将其重新定义，以完成块库中的修改。再次插入则成为重新定义的块。

重新定义的块可以是分解后进行编辑修改的，例如修改其图形、颜色、线型、线宽等特性，也可以是完全重新绘制的；除了图形的修改，还要重新定义插入点的位置。

如果块被重新定义，那么之前被插入过的块都会作相应调整。

1. 命令功能

进入重新定义块的命令操作与创建块相同，有以下三种：

1）命令行：在命令行中键盘输入完整命令"BLOCK"，或输入快捷命令"B"，并按 Enter 键或空格键确认。

2）菜单栏：单击"修改"选项卡 → "对象"面板 → "块说明"按钮。

7.3.2 重定义块

3）工具栏：单击" "形按钮。

但是激活命令后，需要在选择块名是，点出"名称"下拉列表中的需要编辑修改的已有块的名称。

2. 操作演示

下面以一个居住建筑基本层的平面布置为实例进行块的重定义操作演示。居住建筑标准层平面左侧套型部分的餐厅里布置了一张餐桌，显示的餐桌都是方形的，每张桌子配 4 张椅子，如图 7-39 所示。

如果要将此设计更改为圆形的，并不需要对每个图块都进行编辑修改操作，只需要使用块的重新定义命令即可。步骤如下：

（1）找到圆心。选择方形餐桌的块，屏幕上显示出块的插入点（蓝色夹点）为餐桌的几何中心，即矩形的对角线交点。重新定义的块的基点是圆形餐桌的圆心，只需要打开对象捕捉，找到圆心即可。

（2）绘制新的圆桌图形。选择餐桌椅图块，按下"Ctrl+1"组合键打开"特性"窗口，

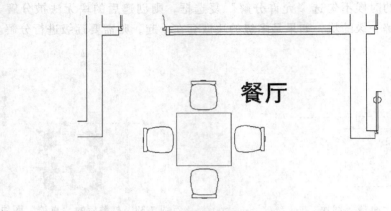

图 7-39　居住建筑标准层左侧套型餐厅中的方形餐桌

找到"名称"按钮，可以看到方形餐桌椅的块名为"方形餐桌"，单击"×"按钮，关闭特性窗口。并在原来正方形中画一个内接圆，作为新的圆桌图形。

（3）创建块。单击"插入"选项卡→"块定义"面板→"创建块"下拉按钮→"创建块"按钮，此时软件自动弹出"块定义"对话框，在"名称"下拉列表中选择"方形餐桌"选项，此时用鼠标左键单击"基点"选项组中的"拾取点"按钮，即软件在提示需要拾取一个坐标点作为这个块的基点，这时打开对象捕捉功能，拾取圆形餐桌的圆心作为块的基点，如图 7-40 所示。完成拾取后，软件自动回到"块定义"对话框。

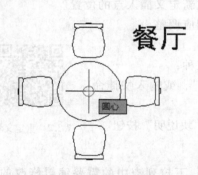

图 7-40　拾取到圆形餐桌的圆心作为基点

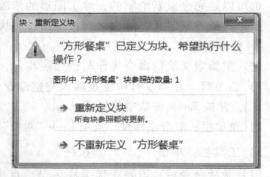

图 7-41　"块-重新定义块"对话框

（4）重新定义块。单击"对象"选项组中的"选择对象"按钮，这时使用鼠标左键窗选取圆形餐桌的所有相关图元，按 Enter 键或空格键确认，回到"块定义"对话框，单击"确定"按钮。此时软件自动弹出"块-重新定义块"信息框，如图 7-41 所示，单击"重新定义块"按钮，确定所做的操作。

（5）完成。此时屏幕上的居住建筑标准层平面图中，则"方形餐桌"图块由原来的方形餐桌更新为圆形餐桌。

3. 命令详细说明

创建块的原始图元如果都位于 0 层，那么重新定义的块的图元也应放在 0 层，则当这个块插入到其他图层或改变例如颜色、线型、线宽等特性时，重定义的块将继续保留更改过的特性。

7.3.3 在位编辑块

块的编辑修改定义除了以上的块的重新定义以外,还有可以通过"在位编辑"工具直接修改块库中的块定义。在位编辑不必分解块,不必重新拾取块的基点,也不必寻找原始图元所在的图层,而是可以直接对块进行编辑的快捷方式。

1. 命令功能

进入块编辑器的命令操作有以下两种:

1)命令行:在命令行中键盘输入完整命令"REFEDIT",并按 Enter 键或空格键确认。

2)以鼠标左键选中块后,单击鼠标右键,在弹出的快捷菜单中选择"在位编辑块"命令。

2. 操作演示

继续以上述的居住建筑标准层平面中的餐桌来演示如何进行块的操作。要在已经有的方形餐桌图形文件中增加一个圆形转盘。使用块的在位编辑方法完成这个编辑,步骤如下:

(1)参照编辑。以鼠标左键选中块后,单击鼠标右键,在弹出的快捷菜单(图 7-42)中选择"在位编辑块"命令,弹出"参照编辑"对话框,此对话框中显示出要编辑的块名为"方形餐桌"。

图 7-42 右键点击块后弹出的快捷菜单

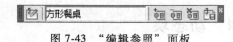

图 7-43 "编辑参照"面板

(2)块编辑状态。确定所选对象正确无误后,鼠标左键单击"确定"按钮,此时软件进入参照和块编辑状态,除了块定义的图元外,其他图元都呈灰色,除了当前编辑的块以外其他的相同的块也不显示。同时,屏幕上功能区当前标签右侧出现"编辑参照"面板,如图 7-43 所示。

(3)保存参照编辑。在命令行中键盘输入画图命令"C",以餐桌的几何中心为圆心，绘制一个半径为 200mm 的圆形表示为转盘。完成对块定义的修改后，单击"编辑参照"面板→"保存修改"按钮，如图 7-44 所示，在弹出的信息提示对话框中单击"确定"按钮，以上修改结果被保存到块的定义中。修改完成后的图形如图 7-45 所示。

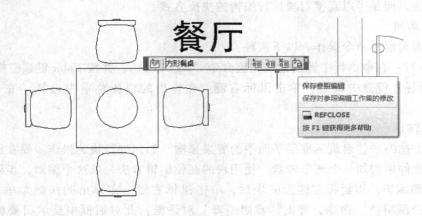

图 7-44 "保存参照编辑"按钮

3. 命令详细说明

如果所编辑的块中还有嵌套的块，"参照编辑"对话框中的"参照名"文本框中还将显示块嵌套的树形结构，选择是编辑当前的根块还是嵌套进去的子块。

比较以上两个操作演示的例子，可以得出，在一般情况下，当已经绘制完成一个可以替代块的图形后，使用重新定义块的图形比较方便；当对块进行简单修改而没有替代块的图形时，使用在位编辑块更为方便。在实际工程操作中，应根据当前情况进行命令的选择。

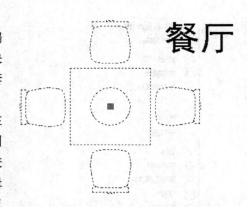

图 7-45 在位编辑修改完成后的块

AutoCAD 2011 还有块编辑器的功能，由于主要为动态块的创建而设计，因此在后续的动态块章节中详述。

7.4 动态块

动态块在 AutoCAD 2006 以前版本的软件中没有出现，但是它的出现为设计图形的绘制提供了便捷的途径。动态块功能可以减少大量的重复工作，减少图库中的块的数量，也便于管理和控制。由于动态块的灵活性和智能性等特征，它的使用可以无需创建外形类似而尺寸不同的图块，而是只需创建部分几何图形即可定义创建其他相似形状和尺寸的块所需要的所有图形。

7.4.1 动态块的使用

1. 动态块特性介绍

7.4 动态块

动态块几何图形的更改，是通过自定义夹点或自定义特性来操作完成的，不需要搜索另一个块以插入或重定义现有的块，而根据需要即可在位调整块参照。

当插入动态块以后，在块的指定位置处出现动态块的夹点，单击夹点既可改变块的位置、尺寸、方向、可视性等特性，也可增加块的几何约束。

动态块的夹点有 6 种类型，分别代表不同的特性及相应的操作方式。绘图时，可以根据自定义夹点和自定义特性来进行操作。夹点类型和操作方式的对应关系如表 7-1 所示。

表 7-1 动态块夹点的 6 种类型

夹点标志	夹点类型	操作方式
	标准夹点	平面内任意方向
	线性夹点	按规定方向移动
	旋转夹点	围绕特定的轴
	翻转夹点	单击后可翻转该块
	对齐夹点	在某个对象上移动时，使块与该对象对齐
	查询或可见性夹点	单击以显示项目列表

2. 操作演示

（1）按规定方向移动。如图 7-46 所示，有一个名为"餐桌椅"的动态块，具有线性特征，其长度尺寸有 800、1200、1600 三种，单击选择这个动态块，对照上表，屏幕上水平方向的左右两侧的夹点显示为线性夹点。单击右边的夹点，并按下鼠标左键进行拖动，可以变换为 800、1200、1600 三种宽度的尺寸，如图 7-46 所示。

（2）动态块的对齐参照。如图 7-47 所示，有一个名为"桌椅"的动态块，单击选择这个块，屏幕显示块中间有一个对齐特性的夹点，鼠标左键单击该夹点并拖动它，可以将桌椅

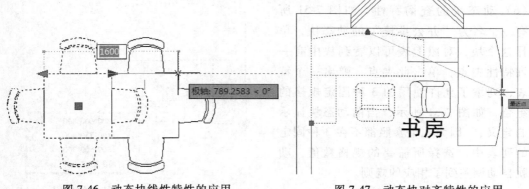

图 7-46 动态块线性特性的应用　　　　图 7-47 动态块对齐特性的应用

从横向的墙面与纵向墙面对齐，如图 7-47 所示。

（3）动态块的角度旋转。如图 7-48 所示，阳台上有一个名为"椅子"的动态块，单击选择这个块，屏幕显示块上有一个旋转特性夹点，鼠标左键单击拖动此夹点，可以将椅子旋转，如图 7-48 所示。

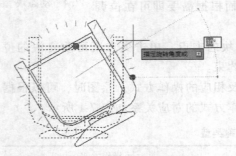 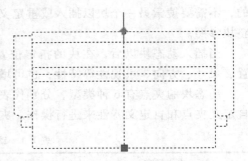

图 7-48　动态块旋转特性的应用　　　　　　图 7-49　动态块翻转特性的应用

（4）动态块的翻转。动态块的翻转即镜像。如图 7-49 所示，有一个名为"沙发"的动态块，单击选择这个块，对照上表，屏幕显示块上有一个翻转特性夹点，鼠标左键单击此夹点，可以将门翻转，效果就像镜像命令，如图 7-49 所示。

（5）动态块的可见性。如图 7-50 所示有一个名为"餐桌椅"的动态块，当不需要显示椅子时，应使用可见性特性。单击选择这个块，对照上表可以看到桌子内侧旁边的查询及可见性特性夹点，单击此夹点，打开可见性列表，选择其中的"桌子"，则椅子不可见，如图 7-50 所示。

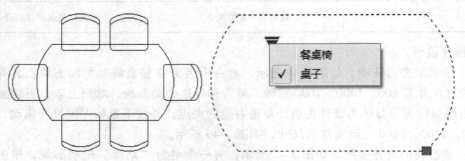

图 7-50　动态块可见性特性的应用

（6）动态块的查询特性。如图 7-51 所示，有一个名为"办公桌椅"的动态块，单击选择这个块，对照上表可以看到块中有一个查询特性夹点，单击此夹点，弹出一个特性列表，列举了允许使用的 3 种固定规格的桌椅组合，如图 7-51 所示，当前动态块显示为"自定义，"因为几个参照都不在 3 种固定规格的列表中，选择所需要的规格数值，动态块就自动调整到了相应的规则。

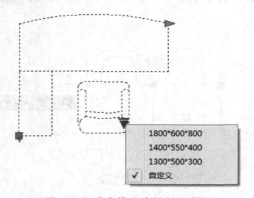

图 7-51　动态块查询特性的应用

7.4.2 块编辑器

块编辑器是 AutoCAD 2006 以后版本新增的工具,其使用方法与块的在位编辑相似,它会打开一个专门的编辑器而不是在原来的图形上进行编辑。

进入块编辑器的方法有以下三种:

1)命令行:在命令行中键盘输入完整命令"BEDIT",或输入快捷命令"BE",并按 Enter 键或空格键确认。

2)菜单栏:单击"工具"选项卡→"块编辑器"钮。

3)鼠标左键选中块,单击鼠标右键,在弹出的快捷菜单中选择"块编辑器"命令。

7.4.3 动态块的创建

动态块创建的要点在于,要对已经创建好的普通块在块编辑器中进行进一步编辑。

在创建动态块之前预先设定动态块的可改变对象,即哪些可以更改或移动以及将如何更改;然后绘制图元或引用现有块定义;第三设置块元素相互之间的关联性,因为在向块定义添加动作时,要将动作与参数及几何图形的选择集相关联;接着添加参数和动作,如线型、旋转或对齐、翻转等参数或与几何图形相关联的动作;最后定义动态块参照的操作方式并保存。

1. 命令功能

进入动态块创建的命令操作有以下三种:

1)命令行:在命令行中键盘输入完整命令"BEDIT",或输入快捷命令"BE",并按 Enter 键或空格键确认。

2)菜单栏:单击"工具"选项卡→"块编辑器"按钮。

3)单击鼠标左键选中块,在块上单击鼠标右键,在弹出的快捷菜单中选择"块编辑器"命令。

2. 操作演示

操作案例 1 如图 7-52 所示为一个"餐桌椅"的图块,如果需要在实际操作中创作不同规格的桌椅,则可以创建一个动态块。假设需要创建的桌椅的尺寸有 800×800、800×1200、800×1500 这 3 种,分别是方形、矩形、长条餐桌。操作步骤如下:

(1)添加宽度可变的参数。单击"插入"选项卡→"块定义"面板→"块编辑器"按钮,激活块编辑器,弹出"编辑块定义"对话框。在"要创建或编辑的块"列表中选择"桌椅"选项。单击"确定"按钮。

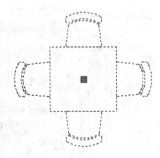

图 7-52 "餐桌椅"图块

(2)进入块编辑器状态,如图 7-53 所示。在这个状态中,屏幕颜色变为灰色,功能区自动切换到"块编辑器"选项卡,增加"块编写"选项板。选项板中有 4 个选项卡,分别是"参数""动作""参数集""约束"。此时要为动态块选择一个参数作为可变量,这时增加一个水平方向线性变化的参数。

(3)添加参数。单击"块编写"选项板的"参数"选项卡的"线性"按钮,激活"线性参数"添加命令,如图 7-54 所示,命令行提示:

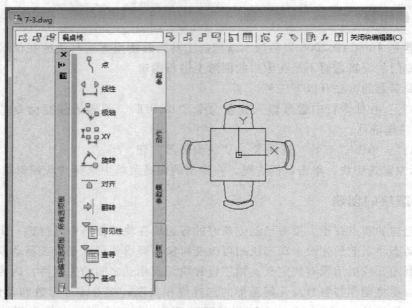

图 7-53 块编辑器状态

命令:_BParameter 线性

指定起点或[名称(N)/标签(L)/链(C)/说明(D)/基点(B)/选项板(P)/值集(V)]:(此时操作:借助对象捕捉功能,拾取桌子图形的左上角点作为起点)

指定端点:(此时操作:拾取桌子图形的右上角点作为端点)

指定标签位置:(此时操作:向上拉出一个合适的标签位置)

完成添加参数后的图形如图 7-55 所示。

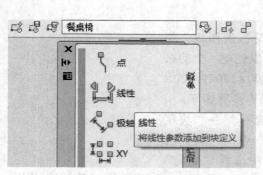

图 7-54 选中线性参数按钮

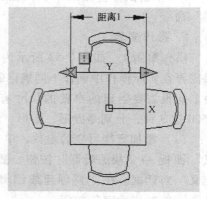

图 7-55 添加完线性参数的图形

(4)为参数添加动作。对于此案例演示,桌子和椅子需要添加不同的动作,因为对于桌子宽度来讲,应该是被拉伸,但是对于配套的椅子来说,只有当桌子的宽度变换到 1500 时,才能增加为两张椅子。因此,桌子添加为拉伸动作,而椅子添加为阵列动作。

将"块编写"选项板切换为"动作"选项卡,单击选项板中的"拉伸"按钮,激活"拉伸动作"命令,命令行提示如下(括号中为对应的操作):

命令：_BACTIONTOOL 拉伸

选择参数：(此时操作：选择图 7-55 中添加的"距离 1"参数)

指定要与动作关联的参数点或输入[起点(T)/第二点(S)]<第二点>：(此时操作：借助对象捕捉功能，拾取桌子图形的右上角点)

指定拉伸框架的第一个焦点或[圈交(CP)]：(此时操作：拾取图 7-56 中的黑色长矩形的右上角点)

指定对角点：(此时操作，由右上角向左下角拉出矩形，将桌子的及其右侧的椅子部分选中)

指定要拉伸对象：

选择对象：指定对角点，找到 23 个(此时操作：将图 7-56 黑色矩形选框中的桌子右半侧选中，并选中右侧的椅子)

选择对象：(此时操作：按 Enter 键或空格键确认)

（5）为上下的两把椅子添加阵列动作。单击选项板的"阵列"按钮，激活"阵列动作"的添加命令，命令行提示如下（括号中为对应的操作）：

命令：_BACTIONTOOL 阵列

选择参数：(此时操作：选择图 7-55 中添加的"距离 1"参数)

指定动作的选择集

选择对象：指定对角点，找到 32 个对角点(此时操作：鼠标左键窗选上下两把椅子)

选择对象：(此时操作：按 Enter 键或空格键确认)

完成添加参数后的餐桌椅图形上角出现两个动作图标，光标移动至此处屏幕即显示"拉伸"、"阵列"，如图 7-57 所示。

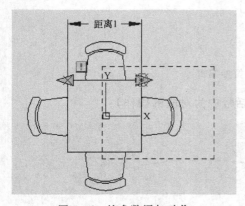

图 7-56　给参数添加动作

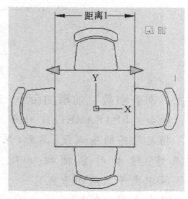

图 7-57　完成动作添加后的图形

（6）固定某些参数的值，如桌子的宽度，是不可改变的，固定在 800。选择图形中的"距离 1"参数，按下"Ctrl+1"组合键，弹出"特性"窗口，找到"值集"选项组中的"距离类型"，在下拉列表中选择"列表"项，此时的"值集"变为只有"距离类型"和"距离值列表"两项。鼠标左键单击"距离值列表"旁的"…"按钮，弹出"添加距离值"对话框，将 800、1200、1500 添加进去，如图 7-58 所示。单击"确定"按钮关闭对话框。

（7）保存并结束动态块的创建。关闭"特性"窗口，单击"块编辑器"选项卡→"打开/保存"面板→"保存块"按钮；单击"块编辑器"选项卡→"关闭"面板→"关闭块编辑器"按钮。

创建完成后,当再次选择图块,鼠标左键拖动线性夹点进行修改,则可以拉伸为3种尺寸,当长度到1500时,横向的椅子增加为两把,如图7-59所示。

操作案例2 如图7-60所示,有一个"桌椅"的图块,要为其增加对齐特性。这一特性不需要动作配合。操作步骤如下:

(1) 激活块编辑器。单击"插入"选项卡→"块定义"面板→"块编辑器"按钮,激活块编辑器,弹出"编辑块定义"对话框,在"要创建或编辑的块"列表中选择"桌椅"选项。单击"确定"按钮。

(2) 调用对齐参数。单击"块编写"选项板的"参数"选项卡中的"对齐"按钮,

图7-58 "添加距离值"对话框

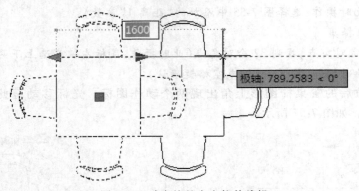

图7-59 动态块的夹点拉伸编辑

调用"对齐参数"的添加命令,命令行提示如下(括号中为对应的操作):

命令:_BPARAMETER 对齐

指定对齐的基点或[名称(N)](此时操作:借助对象捕捉功能,拾取图7-60中桌子上沿的中点)

对齐类型=垂直

指定对齐方向或对齐类型[类型(T)]<类型>(此时操作:借助正交功能,拾取图7-60中桌子上沿中点右侧任意一点)

(3) 保存并结束动态块的创建。关闭"特性"窗口,单击"块编辑器"选项卡→"打开/保存"面板→

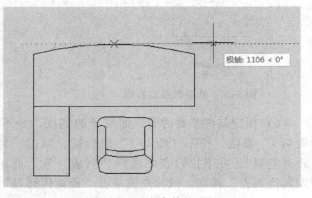

图7-60 对齐参数的添加

"保存块"按钮;单击"块编辑器"选项卡 → "关闭"面板 → "关闭块编辑器"按钮。

创建完成后,当再次选择图块,鼠标左键拖动桌椅上沿中点的对齐夹点,使之与纵向的墙壁对齐,如图7-61。

操作案例3 如下图有一个"单人椅"的图块,在实际操作中,需要对之进行旋转。需要添加参数和动作。操作步骤如下:

(1) 编辑块定义。单击"插入"选项卡 → "块定义"面板 → "块编辑器"按钮,激活块编辑器,弹出"编辑块定义"对话框,在"要创建或编辑的块"列表中选择"办公桌椅"选项。单击"确定"按钮。

(2) 调用旋转集。单击"块编写"选项板的"参数"选项卡中的"旋转集"按钮,调用"旋转集"的添加命令,命令行提示如下(括号中为对应的操作):

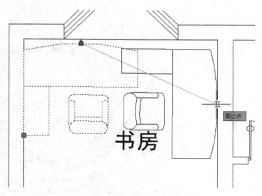

图7-61 将动态块与右侧的墙对齐

命令:_BPARAMETER 旋转

指定对齐的基点或[名称(N)](此时操作:借助对象捕捉功能,拾取图7-62中椅子上沿的中点)

对齐类型=垂直

指定起点或[名称(N)/标签(L)/链(C)/说明(D)/基点(B)/选项板(P)/值集(V)](此时操作:借助对象捕捉功能,拾取椅子的几何中心作为旋转基点)

指定参数半径:300

指定默认旋转角度或[基准角度(B)]<0>:0

(3) 设定椅子旋转角度的范围及旋转增量。选择"角度1"参数,按下"Ctrl+1",打开"特性"窗口,找到"值集"选项组中的"距离类型",在下拉列表中选择"增量"选项,然后在"角度增量"中输入"10",在"最小角度"框中输入"-90",在"最大角度"框中输入"+90",并关闭"特性"窗口。

(4) 选择旋转对象。在"动作"选项板中选择"旋转"动作,此时窗选椅子的所有组成图元,按 Enter 键确认。

(5) 保存并结束动态块的创建。单击"块编辑器"选项卡 → "打开/保存"面板 → "保存块"按钮;单击"块编辑器"选项卡 → "关闭"面板 → "关闭块编辑器"按钮。

创建完成后,当再次选择图块,鼠标左

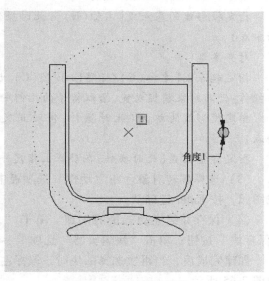

图7-62 添加旋转集

键拖动椅子上的旋转夹点，可以将椅子在（-90，+90）内以10°的增量进行旋转，如图7-63所示。

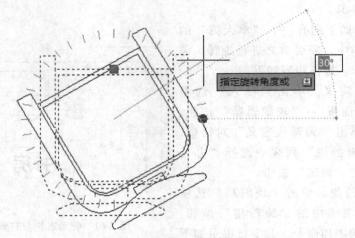

图7-63 调整椅子的角度

操作案例4 如图7-64中有一个"双人沙发"的图块，在实际操作中，需要对之进行镜像。需要添加参数。操作步骤如下：

（1）激活块编辑器。单击"插入"选项卡→"块定义"面板→"块编辑器"按钮，激活块编辑器，弹出"编辑块定义"对话框，在"要创建或编辑的块"列表中选择"办公桌椅"选项。单击"确定"按钮。

（2）调用翻转集。单击"块编写"选项板的"参数"选项卡中的"翻转集"按钮，调用"翻转集"的添加命令，命令行提示如下（括号中为对应的操作）：

命令：_BPARAMETER 翻转

指定投影线的基点或 [名称（N）]（此时操作：借助对象捕捉功能，拾取图7-64中椅子上沿的中点）

对齐类型=垂直

指定起点或 [名称（N）/标签（L）/链（C）/说明（D）/基点（B）/选项板（P）/值集（V）]（此时操作：借助对象捕捉功能，拾取椅子的几何中心作为翻转基点）

指定投影线的端点（此时操作：借助正交功能，拾取图7-64中椅子上沿中点右侧任意一点）

指定标签位置（此时操作：在屏幕上指定一个合适的标签位置）

（3）选择翻转对象。在"动作"选项板中选择"翻转"动作，此时窗选沙发的所有组成图元，按Enter键确认。

（4）保存并结束动态块的创建。单击"块编辑器"选项卡→"打开/保存"面板→"保存块"按钮；单击"块编辑器"选项卡→"关闭"面板→"关闭块编辑器"按钮。

创建完成后，当再次选择图块时，鼠标左键拖动沙发上的翻转夹点，可以将沙发镜像，如图7-65所示。

操作案例5 如图7-66所示，有一个餐桌椅的图块，在实际操作中，插入块时不需要显示餐椅而只需要显示餐桌。操作步骤如下：

第7章　图块与外部参照工具

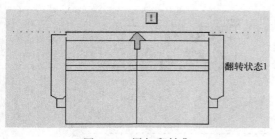

图 7-64　添加翻转集

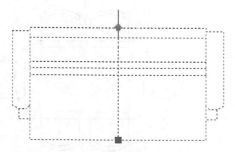

图 7-65　翻转双人沙发

（1）激活块编辑器。单击"插入"选项卡→"块定义"面板→"块编辑器"按钮，激活块编辑器，弹出"编辑块定义"对话框，在"要创建或编辑的块"列表中选择"桌椅"选项。单击"确定"按钮。

（2）调用"可见性集"的添加命令。单击"块编写"选项板的"参数集"选项卡中的"可见性集"按钮，调用"可见性集"的添加命令，在块中椅子的右上角位置任意拾取一点，出现"可见性"图标。

（3）修改可见性状态。右键单击此图标，在弹出的快捷菜单中选择"可见性状态"对话框，如图 7-66 所示。单击"重命名"按钮，将"可见性状态 0"修改为"餐桌椅"。

（4）创建可见性状态。单击"新建"按钮，弹出"新建可见性状态"对话框，点击"在新状态中保持现有现象的可见性不变"按钮，创建"桌子"的可见性状态，如图 7-67 所示，单击"确定"按钮，回到主对话框，并单击"确定"结束编辑。

（5）餐桌椅的可见性。"可见性"面板的"可见性状态"下拉列表中选择"餐桌椅"选项，单击"可见性"面板中的"使可见"，此时交叉选择椅子图形，按 Enter 键确认。

（6）不可见状态。"可见性"面板的"可见性状态"下拉列表中选择"餐桌"选项，单击"可见性"面板中的"使不可见"，此时交叉选择椅子图形，按 Enter 键确认。餐椅在屏幕上消失。

（7）保存并结束动态块的创建。单击"块编辑器"选项卡→"打开/保存"面板→"保存块"按钮；单击"块编辑器"选项卡→"关闭"面板→"关闭块编辑器"按钮。

创建完成后，当再次选择图块，鼠标左键单击椅子上的可见性夹点，在可见性列表中选择"餐桌"，则餐椅不显示，再选择"餐桌椅"，则餐桌椅全部显示（图 7-68）。

图 7-66　"可见性状态"对话框

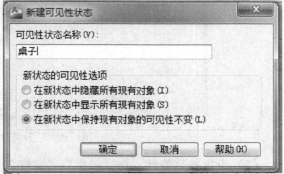

图 7-67　"新建可见性状态"对话框

219

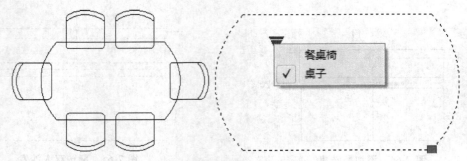

图 7-68 隐藏动态块中的椅子

操作案例 6 如图 7-69 所示,有一个"书桌椅"的图块,需要添加查询特性。已知书桌椅的尺寸有如下 3 种:1300×500×300,1400×550×400,1800×600×800。操作步骤如下:

(1)激活块编辑器。单击"插入"选项卡→"块定义"面板→"块编辑器"按钮,激活块编辑器,弹出"编辑块定义"对话框,在"要创建或编辑的块"列表中选择"书桌椅"选项。单击"确定"按钮。

(2)调用添加命令。单击"块编写"选项板的"参数集"选项卡中的"查寻集"按钮,调用"查寻集"的添加命令,在块中桌子的右上角位置任意拾取一点。

(3)添加查寻动作的参数。需要对此动态块的长度、宽度、矮柜长度的 3 个线性拉伸特性添加到查寻动作中。鼠标右键单击"查寻 1"参数下面的查寻动作图标,在弹出的快捷菜单中选择"显示查询表"命令,弹出"特性查寻表"对话框,如图 7-69所示。

(4)添加参数特性。单击"查寻特性"按钮,软件弹出"添加参数特性"对话框,按下"Ctrl"键将参数特性列表中的特性名称为"长度""宽度""矮柜长度"的参数特性选中,然后单击"确定"按钮,回到"特性查寻表"对话框。

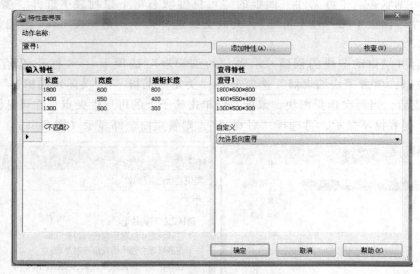

图 7-69 "特性查寻表"对话框

(5)设置查寻特性。在"长度""宽度""矮柜长度"的参数列表选择已知的家具尺寸,在"查寻特性"文本框中填写查寻名称,如图 7-69 所示。在"查寻特性"的"查寻"

列表中,最下面的一项设置不要设置为"只读",应该为"允许反向查寻",单击"确定"按钮结束编辑。

(6)保存并结束动态块的创建。单击"块编辑器"选项卡→"打开/保存"面板→"保存块"按钮;单击"块编辑器"选项卡→"关闭"面板→"关闭块编辑器"按钮。

创建完成后,当再次选择图块,鼠标左键单击桌子上的查寻夹点,在查寻列表中显示3种尺寸及一个"自定义"尺寸的办公桌,如图7-70所示,此时可以根据需要,鼠标左键点击选择合适的尺寸。

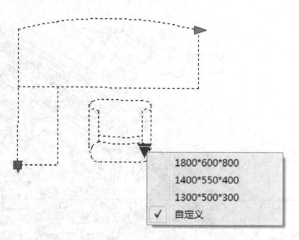

图7-70 完成动态块设定后的查寻列表

7.5 外部参照

上述的块的插入,是一种将图形文件插入到另一文件中的方法,插入的块成为当前图形中的一个组成部分,插入的图形和原来的图形文件不再有联系。AutoCAD还有一种将图形文件插入到另一文件中的方法,即插入外部参照,将当前图形和另一个图形链接起来,记录参照的关系,而插入的图形并不直接加入到当前图形中。

外部参照与块的区别在于:当作为块的原始图形发生改变时,插入的块并不改变,以外部参照插入,当原始图形发生改变时,插入的外部参照相应改变。因此,包含有外部参照的图形能反映每个外部参照文件最新的修改编辑情况。但是在当前图形下,是无法编辑外部参照图形的,如果想编辑外部参照图形,必须打开原始的图形文件。外部参照也无法在当前图形分解。但是外部参照可以附加、覆盖、连接或更新。

7.5.1 插入外部参照

1. 命令功能

插入外部参照的命令操作有以下三种:

1)命令行:在命令行中键盘输入完整命令"XREFERENCE",或输入快捷命令"XREF",并按 Enter 键或空格键确认。

2)菜单栏:单击"插入"选项卡→"外部参照"命令。

3)工具栏:单击工具栏中的" "形按钮。

系统将弹出"外部参照管理器"对话框。

2. 操作演示

图7-71所示为一个居住小区详细规划设计总平面图。要在其中插入一个图框的外部参照。

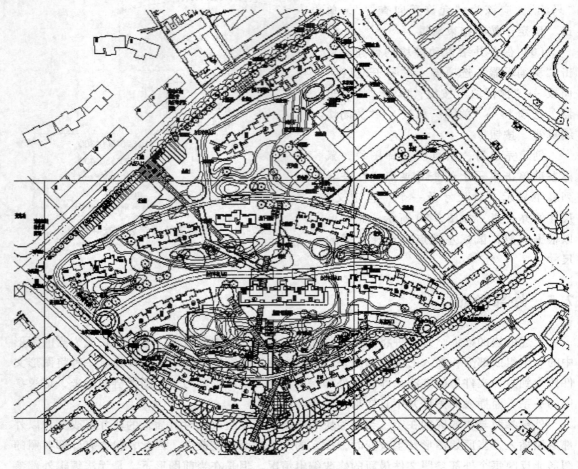

图 7-71 居住小区详细规划设计总平面图

（1）打开外部参照管理器。在命令行中键盘输入完整命令"XREFERENCE"，或输入快捷命令"XREF"，并按 Enter 键或空格键确认。软件弹出"外部参照管理器"对话框。

（2）选择参照文件。单击"附着"下拉列表框，如图 7-72 所示，选择附着文件的类型，系统弹出"选择参照文件"对话框，如图 7-73 所示。选择地形文件所在的路径及文件名，选定文件后，单击"打开"按钮，则系统将显示"附着外部参照"对话框，如图 7-74 所示。由此对话框选择外部参照的名称，此时选择"tk"；确定后返回"附着外部参照"对话框，引用类型（附加或覆盖），此时选择"附着型"，加入图形时的插入点、比例旋转角度以及是否包含路径。

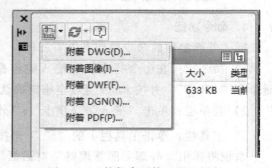

图 7-72 "外部参照管理器"图标

第7章　图块与外部参照工具

图 7-73　"选择参照文件"对话框

图 7-74　"附着外部参照"对话框

（3）完成附加。单击"确定"按钮，完成对外部参照的附加。

完成附加外部参照的命令后，屏幕上显示的当前文件中出现了图框，如图 7-75 所示。

3．"外部参照管理器"对话框的详细说明（图 7-76）

参照名：外部参照文件的参照名可以与原文件相同，也可以不同。如果要改变名称，则双击该名称，或按下 F2 键，对文件进行重命名。

状态：显示外部参照文件的状态，可以是 Loaded（已经加载）、Unloaded（未加载）、Unreferenced（没有参照）、Unresolved（没有处理）、Orphaned（单独的）、Not Found（未找到）。

大小：显示外部参照文件的大小。

类型：表明外部参照文件的方式，是绑定还是覆盖。

日期：表明外部参照图形最后修改的时间。

保存路径：显示关联的外部参照文件的保存路径。

7.5.2　绑定外部参照

如果要将引用的外部参照图形成为当前文件中所包含的一部分，而不再是参照关系，则

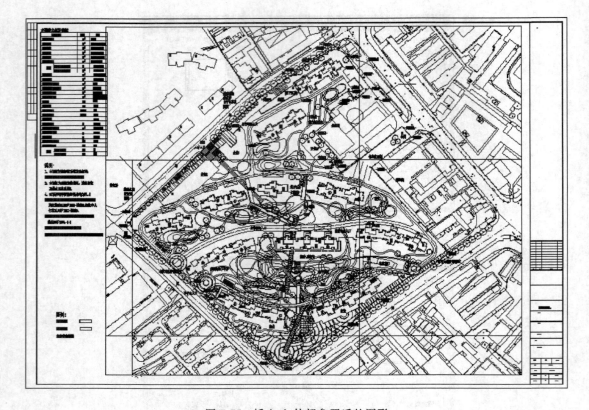

图 7-75 插入 tk 外部参照后的图形

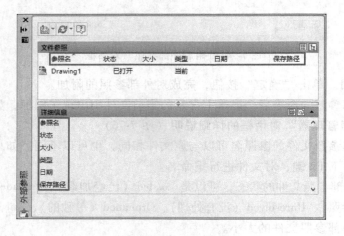

图 7-76 "外部参照管理器"对话框

可以运行"绑定外部参照"命令，则外部参照文件成为当前图形的一个普通的块，外部参照文件本身的编辑修改，不再造成在当前文件中的绑定外部参照图形的改变。

1. 命令功能

单击"参照"工具栏中的"外部参照绑定"按钮，打开"外部参照绑定对话框"。

2. 操作演示

如图 7-71 所示有一个居住小区详细规划设计总平面图，要在其中绑定一个图框文件的外部参照。

（1）打开外部参照绑定对话框。单击"参照"工具栏中的"外部参照绑定"按钮，打开"外部参照绑定"对话框，如图 7-77 所示。

7.5.2 外部参照添加

（2）绑定外部参照。单击外部参照名称前的"+"号，系统将展开其中所包含的项目，指定所需连接的符号类型，在"外部参照"列表中找到"tk"文件，然后单击"添加"，即将"图框"加入"绑定定义"列表框中。

（3）完成。单击"确定"按钮，完成绑定外部参照命令及设置。

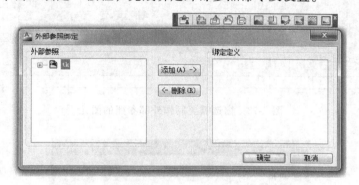

图 7-77 "外部参照绑定"对话框

7.5.3 外部参照文件的设置

外部参照文件的设置过程比较简单，类似于块的设置。

1. 命令功能

1）命令行：在命令行中键盘输入完整命令"WBLOCK"，或输入快捷命令"W"，并按 Enter 键或空格键确认。

2）菜单栏：单击"插入"选项卡→"外部参照"命令。

3）工具栏：单击工具栏中的" "形按钮。

2. 操作演示

要将"地形"文件设置为外部参照文件。

（1）关闭不相关图层。如图 7-78 所示有包含道路网系统的图形文件，并关闭其他与道路网不相关图层。

（2）选择外部参照。鼠标左键交叉选择所有道路边界线与说明文字，如图 7-78 所示，并输入命令 W。

（3）完成设置。软件弹出对话框，设置外部参照文件所保存的路径及文件名，如图 7-79 所示，单击"确定"按钮，完成设置。

这时，打开刚才保存文件的路径，发现多了一个 dwg 图形文件，如图 7-80 所示，即已经设置的外部参照。

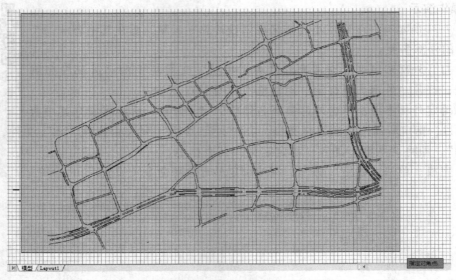

图 7-78 窗选需要制作外部参照的图元

图 7-79 "写块"对话框

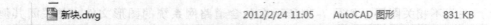

图 7-80 完成制作的外部参照

7.5 CAD 平面图库—办公桌椅

7.5 CAD 平面图库—茶几

7.5 CAD 平面图库—床

7.5 CAD 平面图库—电
 7.5 CAD 平面图库—螺钉
 7.5 CAD 平面图库—屏风壁炉

 7.5 CAD 平面图库—沙发
 7.5 CAD 平面图库—书架柜子
 7.5 CAD 平面图库—体育用品

 7.5 CAD 平面图库—小饰品装饰画
 7.5 CAD 平面图库—写字台
 7.5 CAD 平面图库—椅子

7.6 本章练习

1. 在插入图块时，若比例系数为负值，则表示该插入的图像为镜像图吗？

2. 插入图块时，图块名前用或不用"*"号前缀是不同的吗？

3. 关于块的正确描述是什么？

4. 如何启动创建外部块的命令？

5. 绘制练习图 7-1 所示的线框，使用 WBLOCK 命令将此线框写入文件"new block.dwg"中，并定义该文件的插入点为 A 点，然后绘制练习图 7-2 所示的线框，并插入块文件，结果如练习图 7-3 所示。

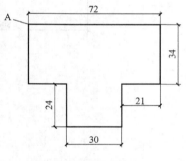

练习图 7-1

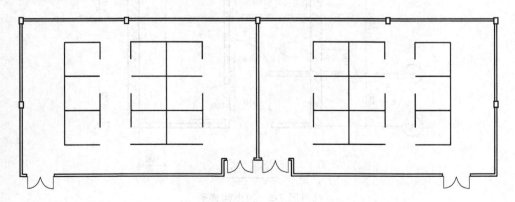

练习图 7-2

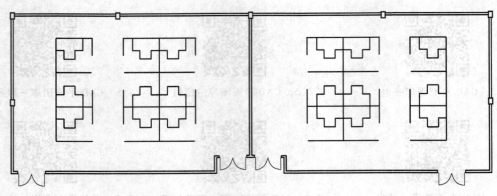

练习图 7-3

6. 请把练习图 7-4 中的浴盆和坐便器分别作图块，并均插入练习图 7-5 卫生间样图中。

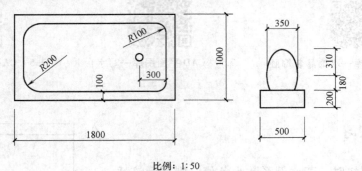

比例：1∶50

练习图 7-4　浴盆和坐便器

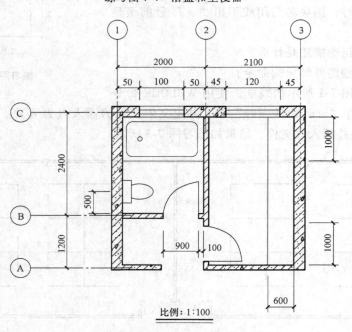

比例：1∶100

练习图 7-5　卫生间详图

7. 绘制练习图 7-6 所示的粗糙度和锥度符号，并分别将其创建成带属性的图块保存（粗糙度值和锥度值设为属性内容），然后插入练习图 7-7 所示的图形中，结果如练习图 7-8 所示。

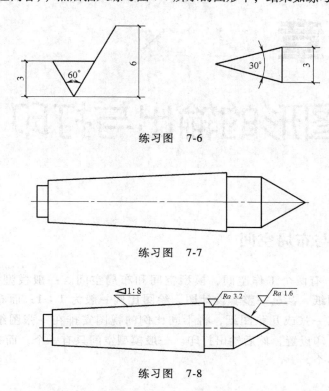

练习图 7-6

练习图 7-7

练习图 7-8

8. 绘制练习图 7-9 所示的图框，将图框创建成动态块，使用该动态块时，可以选择图幅大小，能提示用户输入图样的名称、绘图比例、材料、设计者姓名及设计单位等项目。

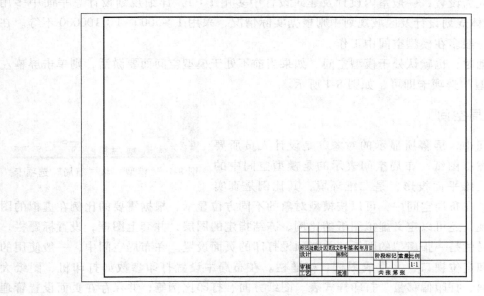

练习图 7-9

第 8 章

图形的输出与打印

8.1 模型空间与布局空间

在 AutoCAD 中，有两个工作空间，模型空间和布局空间。一般模型空间是设计空间，其中可以放置多张图纸，甚至一整套设计图，绘图比例一般为 1∶1；而布局空间是表现空间，可以单独针对某一张或几张图纸，将不同比例的视图安排在一张图纸上，进行尺寸标注、套图框，进行打印设置，然后输出打印。一般模型空间只有一个，而布局空间则可以根据打印的需要设置多个。

8.1.1 模型空间

模型空间中，屏幕所显示的对象，是设计人员所绘制的设计图形及模型，是三维环境，其比例可以人为设置，一般室内设计及建筑设计中多用 1∶1，详细规划设计总平面中多用 1∶1000，总体规划设计及区域规划中则根据实际情况，采用 1∶5000～1∶100000 不等。在设计阶段，一般多在模型空间中工作。

软件启动时，也默认处于模型空间。如果当前不处于模型空间而要激活，则单击屏幕左下方的"模型"选项卡即可，如图 8-1 所示。

8.1.2 布局空间

布局空间中，屏幕所显示的对象，是设计人员所要打印出图的虚拟图纸，布局空间表示的是模型空间中三维对象的二维平面投影，是二维环境，其比例是真实图纸的比例。在布局空间中，可以按模型对象的不同方位显示，根据需要的比例在虚拟的图纸中进行表现，还可以定义虚拟图纸的比例、冻结指定的图层，并套上图框，设置标题栏。

图 8-1 "模型"与"布局"选项卡

一个布局就是一张虚拟的图纸，并能预设打印的页面设置。在布局空间中，一般使用的命令是创建和定位视口，并生成图框、标题栏。在布局中设置打印参数如打印机、图纸大小、打印范围、打印偏移量、打印样式表、图纸方向、打印比例等，并保存在页面设置管理器中。

8.1.3 空间的切换

模型空间和布局空间的互相切换，只要单击选择绘图区域的左下方"模型"或"布局"选项卡即可。

一个 DWG 文件中可以有多个布局，而模型空间只有一个。鼠标右键单击布局选项卡，在弹出的快捷菜单中选择相应的选项，即可对已经创建的布局进行复制、删除、重命名、编辑。

8.1.3 模型和布局切换

8.2 设置打印样式

打印样式通过确定如线宽、颜色、填充样式等打印特性，来控制对象或布局的打印方式，共有颜色相关和命名两种打印样式。打印样式可以从打印样式表中获取。

打印样式表中收集了多组打印样式，都显示在打印样式管理器窗口中。打印样式表也可以附加在布局和视口中，它保存了打印样式的设置。一个图形只能使用一种打印样式表，这取决于开始画图以前采用的是与颜色相关的样板文件还是与命名打印样式有关的样板文件，但是两者间可以互相转换，也可以在设定了图形的打印样式表类型之后，更改所设置的类型。

8.2.1 颜色相关打印样式表

在软件中，是无法直接指定对象的颜色相关打印样式的，而必须更改对象的颜色，如图形文件中被指定为白色的对象均以相同的方式打印。颜色相关打印样式表，对象的颜色确定如何对其进行打印，这些打印样式表文件的扩展名为".ctb"。

颜色相关的打印样式表中可以选择 255 个打印样式，每个样式关联一种颜色，这些信息存储在样式一中，其打印样式表中包含 255 种基于 ACI（AutoCAD Color Index）颜色的列表，每种颜色都分配了打印特性以确定彩色图元的打印方式。

颜色相关类型的打印样式不能添加、删除或重命名，以 ctb 为后缀名保存在 Plot Style 文件夹中。

8.2.2 命名打印样式表

打印样式表可以是图形中的每个对象以不同颜色打印，与对象本身的颜色无关。命名打印样式列表使用直接指定给对象和图层的打印样式，这些打印样式表文件的扩展名为".ctb"。

用户可以创建命名打印样式表，以便运用新打印样式的所有灵活特性。创建打印样式表时，可以完全自己设置，也可以修改现有打印样式表，即从现有 CFG、PCP 或 PC2 文件输入样式特性。

8.2.3 样式管理器

在打印样式表中，可以定义打印样式的真实特性，并将它附着到模型选项卡、布局或视口中。通过指定不同的打印样式表在视口中，可以创建不同的打印图纸。打印样式表存储在与设备无关的打印样式表（.STB 文件）中。

1. 命令功能

菜单栏：在菜单浏览器中选择"打印"→"管理打印样式"命令。

2. 操作演示

（1）打开"打印样式"文件夹。在菜单浏览器中选择"打印"→"管理打印样式"命令，打开"打印样式"文件夹。所有的打印样式表都有相应的名称和代表其类型的图标。

（2）添加打印机样式表向导。在"打印样式"文件夹中双击"添加打印机样式表向导"，单击"下一步"按钮。

（3）选择添加方式。在"开始"页面下选择添加方式。

（4）确定打印样式表类型。确定打印样式表类型后，单击"下一步"按钮。

（5）完成。在"文件名"对话框中输入打印样式表的名称，命名样式表文件的扩展名为".stb"，颜色相关样式表的扩展名为".ctb"，单击"确定"按钮完成创建打印样式表。

3. "添加方式"详细说明

从头开始：软件将创建全新的打印样式表。

使用一个存在的打印样式表：软件将以现有的命名打印样式表为起点，创建新的命名打印样式表，其中包含原有打印样式表中的样式。

使用 AutoCAD R14 打印设置：软件将使用 acad.16.cfg 文件中的画笔来指定信息以创建新的打印样式表。当没有 PCP 或 PC2 文件，而又需要输入时，则应选择此项。

使用 PCP 或 PC2 文件：使用 PCP 或 PC2 文件中存储的画笔指定信息来创建新的打印样式表。

8.2.4　打印样式表编辑器

在打印样式管理器中，当选中某个"打印样式"文件后，软件弹出这个文件的"打印样式表编辑器"对话框，如图 8-2 所示。其中有"常规""表视图""表格视图"3 个选项卡。

8.2.4　打印样式设置

图 8-2　"打印样式表编辑器"对话框

常规：列出的是打印样式文件的总体信息。

表视图：以表格的形式列出样本文件下所有的打印样式，其中任一打印样式都可以进行更改。

表格视图：单击该卡后有3个区域，分别为"打印样式"（以列表形式列出打开样式文件所包含的全部打印样式）、"特性"（用于修改打印样式的各项设置）、"说明"（打印样式说明）。

8.3 布局的页面设置

使用布局进行打印出图之前，首先要创建布局。

8.3.1 创建布局的方法

1. 命令功能

8.3.1 创建布局

创建布局的命令操作有以下四种：

1) 菜单栏：单击"插入"选项卡 → "布局" → "创建布局向导"。
2) 命令行：在命令行中键盘输入完整命令"LAYOUTWIZARD"，并按 Enter 键或空格键确认。
3) 选项卡：右键单击"布局"选项卡，新建一个布局。
4) 设计中心：通过设计中心，从已经创建好的布局的模板文件或已有文件中拖入当前文件。系统将弹出"外部参照管理器"对话框。

2. 操作演示

有一个建筑平面图形需要打印。操作步骤如下：

（1）新建图层。在图层管理器中，新建一个名称为"视口"的图层。

（2）创建布局。在命令行中输入"LAYOUTWIZARD"，启用布局向导命令，软件弹出第一个对话框"创建布局-开始"。在"输入新布局的名称"文本框中输入"建筑平面"，如图8-3所示，单击"下一步"按钮。

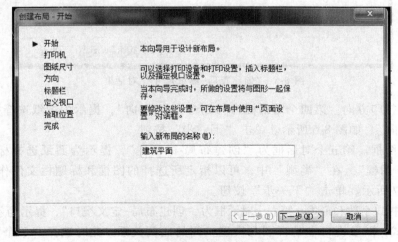

图8-3 "创建布局-开始"对话框

(3)选择打印机。第二个对话框为"创建布局-打印机",提示为新布局选择打印设备,此时选择虚拟打印机"Postscript level 1.pc3",如图 8-4 所示。单击"下一步"按钮。

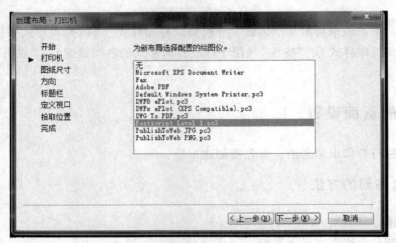

图 8-4 "创建布局-打印机"对话框

(4)选择图纸尺寸。第三个对话框为"创建布局-图纸尺寸"对话框,提示为布局中的图形选择图纸大小及单位,此时选择单位为"毫米",图纸尺寸选择"ISO A3",如图 8-5 所示。单击"下一步"按钮。

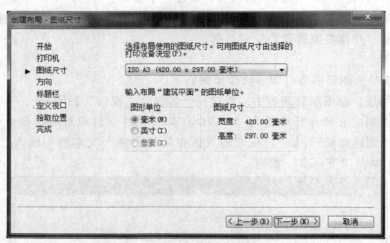

图 8-5 "创建布局-图纸尺寸"对话框

(5)选择打印方向。第四个对话框为"创建布局-方向",提示为图纸选择打印的方向,此时选择"横向",如图 8-6 所示。单击"下一步"按钮。

(6)选择图框。第五个对话框为"创建布局-标题栏",提示为图纸选择标题栏,此时单击选择"A3 图框",在"类型"中,可以指定所选择的图框和标题栏文件作为块或外部参照,如图 8-7 所示。单击"下一步"按钮。

(7)选择视口个数和形式。第六个对话框为"创建布局-定义视口",提示为新布局选择视口的个数和形式,以及视口中的视图与模型空间的比例关系。此时选择"单个",比例选择

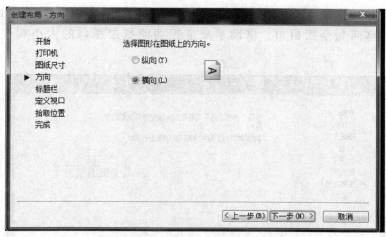

图 8-6 "创建布局-方向"对话框

"1:1",即把模型空间的图形按 1:1 显示在视口中,如图 8-8 所示。单击"下一步"按钮。

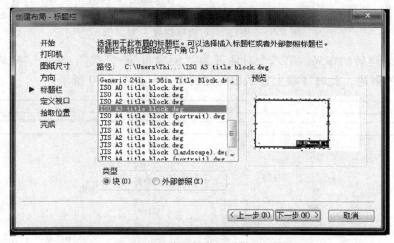

图 8-7 "创建布局-标题栏"对话框

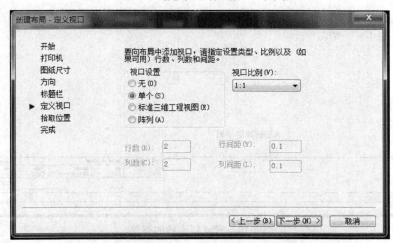

图 8-8 "创建布局-定义视口"对话框

（8）指定视口大小和位置。第七个对话框为"创建布局-拾取位置"，此时单击"选择位置"按钮，屏幕回到绘图窗口，借助对象捕捉功能指定视口的大小和位置，如图 8-9 所示。

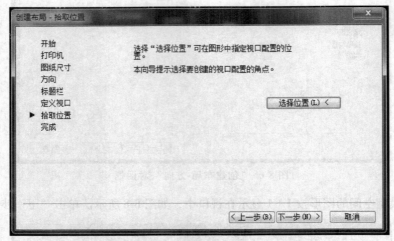

图 8-9 "创建布局-拾取位置"对话框

（9）完成创建后的布局。第八个对话框为"创建布局-完成"，单击"完成"按钮完成新布局及视口的创建，此时屏幕上显示出创建的布局，如图 8-10 所示。

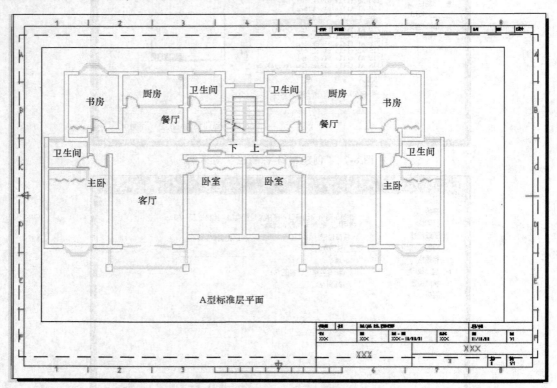

图 8-10 完成创建后的布局

3. "创建布局"的详细说明

如果在打印时只打印视图而不打印视口边框，则将视口边框所在的图层设置为"不打印"，则视口边框在布局中可见，而打印时不出现。同时，还需要检查确认标题栏所在的图层不在"视口"图层上，否则也将不打印。

8.3.2 建立多个浮动视口

浮动视口是指 AutoCAD 将显示图纸空间的坐标系图标，在视口中双击，可以在布局空间操作模型空间的图形。

浮动视口的数量和形状都没有严格规定，用户根据需要在一个布局中创建多个视口，每个视口根据需要来表现模型空间中的设计图形。

1. 命令功能

创建视口的方式有如下两种：

1）菜单栏：单击"视图"选项卡 → "视口"面板 → "新建视口"按钮，如图 8-11 所示。

2）命令行：在命令行中键盘输入完整命令"VPORTS"，并按 Enter 键或空格键确认。

此选项卡中，有"剪裁""命名"等按钮；有"矩形"的下拉列表，包括"矩形""多边形""从对象"按钮。

2. 操作演示

操作案例 1　单个视口

有一个建筑平面图需要创建视口。操作步骤如下：

（1）在图层管理器中，将"视口"设置为当前图层。

（2）单击"建筑平面"选项卡，进入布局空间。

（3）视口创建完成。单击"视图"选项卡 → "视口" → "新建视口"鼠标左键在布局原有视口下方拉出一个矩形区域，屏幕显示如图 8-12 所示。单个视口就创建完成。

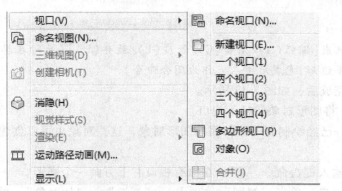

图 8-11　"视口"选项卡

操作案例 2　创建多边形视口

1）有些图纸中，视口不一定是矩形的，创建多边形视口的操作步骤如下：

单击"视图"选项卡 → "视口" → "多边形视口"按钮。

2）命令窗口提示如下信息：

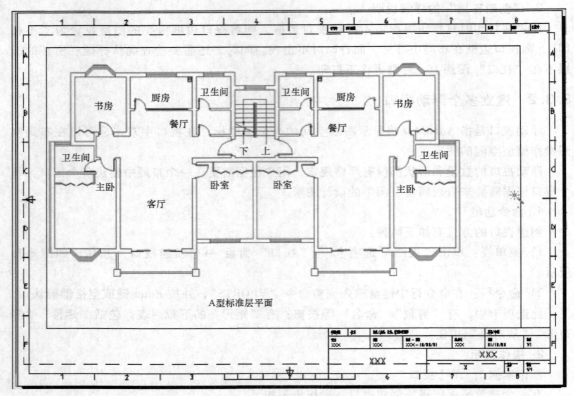

图 8-12 新建的矩形视口

命令:_-VPORTS

指定视口的角点或[开(On)/关(Off)/布满(F)/着色打印(S)/锁定(L)/对象(O)/多边形(P)/回复(R)/图层(La)/2/3/4]

<布满>:_P

指定起点:

指定下一个点或[圆弧(A)/闭合(C)/长度(L)/放弃(U)](此时在屏幕上原有视口右上方依次绘制一个多边形,完成后键入 c 作为闭合命令)

多边形绘制完成后,如图 8-13 所示。

操作案例 3 将图形对象转换为视口

有些图纸中,已经绘制好一些封闭的图形对象,这些对象也可以创建为视口,操作步骤如下:

(1) 画圆。输入键盘命令"C",在原有视口右下方画一个圆形。

(2) 转换为视口。单击"视图"选项卡→"视口"→"从对象",单击选择刚才画的圆形,则圆形中出现了模型空间中已经绘制好的图形,如图 8-14 所示。

8.3.3 调整视口的显示比例

在打印工程图纸时,需要使用规范的比例输出图纸,可以在状态栏右侧的比例下拉列表中调节当前视口的比例,也可以选定视口后使用"特性"选项板进行调整。

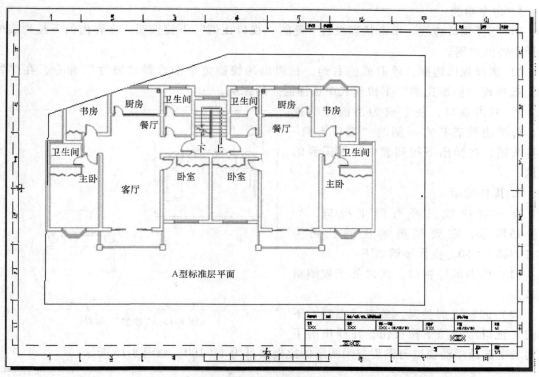

图 8-13 新建的多边形视口

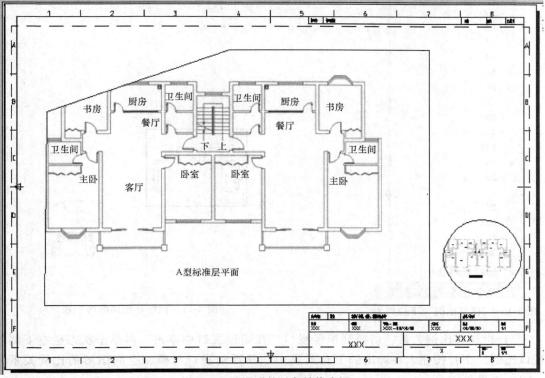

图 8-14 从圆形的对象转换为视口

1. 命令功能

1）选择视口边框，单击状态栏右下侧的"视口比例"下拉按钮，在弹出的下拉列表中选择需要的比例。

2）选择视口边框，单击鼠标右键，在弹出的快捷菜单中选择"特性"命令，在"特性"选项板"标准比例"下拉列表中选择需要的比例。

3）双击视口，使它成为当前浮动视口，再单击状态栏右下侧的"视口比例"下拉按钮，在弹出下拉列表中选择需要的比例。

2. 操作演示

有一套沙发已经有两个视口，如图8-15所示，需要调整的比例分别为1∶100和1∶50。操作步骤如下：

（1）单击圆形视口，使之处于被编辑状态。

（2）调整比例关系。单击状态栏右下侧的"视口比例"下拉按钮，在弹出的下拉列表中选择浮动视口与模型空间图形的比例关系为1∶100，如图8-16所示。

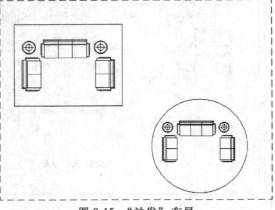

图8-15 "沙发"布局

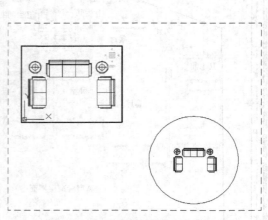

图8-16 "视口比例"下拉列表　　　图8-17 调整好比例的两个视口

（3）再调整比例关系。切换到矩形视口，在矩形视口中单击，再单击状态栏右下侧的"视口比例"下拉按钮，在弹出的下拉列表中选择浮动视口与模型空间图形的比例关系为1∶50，如图8-17所示。

（4）形成局部放大的视图。单击"导航"面板中"平移"按钮（或者直接按住鼠标滚轮），将右下角里面部分显示在视口内，使之成为一个局部放大的视图。

（5）回到布局空间。在没有视口的布局区域内双击，回到布局空间，此时布局的视口比例已经调整成需要出图的状态，如图 8-18 所示。

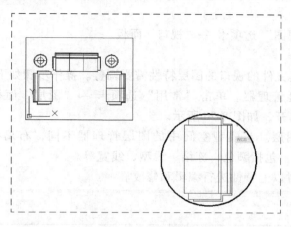

图 8-18　放大后的视口

8.3.4　视口的编辑与调整

可以通过移动、删除、复制等命令对浮动视口进行编辑，也可以通过调整视口的大小形状，或者剪裁视口边界。

1. 删除视口

单击选择视口，键盘输入 ERASE 命令或按"Delete"键删除视口。

2. 移动、复制视口

单击选择视口，键盘输入 MOVE 命令移动视口；单击选择视口，键盘输入 COPY 命令复制视口；单击选择视口，键盘输入 ARRAY 命令阵列视口。

8.3.4　视口的编辑

3. 改变视口尺寸和剪裁视口边界

单击选择视口，编辑边界的夹点改变视口尺寸；右键单击视口，在弹出的快捷菜单中选择"视口剪裁"，对视口边界进行剪裁，如图 8-19 所示。

8.3.4　视口的调整

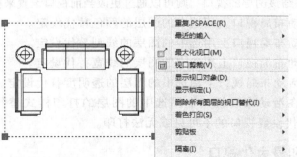

图 8-19　"视口剪裁"命令

8.3.5 布局视口的图层变化

在布局空间中，视口是可以单独编辑图层特性的，即给某个视口指定图层特性，只在该视口显示而不影响其他视口及模型空间。

1. 命令功能

菜单栏：单击"视图"选项卡 →"视口"面板。

2. 操作演示

有一个双人床家具文件的视口的图层特性需要调整。操作步骤如下：

（1）打开图层特性管理器。单击"常用"选项卡 →"图层"面板 →"图层特性"按钮，图层特性管理器打开，如图8-20所示。

（2）布层空间的图层。与模型空间中的图层管理器不同，布局空间的图层都增加了"视口"这一系列选项，包括颜色、冻结、线型、线宽等。

（3）根据需要，对以上特性进行编辑和修改。

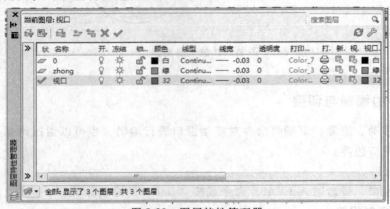

图8-20 图层特性管理器

3. 图层特性选项卡详细说明：

视口冻结：在当前布局视口中冻结或解冻选中的图层，而不影响其他视口的图层可见性。视口冻结的操作与模型空间中图层冻结的操作方式相同。如当前图层在模型空间中处于冻结或关闭状态，则不能在视口中解冻该层。

新视口冻结：选中的图层在新布局视口中将不可见，但是不影响现有视口中该图层的可见性。如果以后创建了需要冻结该图层的视口，则可以通过更改当前视口设置来替代默认设置。

视口颜色：在活动布局视口上用选中的图层的颜色替代设定。

视口线型：在活动布局视口上用选中的图层的线型替代设定。

视口线宽：在活动布局视口上用选中的图层的线宽替代设定。

视口透明度：在活动布局视口上用选中的图层的透明度替代设定。

视口打印样式：在活动布局视口上用选中的图层的打印样式替代设定。其中"概念"和"真实"选项，替代设置视口的不可见或无法打印。

8.3.6 锁定视口和最大化视口

在实际打印操作中，如果不慎改变视口中视图的缩放比例与显示图形，则会破坏布局与模型空间中已经预设的比例关系。而将视口锁定这个功能，则可以防止视口中的图形对象由于误操作而发生比例或显示位置的改变。

最大化视口命令的使用也可以防止视图比例和内容的改变。

1. 锁定视口命令介绍

1）单击要锁定的视口边框，单击鼠标右键，在快捷菜单中选择"显示锁定"→"是"，如图 8-21 所示。

2）单击要锁定的视口边框，单击鼠标右键，在快捷菜单中选择"特性"命令的选项板的"显示锁定"下拉列表中选择"是"选项。

8.3.6 锁定和最大化视口

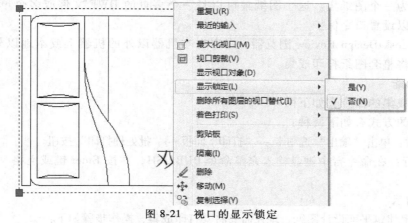

图 8-21 视口的显示锁定

视口锁定后，其中的图形内容和比例都不会在图纸空间或浮动视口内因为编辑命令而改变。

2. 最大化视口命令介绍

单击视口，在状态栏右侧"最大化视口按钮"处单击，修改完成后再单击相同位置的"最小化视口"按钮。

8.3.7 视图的尺寸标注

图纸上的字体大小是按照国家标准执行而固定不变的，而且与图形内容的大小比例无关，同一张图纸上尺寸标注的数字大小、标注样式都是一致的。在尺寸标注样式中可以预先设定标注的大小和样式，也可以利用注释性的特性在模型空间中直接标注尺寸或者直接在布局中标注尺寸。

1. 命令功能

1）在"标注样式管理器"对话框中"修改"对话框"调整"选项卡中的"标注特征比例"选项组中，增加标注样式的注释性设置，如图 8-22 所示。

2）单击"常用"选项卡→"特性"面板→"线型"下拉列表→"其他"选项→打开"线型管理器"→单击"显示细节"按钮→勾选"缩放时使用图纸空间单位"复选框，则布局中将显示正确的线型比例。

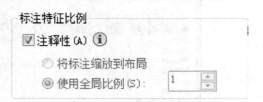

图 8-22 注释特征比例调整

2. 尺寸标注的详细说明

尺寸标注样式是按照国家标准来进行的，其所有参数按图纸上要标注出的真实大小来设置。如尺寸箭头长度为4，尺寸数字字高为3.5。

8.4 图纸集

在打印时选择"DWF6ePlot.pc3"虚拟打印机，即可以将图纸打印到单页的 DWF 文件中，成为图纸集。以上的批处理打印图集技术还可以将一个文件的多个布局甚至多个文件的多个布局打印为一个图纸集。这个图纸集可以是一个多页的 DWF 文件或多个单页 DWF 文件。同时还可以设置口令保护。

使用 Autodesk Design Review 浏览器，可以在本机器以外的机器上或本地以外的地区浏览图集，或者将整套图纸打印成集。

1. 命令功能

打印图纸成集的命令有如下两种：

创建视口的方式有如下两种：

1）菜单栏：单击"输出"选项卡 → "打印"面板 → "批处理打印"按钮。

2）命令行：在命令行中键盘输入完整命令 PUBLISH，并按 Enter 键或空格键确认。

8.4 图纸集

2. 操作演示

有一套住宅建筑平面设计图纸，现在需要将其打印成集，操作步骤如下：

（1）打开发布对话框。单击"文件"下拉菜单中"输出"选项卡 → "打印"面板 → "批处理打印"按钮，软件弹出"发布"对话框，如图 8-23 所示。

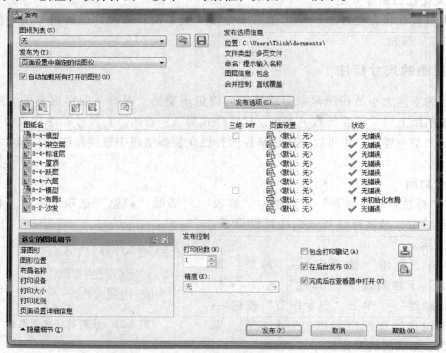

图 8-23 "发布"对话框

第8章　图形的输出与打印

（2）选择需打印的模型。此对话框列出了当前图形模型和所有布局选项卡，将不需要发布的"8-2-沙发"模型选中，单击鼠标右键后在弹出的快捷菜单栏中选择"删除"命令。如果想要将其他图纸一起打印，即多个DWG文件发布到一个DWF文件中，则单击"添加图纸"按钮。

（3）打开发布选项对话框。单击"发布选项"按钮，弹出"发布选项"对话框，如图8-24所示，可以设置DWF文件的默认位置及选项，单击"确定"按钮。

（4）保存文件。回到主对话框，单击"发布"按钮将图纸发布到文件，此时软件弹出"选择DWF文件"对话框，以确定DWF文件的保存路径，之后弹出"发布-保存图纸列表"对话框，单击"是"，随之弹出"列表另存为"对话框，可以将列表保存到一个扩展名为".dsd"的发布列表文件中，下次还可以调用，如图8-25所示。

图8-24　"发布选项"对话框

（5）打印图集。单击"保存"按钮，则软件将图集打印到DWF文件，软件完成打印后，状态托盘显示"完成打印和作业发布"通知。

打印完成后，可以在Autodesk Design Review2011中打开刚才的图集，如图8-26所示。单击屏幕左侧"缩略图"选项卡中的图纸，可以分页浏览图形，也可以连接打印机进行图集打印。

图8-25　"保存图纸列表"对话框

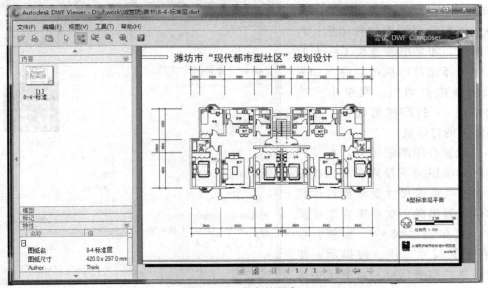

图8-26　发布的图集

建筑CAD

3. 对话框设置详细说明

"发布图形"对话框中列表的排列顺序是将打印的多页 DWF 图纸的排列顺序，需要对此进行调整时，则选中某个布局，单击"上移图纸"或"下移图纸"按钮。

"发布选项"对话框中，可以设置 DWF 文件的默认位置及选项。

8.5 出图

在 AutoCAD 中，既可以在模型空间中进行打印出图，也可以在布局空间中打印出图。

8.5.1 模型空间中打印图纸

如果只打印具有一个视图的二维图形，则可以直接在模型空间中打印设置并进行打印，而不需要进入布局空间，这是比较传统的 CAD 打印图形的方法。

1. 命令功能

打印命令的方式有如下三种：

1）菜单栏：单击"输出"选项卡→"打印"面板→"打印"按钮。

2）命令行：在命令行中键盘输入完整命令"PLOT"，并按 Enter 键或空格键确认。

8.5.1 模型空间打印

3）快捷命令：按下"Ctrl+P"组合键。

2. 操作演示

有一套住宅建筑屋顶平面图，现在需要在模型空间中进行虚拟打印这个文件。操作步骤如下：

（1）激活打印命令。按下"Ctrl+P"组合键，激活打印命令，弹出"打印-模型"对话框，如图 8-27 所示。

（2）选择打印机。在"打印计算机/绘图仪"选项组的"名称"下拉列表中选择所需要的虚拟打印机，打印电子图纸，如果电脑连接了一台打印机，则选择该打印机的名称。如果需要添加虚拟打印机，则单击"文件"菜单栏→打印机管理器，按提示选择需要的打印机。

（3）设置打印图纸尺寸。在"图纸尺寸"选项组的下拉列表中选择纸张尺寸，这些纸张尺寸是根据打印机的硬件信息列出的，如果需要改变图纸尺寸，则单击"特性"按钮，在"用户自定义尺寸"中，按提示一步步设置需要的图纸尺寸。此演示中选择"ISO A3 420×297.00 毫米"。

图 8-27 "打印-模型"对话框

(4）选择打印范围。在"打印区域"选项组的"打印范围"下拉列表中选择"窗口"选项，如图8-28所示。借助对象捕捉功能，选择屏幕中图纸的对角点，并勾选"居中打印"复选框。

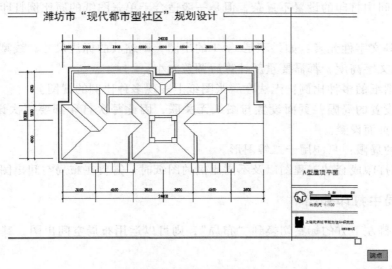

图8-28　打印窗口框选

（5）选择打印比例。取消勾选"打印比例"中的"布满图纸"复选框，在"比例"下拉列表中选择"1：100"，因为工程图的出图，一般是规范的规格，而不是随意布满图纸。

（6）选择打印样式。在"打印样式"的下拉列表中选择"monochrome.ctb"，此打印样式默认为将所有的图元都打印为黑色，是正规的工程图颜色。

（7）预览。单击"预览"按钮，在屏幕上可以看到打印设置完成后的虚拟图纸。如果预览检查后没有问题，则可以打印输出最后的打印设置。

（8）完成打印。单击"确定"按钮，软件弹出"浏览打印文件"对话框提示打印的电子文件所保存的路径及文件名，如图8-29所示。由于已经确定虚拟打印机，因此文件的扩展名无法改变，此时选择需要的路径并键入文件名后，单击"保存"按钮，弹出信息框提示开始打印，打印完成后，状态栏右侧会出现提示信息"完成打印和发布作业"。此时用刚

图8-29　"浏览打印文件"对话框

才保存的路径，即可找到打印的电子文件。

3. 详细说明

在模型空间中打印的设置不复杂，但是一般适合于单张图纸的原比例打印，因为有如下的局限性：

1）标注等文字性元素：如果不是1∶1的出图，则缩放的标注尺寸、线型比例、注释文字和标题栏的文字高度，都需要重新计算后调整大小。

2）同一图纸的多种比例：无法在一张图纸上表现多种比例的视图。

3）页面设置的局限：页面设置与图纸无关联，因此每次打印都要再次设置各项参数，或者重新调用页面设置。

4）图形的局限：只能用于二维图形。

因此，在打印成套的工程图以及不同比例的图纸时，需要在布局空间出图。

8.5.2 布局中打印输出

将软件屏幕左下方的标签切换到"布局"，则可以运用布局空间出图，其命令与模型空间相同。

1. 命令功能

1）菜单栏：单击"输出"选项卡 → "打印"面板 → "打印"按钮。

2）命令行：在命令行中键盘输入完整命令"PLOT"，并按 Enter 键或空格键确认。

3）快捷命令：按下"Ctrl+P"组合键。

2. 操作演示

有一套住宅建筑的建筑初步设计图纸，现在需要将其打印成标准的工程图。操作步骤如下：

（1）激活对话框。将布局选项卡切换为"架空层"，按下"Ctrl+P"组合键，激活打印命令，弹出"打印-架空层"对话框，如图8-30所示。

8.5.2 布局空间打印输出

图 8-30 "打印-架空层"对话框

(2) 打印设置。对话框中显示，打印设备、图纸尺寸、打印区域、打印比例都已经设置完成；如果尚未设置，则将打印样式表设置为"monochrome.ctb"，然后单击"应用到布局"按钮，即保存了打印设置，下次不需重新设置。

(3) 完成打印。单击"确定"按钮，软件弹出"浏览打印文件"对话框提示打印的电子文件所保存的路径及文件名，由于已经确定虚拟打印机，因此文件的扩展名无法改变，此时选择需要的路径并键入文件名后，单击"保存"按钮，弹出信息框提示开始打印，打印完成后，状态栏右侧会出现提示信息"完成打印和发布作业"。此时用刚才保存的路径，即可找到打印的电子文件。

3. 打印设置和页面设置的详细说明

在布局中需要预先做好的打印设置选项，有如下几个：

页面设置：每一个布局都有自己专门的页面设置文件，保存了打印时的具体设置，将设置好的打印方式保存在页面设置文件中，打印时可随时调用。设置完成后单击"添加"按钮，并命名，则将当前设置保存在命名的页面设置中。

打印机/绘图仪：如果计算机已经连接打印机，则单击选择其名称，如果没有连接，则选择虚拟打印机。单击"特性"按钮，弹出"绘图仪配置编辑器"对话框，对打印机的物理特性进行设置，如图8-31所示。

图纸尺寸：打印机确定后，其中的图纸信息会自动调入"图纸尺寸"下拉列表，此时可以选择需要的图纸尺寸，并在"打印分数"文本框中输入需要打印的份数数值。如果需要的尺寸不在列表中，则单击"自定义图纸尺寸"选项，自行设定尺寸，包括图纸大小，页边距等信息。

打印区域：用于确定打印范围，当处于布局空间时，默认设置为"布局"——图纸空间当前的布局；当处于模型空间时，默认设置为"显示"——当前绘图窗口显示的内容；也可以选择窗口——在屏幕上自行确定打印的范围；或图形界限——liMIt命令定义的绘图界限。

打印比例：在"比例"下拉列表中选择需要出图的比例，或自行输入比例数值。

图 8-31 "绘图仪配置编辑器"对话框

打印偏移：用于确定打印区域相对于图纸原点的偏移距离，输入X、Y偏移量；选择"居中打印"时，则软件自动计算偏移量。

打印样式表：选择所需要的打印样式表，或自行创建。

着色窗口选项：从"质量"下拉列表中选择打印精度，也可在打印三维模型时设置"着色"模式，包括按显示（按屏幕的显示保留所有着色）、线框（显示直线和曲线）、消隐（不打印位于其他对象之后的对象）、渲染（先渲染对象再打印）三种模式。

打印选项：打印对象的控制，在"最后打印图纸空间"复选框，若勾选则先打印模型空间图形；打印线宽的控制，在"打印对象线宽"复选框勾选；打印样式的控制，在"按样式打印"复选框勾选；打印戳记的控制，在"打开打印戳记"复选框，按下"打印戳记设置"按钮，在弹出的"打印戳记"对话框中，设置内容和位置，同时保存到 *.pss 参数文件，以后调用，如图 8-32 所示。对象隐藏线的控制，在"隐藏图纸空间对象"复选框勾选。

"图形方向"：选择横向或竖向出图，已经是否反向打印。

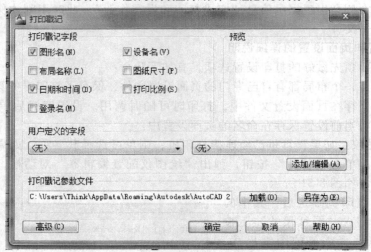

图 8-32 "打印戳记"对话框

4. 页面设置的详细说明

模型空间中，只有一个关联的页面设置文件，而布局则是每一个都有专门的以布局命名的页面设置文件。

在"模型"或"布局"选项卡上单击鼠标右键，弹出的快捷菜单中选择"页面设置管理器"。弹出的对话框如图 8-33 所示。

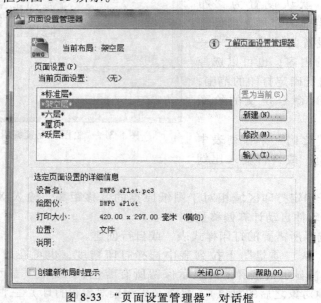

图 8-33 "页面设置管理器"对话框

当前页面设置：当前打开文件中已有的页面设置，每个设置都保存了全部的打印设置，双击则可以调用。

新建：新建一个页面布局，并进行打印设置。

修改：选中一个页面设置文件，并进行编辑修改。

输入：从其他 DWG 图形文件中输入页面设置。

8.5 关于布局

8.6 本章练习

1. 打印绘图的键盘命令是什么？

2. 已知有如练习图 8-1a 所示图形，利用"特性"窗口，修改图中尺寸，修改结果如练习图 8-1b 所示，并设置在 A4 的图纸上打印出图。

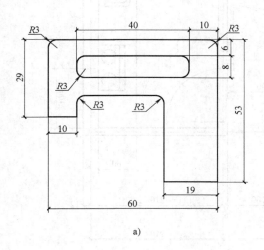
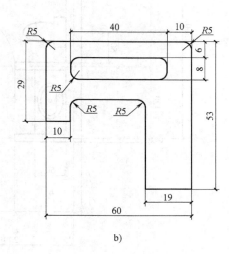

a)   b)

练习图 8-1 图纸打印练习

3. 绘制练习图 8-2 的图形，并打印输出成图片，要求：

图纸幅面：A4

图形放置方向：横向

打印比例：1∶1

打印范围：窗口

打印偏移：居中

4. 绘制并打印练习图 8-3。

5. 绘制并打印练习图 8-4。

6. 绘制并打印练习图 8-5。

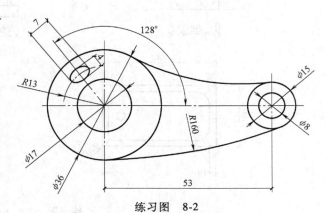

练习图 8-2

建筑CAD

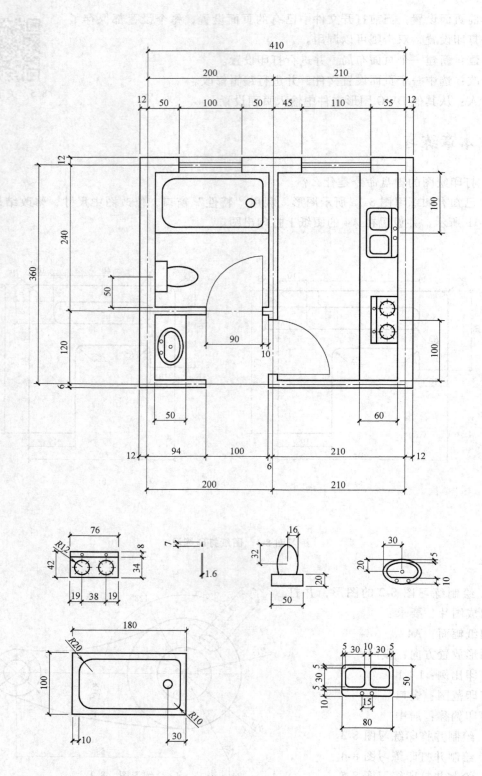

练习图 8-3

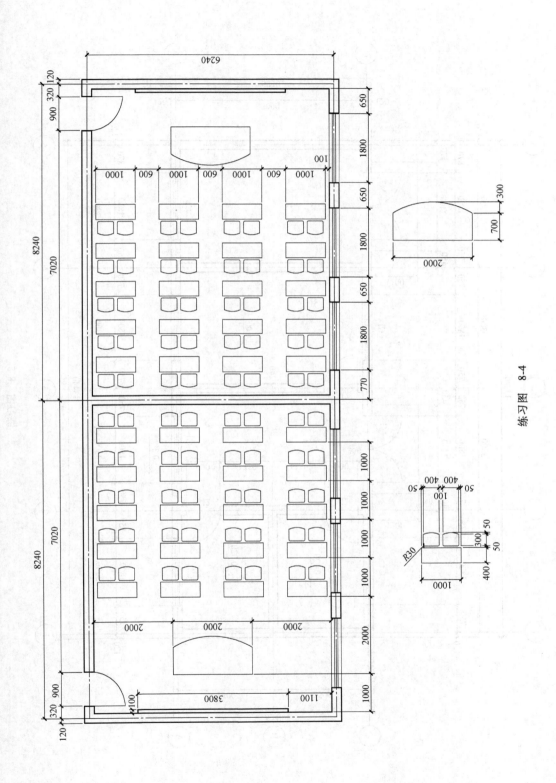

练习图 8-4

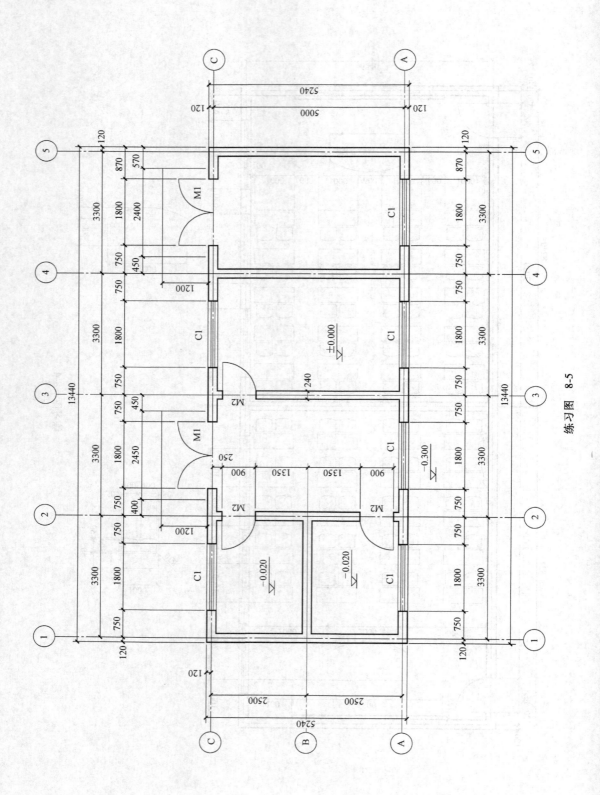

练习图 8-5

7. 绘制并打印练习图 8-6。

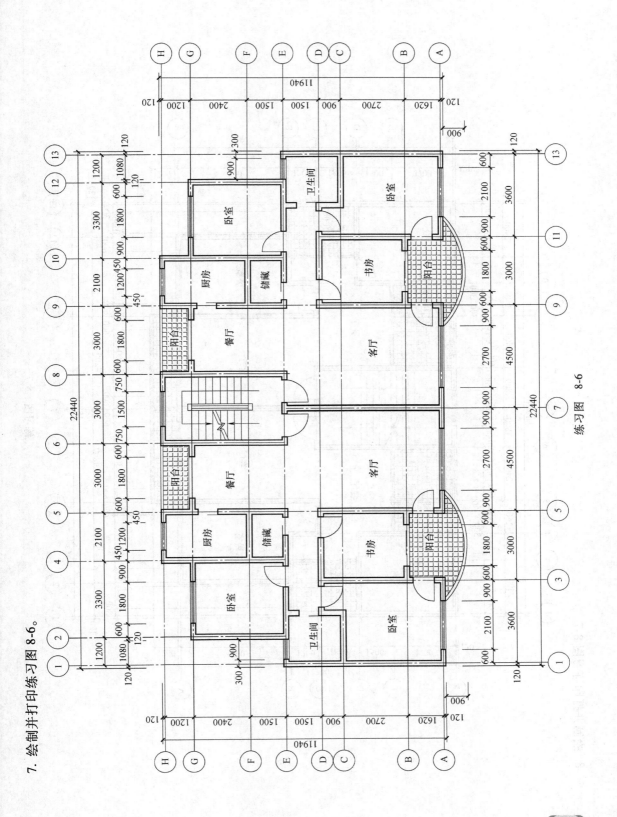

练习图 8-6

8. 绘制并打印练习图 8-7。

练习图 8-7

9. 绘制并打印练习图 8-8。

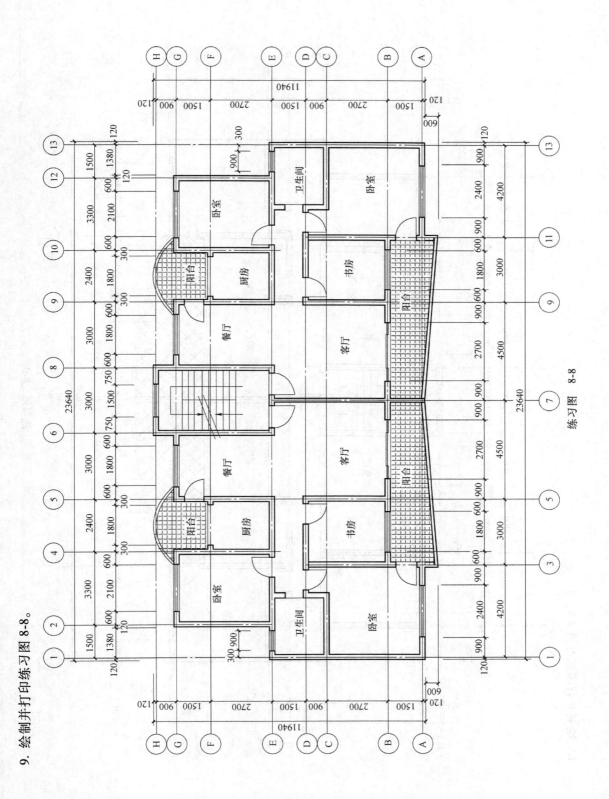

练习图 8-8

10. 绘制并打印练习图 8-9。

练习图 8-9

第 9 章

三维建模工具

9.1 三维基础知识

9.1.1 三维坐标系统

在三维空间中创建对象时,可以使用笛卡尔坐标、柱坐标或球坐标定位点。

1) 三维笛卡尔坐标通过使用三个坐标值来指定精确的位置:X、Y 和 Z。

2) 三维柱坐标通过 XY 平面中与 UCS 原点之间的距离、XY 平面中与 X 轴的角度以及 Z 值来描述精确的位置。

3) 三维球坐标通过指定某个位置距当前 UCS 原点的距离、在 XY 平面中与 X 轴所成的角度以及与 XY 平面所成的角度来指定该位置。

1. 三维笛卡尔坐标

三维笛卡尔坐标通过使用三个坐标值来指定精确的位置:X、Y 和 Z。

输入三维笛卡尔坐标值 (X,Y,Z) 类似于输入二维坐标值 (X,Y)。除了分别指定 X 和 Y 值以外,还需要使用以下格式指定 Z 值:X,Y,Z。如图 9-1 所示,坐标值 (3,2,5) 表示一个沿 X 轴正方向 3 个单位,沿 Y 轴正方向 2 个单位,沿 Z 轴正方向 5 个单位的点。

也可以使用默认 Z 值:当以 X,Y 格式输入坐标时,将从上一输入点复制 Z 值。因此,可以按 X,Y,Z 格式输入一个坐标,然后保持 Z 值不变,使用 X,Y 格式输入随后的坐标。例如,如果输入直线的以下坐标:

指定第一个点:0,0,8。

指定下一点或"放弃(U)":4,4。

直线的两个端点的 Z 值均为 8。当开始或打开任意图形时,Z 的初始默认值大于 0。

绝对坐标与相对坐标输入法:使用二维坐标时,可以输入基于原点的绝对坐标值,也可以输入基于上一输入点的相对坐标值。

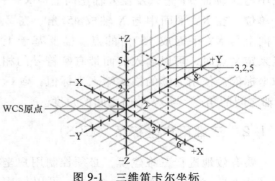

图 9-1 三维笛卡尔坐标

要输入相对坐标,请使用@符号作为前缀。例如,输入@1,0,0表示在X轴正方向上距离上一点一个单位的点。要在命令提示下输入绝对坐标,无需输入任何前缀。

输入绝对坐标(三维)的步骤:在提示输入点时,使用后续的格式在工具提示中输入坐标:x,y,z。

输入相对坐标(三维)的步骤:在提示输入点时,使用后续的格式输入坐标:@x,y,z。

2. 三维柱坐标

三维柱坐标通过 XY 平面中与 UCS 原点之间的距离、XY 平面中与 X 轴的角度以及 Z 值来描述精确的位置。

柱坐标输入相当于三维空间中的二维极坐标输入。它在垂直于 XY 平面的轴上指定另一个坐标。柱坐标通过定义某点在 XY 平面中距 UCS 原点的距离,在 XY 平面中与 X 轴所成的角度以及 Z 值来定位该点。使用以下语法指定使用绝对柱坐标的点:X<与 X 轴所成的角度,Z。

如图 9-2 所示,坐标 5<30,6 表示距当前 UCS 的原点 5 个单位、在 XY 平面中与 X 轴成 30°角、沿 Z 轴 6 个单位的点。

需要基于上一点而不是 UCS 原点来定义点时,可以输入带有@前缀的相对柱坐标值。使用以下格式输入坐标值:@x<与 X 轴之间的角度,Z。

例如,坐标@4<45,5 表示在 XY 平面中距上一输入点 4 个单位、与 X 轴正向成 45°角、在 Z 轴正向延伸 5 个单位的点。

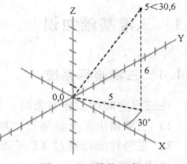

图 9-2 三维柱坐标

3. 三维球坐标

三维球坐标通过指定某个位置距当前 UCS 原点的距离、在 XY 平面中与 X 轴所成的角度以及与 XY 平面所成的角度来指定该位置。

三维中的球坐标输入与二维中的极坐标输入类似。通过指定某点距当前 UCS 原点的距离、与 X 轴所成的角度(在 XY 平面中)以及与 XY 平面所成的角度来定位点,每个角度前面加了一个左尖括号(<),如后续的格式所示:X<与 X 轴所成的角度<与 XY 平面所成的角度。

如图 9-3 所示,坐标 8<60<30 表示在 XY 平面中距当前 UCS 的原点 8 个单位、在 XY 平面中与 X 轴成 60°角以及在 Z 轴正向上与 XY 平面成 30°角的点。坐标 5<45<15 表示距原点 5 个单位、在 XY 平面中与 X 轴成 45°角、在 Z 轴正向上与 XY 平面成 15°角的点。需要基于上一点来定义点时,可以输入前面带有@符号的相对球坐标值。使用后续的格式输入坐标值:@x<与 x 轴之间的角度<与 xy 平面之间的角度。

9.1.2 三维用户坐标系(UCS)

要有效地进行三维建模,必须控制用户坐标系(UCS)。为了精确地输入坐标,可以使用几

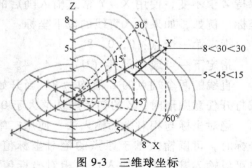

图 9-3 三维球坐标

种坐标系输入方法。还可以使用一种可移动的坐标系，即用户坐标系（UCS），以便于输入坐标和建立工作平面。有两个坐标系：一个是被称为世界坐标系（WCS）的固定坐标系，一个是被称为用户坐标系（UCS）的可移动坐标系。默认情况下，这两个坐标系在新图形中是重合的。

9.1.2 WCS 设置

通常在二维视图中，WCS 的 X 轴水平，Y 轴垂直。WCS 的原点为 X 轴和 Y 轴的交点（0，0）。图形文件中的所有对象均由其 WCS 坐标定义。但是，使用可移动的 UCS 创建和编辑对象通常在三维创建中更方便。移动或旋转 UCS 可以更轻松地处理图形的特定区域。

1. UCS 命令中有相对应的选项重新定位用户坐标系：

一旦定义了 UCS，则可以为其命名并在需要再次使用时恢复。定义 UCS 坐标的步骤：

（1）在二维中定义新 UCS 原点的步骤。

1）依次单击"工具（T）"→"新建 UCS（W）"→"原点（N）"。在命令提示下，输入"ucs"。

2）指定新的原点。UCS 原点（0，0）被重新定义到指定点处。

（2）更改 UCS 的旋转角度的步骤。

1）依次单击"工具（T）"→"新建 UCS（W）"→"Z"。在命令提示下，输入"ucs"。

2）指定旋转角度。

（3）恢复 UCS 以与 WCS 重合的步骤，如图 9-4 所示。

1）依次单击"工具（T）"→"命名 UCS（U）"。

2）在"UCS"对话框的命名"命名 UCS"选项卡上，选择"世界"。

3）单击"置为当前"。

4）单击"确定"。

5）依次单击"工具（T）"→"命名 UCS（U）"。

6）在"UCS"对话框中的"命名 UCS"选项卡上，选择"上一个"。

7）单击"置为当前"。

8）单击"确定"。

（4）保存 UCS 的步骤，如图 9-5 所示。

1）依次单击"工具（T）"→"命名 UCS（U）"。

2）在"UCS"对话框中的"命名 UCS"选项卡上，鼠标双击"未命名"。

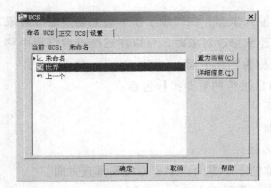
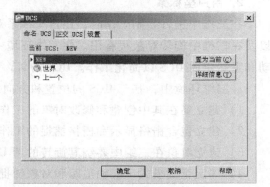

图 9-4 恢复 UCS 以与 WCS 重合的步骤　　　　图 9-5 保存 UCS

3）亮显框里输入"NEW"。

4）新的 UCS 在"UCS"列表中显示为"NEW"。

在"UCS"对话框中的"命名 UCS"选项卡上，选择"UNNAMED"并输入一个新名称。最多可以输入 255 个字符，包括字母、数字和特殊字符，如美元符号（$）、连字符（-）和下画线（_）。所有 UCS 名称将转换为大写。

5）单击"确定"。

（5）恢复命名 UCS 的步骤，如图 9-6 所示。

1）依次单击"工具（T）"→"命名 UCS（U）"。

2）在"UCS"对话框中的"命名 UCS"选项卡上，可以查看已列出的 UCS 的原点和轴的方向。选择 UCS 名称。单击"详细信息"。

查看列表后，单击"确定"返回到"UCS"对话框。

3）选择要恢复的坐标系。单击"置为当前"。

4）单击"确定"。

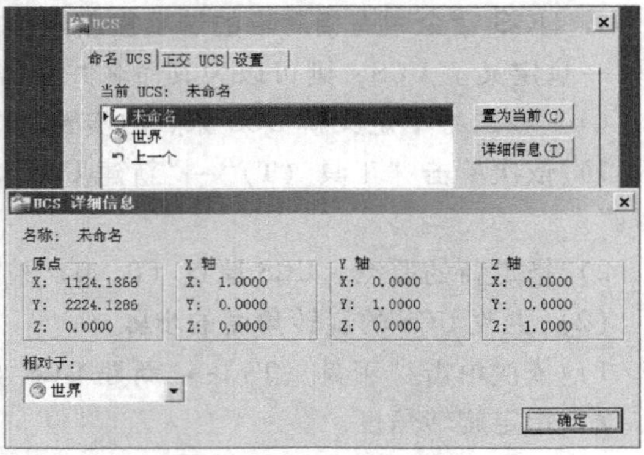

图 9-6 恢复命名 UCS

（6）重命名 UCS 的步骤。

1）依次单击"工具（T）"→"命名 UCS（U）"。

2）在"UCS"对话框的"命名 UCS"选项卡上，选择要重命名的坐标系。（也可以选择（5）新建的"NEW"）然后操作同（3）。

3）输入新的名称。

4）单击"确定"。

（7）删除命名 UCS 的步骤。

1）依次单击"工具（T）"→"命名 UCS（U）"。

2）在"UCS"对话框的"命名 UCS"选项卡上，选择要删除的 UCS。

3）按"Delete"键。

不能删除当前 UCS 或具有默认名称"未命名"的 UCS。

2．用户坐标系

在三维中进行绘制工作时，用户坐标系对于输入坐标、在二维工作平面上创建三维对象以及在三维中旋转对象很有用。在三维环境中创建或修改对象时，可以在三维模型空间中移动和重新定向 UCS 以简化工作。UCS 的 XY 平面称为工作平面。

在三维环境中，基于 UCS 的位置和方向对对象进行的重要操作包括：

1）建立要在其中创建和修改对象的工作平面。

2）建立包含栅格显示和栅格捕捉的工作平面。

3）建立对象在三维中要绕其旋转的新 UCS Z 轴。

4）确定正交模式、极轴追踪和对象捕捉追踪的上下方向、水平方向和垂直方向。

5）使用 PLAN 命令可将三维视图直接定义在工作平面中。

3. 应用右手定则

在三维坐标系中，如果已知 X 和 Y 轴的方向，可以使用右手定则确定 Z 轴的正方向。将右手手背靠近屏幕放置，如图 9-7 所示，大拇指指向 X 轴的正方向。伸出食指和中指，食指指向 Y 轴的正方向。中指所指示的方向即 Z 轴的正方向。通过旋转手，可以看到 X、Y 和 Z 轴如何随着 UCS 的改变而旋转。还可以使用右手定则确定三维空间中绕坐标轴旋转的默认正方向。将右手拇指指向轴的正方向，卷曲其余四指。其余四指所指的方向即绕轴的正旋转方向。

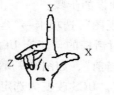

图 9-7 右手定则

4. 三维图中控制用户坐标系（UCS）的操作步骤

使用多种方法在三维中操作用户坐标系。可以保存和恢复用户坐标系方向。定义用户坐标系（UCS）来更改原点（0, 0, 0）的位置、XY 平面的位置和旋转角度以及 XY 平面或 Z 轴的方向。可以在三维空间的任意位置定位和定向 UCS，并且可以根据需要定义、保存和调用任意数量的已保存 UCS 的位置。如果多个视口处于激活状态，则可以给每个视口分配一个不同的 UCS。打开 UCSVP 系统变量时，可以将 UCS 锁定到一个视口上，每次将该视口置为当前时，可以自动恢复 UCS。

按照以下几种方式定义 UCS：指定新原点（一个点）、新 X 轴（两个点）或新 XY 平面（三个点）。

在三维中定义新 UCS 原点的步骤：

1）依次单击"视图"选项卡→"坐标"面板→"原点（N）"。

2）指定新的原点。UCS 原点（0, 0, 0）被重新定义到指定点处。

（1）通过在三维实体对象上选择面来对齐 UCS。可以选择实体的一个面或一条边。通过指定 Z 轴定义新 UCS 的步骤：

1）依次单击"视图"选项卡→"坐标"面板→"Z"。

2）指定新的原点。UCS 原点（0, 0, 0）被重新定义到指定点处。

3）指定位于 Z 轴正半轴上的一点。

（2）将新 UCS 与现有的对象对齐。UCS 的原点位于距离选定对象的位置最近的顶点。依次单击"视图"选项卡→"坐标"面板→"三点（3）"。在命令提示下，输入"ucs"。

1）指定新的原点，方法同（1）。UCS 原点（0, 0, 0）被重新定义到指定点处。

2）指定位于 X 轴正半轴上的一点。

3）指定位于 Y 轴正半轴上的一点。

4）切换 XY 平面。

（3）使用特定的 X 轴和 Y 轴定义新 UCS 的步骤。

1）依次单击"视图"选项卡→"坐标"面板→"三点（3）"。在命令提示下，输入"ucs"。

2）如图 9-8 所示，在一幅很大的图形中，可以在要处理的区域附近指定一个新的原点。

3）指定新 UCS 的原点，方法同（1）。

4）指定一点以指示新 UCS 的水平方向，方法同

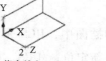

指定的点　　　新的UCS

图 9-8 指定 UCS 坐标

（2）。此点应位于 X 轴的正半轴上。

5）指定一点以指示新 UCS 的垂直方向，方法同（3）。此点应位于新 Y 轴的正半轴上。此时将切换 UCS 和栅格以表示已指定的 X 轴和 Y 轴。将新 UCS 与当前观察方向对齐。

（4）选择 UCS 预设的步骤。

1）依次单击"视图"选项卡→"坐标"面板→"UCS"。

2）在"UCS"对话框的"正交 UCS"选项卡上，从列表中选择一个 UCS 方向。

3）单击"置为当前"，如图 9-9 所示。

4）单击"确定"。UCS 改变为选定的选项。

（5）恢复上一个 UCS 的位置和方向的步骤。

依次单击"工具（T）"→"新建 UCS（W）"→"上一个"。在命令提示下，输入"ucs"。然后输入"p"（上一个）。恢复上一个 UCS。

如果用户不想定义自己的 UCS，则可以从几种预设坐标系中进行选择。在"（命名）UCS"对话框的"正交 UCS"选项卡上的图像显示了可用的选项。

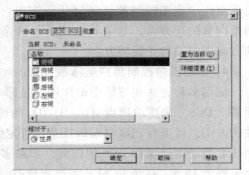

图 9-9　选择 UCS 预设

"ELEV"命令为新对象设定当前 UCS 的 XY 平面上方或下方的默认 Z 值。该值存储在"ELEVATION"系统变量中。注意一般情况下，建议将标高设置保留为零，并使用 UCS 命令控制当前 UCS 的 XY 平面。在图纸空间中改变 UCS，与在模型空间一样，可以在图纸空间定义新的 UCS，但是图纸空间中的 UCS 仅限于二维操作。尽管可以在图纸空间中输入三维坐标，但不能使用三维查看命令（例如"PLAN"和"VPOINT"）。如果要在三维中自如地工作，可以保存命名 UCS 位置（对于不同的构造要求，每个位置具有不同的原点和方向）。可以根据需要重新定位、保存和调用任意数量的 UCS 方向。按名称保存并恢复 UCS 位置。

5. 在实体模型中使用动态 UCS

使用动态 UCS 功能，可以在创建对象时使 UCS 的 XY 平面自动与实体模型上的平面临时对齐。也可以通过在面的一条边上移动指针对齐 UCS，而无需使用 UCS 命令。结束该命令后，UCS 将恢复到其上一个位置和方向。

如图 9-10 所示，可以使用动态 UCS 在实体模型的一个角度面上创建矩形。

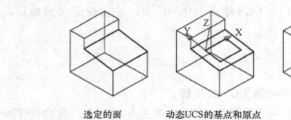

选定的面　　动态UCS的基点和原点　　结果

图 9-10　利用 UCS 坐标创建

在左侧的插图中，UCS 未与角度面对齐。可以在状态栏上打开"动态 UCS"或按 F6 键，而不是重新定位 UCS。如图 9-10 中间插图所示，将指针完全移动到边的上方时，光标将更改为显示动态 UCS 轴的方向。如图 9-10 右侧插图所示，可以轻松地在角度面上创建对象。要在光标上显示 X、Y、Z 标签，请在"动态 UCS"按钮上单击鼠标右键并单击"显示十字光标"标签，如图 9-11 所示。

动态 UCS 的 X 轴沿面的一条边定位，且 X 轴的正向始终指向屏幕的右半部分。动态 UCS 仅能检测到实体的前向面。

使用动态 UCS 的命令类型包括：

1) 简单几何图形：直线、多段线、矩形、圆弧、圆。
2) 文字：文字、多行文字、表格。
3) 参照：插入、外部参照。
4) 实体：原型和 POLYSOLID。
5) 编辑：旋转、镜像、对齐。
6) 其他：UCS、区域、夹点工具操作。

图 9-11 显示十字光标

通过打开动态 UCS 功能，然后使用 UCS 命令定位实体模型上某个平面的原点，可以轻松地将 UCS 与该平面对齐。如果打开了栅格模式和捕捉模式，它们将与动态 UCS 临时对齐。栅格显示的界限自动设定。将指针移动到面上时，通过按 F6 键或 Shift+Z 组合键可以临时关闭动态 UCS。仅当命令处于活动状态时动态 UCS 才可用。

9.1.3 设定模型空间视口

在"模型"选项卡上，可将绘图区域分割成一个或多个相邻的矩形视图，称为模型空间视口。

视口是显示用户模型的不同视图的区域。使用"模型"选项卡，可以将绘图区域分割成一个或多个相邻的矩形视图，称为模型空间视口。在大型或复杂的图形中，显示不同的视图可以缩短在单一视图中缩放或平移的时间。而且，在一个视图中出现的错误可能会在其他视图中表现出来。

在"模型"选项卡上创建的视口充满整个绘图区域并且相互之间不重叠。在一个视口中做出更改后，其他视口也会立即更新。如图 9-12 所示为三个模型空间视口。

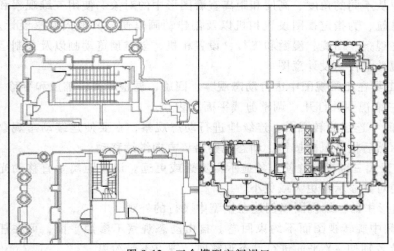

图 9-12 三个模型空间视口

9.1.3 设置模型工作视口

可以在布局选项卡上创建视口。使用这些视口称为布局视口，可以在图纸上排列图形的视图。也可以移动和调整布局视口的大小。通过使用布局视口，可以对显示进行更多控制；例如，可以冻结一个布局视口中的特定图层，而不影响其他视口。有关布局和布局视口的详细信息，可以创建多视图图形布局图纸空间。

使用模型空间视口，可以完成以下操作：

（1）平移、缩放、设定捕捉栅格和 UCS 图标模式以及恢复命名视图。

（2）单独的视口保存用户坐标系方向。

（3）执行命令时，从一个视口绘制到另一个视口。

（4）为视口排列命名，以便在"模型"选项卡上重复使用或者将其插入布局选项卡。

如果在三维模型中工作，那么在单一视口中设置不同的坐标系非常有用。可以通过分割与合并来修改模型空间视口。如果要将两个视口合并，则它们必须共享长度相同的公共边。

（5）在"模型"选项卡上拆分视口的步骤如果有多个视口，请在要拆分的视口中单击。然后指明应创建的模型空间视口的数量，如图 9-13 所示。

1）依次单击"视图（V）"菜单→"视口（V）"→"两个视口"。

2）依次单击"视图（V）"菜单→"视口（V）"→"三个视口"。

3）依次单击"视图（V）"菜单→"视口（V）"→"四个视口"。

（6）在"模型"选项卡上合并两个视口的步骤。

1）依次单击"视图"选项卡→"视口"面板→"视口合并"。

2）单击包含要保留的视图的模型空间视口。

3）单击相邻视口，将其与第一个视口合并。

（7）在"模型"选项卡上恢复单个视口的步骤

单击"视图"选项卡→"视口"面板→"新建"。

图 9-13 模型空间视口的数量

9.1.4 三维视图概述

三维导航工具允许用户从不同的角度、高度和距离查看图形中的对象。使用三维观察和导航工具，可以在图形中导航、为指定视图设置相机以及创建动画以便与其他人共享设计。可以围绕三维模型进行动态观察、回旋、漫游和飞行，设置相机，创建预览动画以及录制运动路径动画，用户可以从视觉上传达设计意图。

1. 使用以下三维命令工具在三维视图中进行动态观察、回旋、调整距离、缩放和平移

3DCLIP：启动交互式三维视图并打开"调整剪裁平面"窗口。

3DCORBIT：在三维空间中连续旋转视图。连续地进行动态观察，在要使连续动态观察移动的方向上单击并拖动，然后松开鼠标按钮，动态观察沿该方向继续移动。

3DDISTANCE：启动交互式三维视图并使对象显示得更近或更远。调整距离垂直移动光标时，将更改对象的距离使对象显示得更大或更小。

3DFLY：交互式更改图形中的三维视图以创建在模型中飞行的外观。

3DFORBIT：在三维空间中旋转视图而不约束回卷。自由动态观察不参照平面，可在任意方向上进行动态观察。沿 Z 轴的 XY 平面进行动态观察时，视点不受约束。

3DORBIT：在三维空间中旋转视图，但仅限于水平动态观察和垂直动态观察。受约束的动态观察沿 XY 平面或 Z 轴约束进行三维动态观察。

3DORBITCTR：在三维动态观察视图中设置旋转的中心。

3DPAN：图形位于透视视图中时，平移启用交互式三维视图，并使用户可以对视图进行水平和垂直拖动。

3DSWIVEL：在拖动方向上更改视图的目标。回旋在拖动方向上模拟平移相机。查看的目标将更改。可以沿 XY 平面或 Z 轴回旋视图。

3DWALK：交互式更改图形中的三维视图以创建在模型中漫游的外观。

3DZOOM：在透视视图中放大和缩小。模拟移动相机通过缩放以靠近或远离对象。

ANIPATH：保存相机在三维模型中移动或平移的动画文件。

CAMERA：设置相机位置和目标位置，以创建并保存对象的三维透视视图。

VIEW：WALKFLYSETTINGS 控制漫游和飞行导航的设置。

DRAGVS：设置在创建三维实体、网格图元以及拉伸实体、曲面和网格时显示的视觉样式。

2. 三维动态视图 DVIEW

（1）三维动态视图可以结合使用平移和缩放功能，在不中断当前操作的情况下更改视图。在动态观察时，可以在更改视图的同时显示更改视点的效果。使用此方法，还可以通过只选择用于确定视图的对象，临时地简化视图。此外，如果在未选择任何对象的情况下按 Enter 键，"三维动态视图"将显示小房间的模型而非实际图形。可以使用此房间定义观察角度和距离。完成调整并退出该命令后，所做更改将应用于当前视图中的整个三维模型。在三维中进行动态观察的更多强大选项可以在 3DORBIT 命令中获得。

（2）通过定位前向剪裁和后向剪裁平面。用于根据自理论相机的距离来控制对象的可见性，可以创建图形的剖面视图。可以移动垂直于相机和目标（指向相机）之间视线的剪裁平面。剪裁将自剪裁平面的前向和后向删除对象的显示。也可以在创建相机轮廓时设定剪裁平面。如图 9-14 所示为剪裁平面的表现方式。

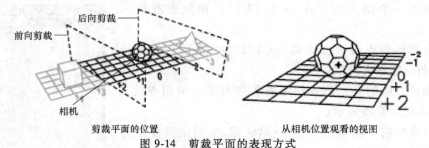

图 9-14　剪裁平面的表现方式

（3）设定剪裁平面的步骤（DVIEW）。

1）在命令提示下，输入"dview"。

2）选择基于视图的对象。

3）在命令提示下，输入"cl"（剪裁）。

4）输入"f"设定前向剪裁平面，或输入"b"设定后向剪裁平面，或按 Enter 键。

5）通过拖动滑块或输入与目标之间的距离来定位剪裁平面。

6）按 Enter 键退出命令。

9.2 绘制三维实体

9.2.1 创建三维实体长方体 BOX

1. 创建三维实体长方体命令

如图 9-15 所示，始终将长方体的底面绘制为与当前 UCS 的 XY 平面（工作平面）平行。创建方法如下：

1）常用标签"三维建模"工作空间→"实体"面板→"长方体"，如图 9-16 所示。

2）工具栏："建模" 如图 9-17 所示。

3）菜单："绘图（D）"→"建模（M）"→"长方体（B）"，如图 9-18 所示。

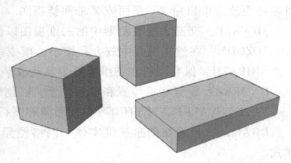

图 9-15 长方体

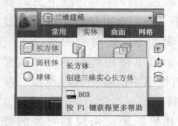

图 9-16 长方体三维建模创建

图 9-17 长方体工具栏创建

发起命令后，将显示以下提示：

1）指定第一个角点或"中心点（C）"：指定点或输入"c"指定圆心。

2）指定其他角点或"立方体（C）/长度（L）"：指定长方体的另一角点或输入选项。

3）如果长方体的另一角点指定的 Z 值与第一个角点的 Z 值不同，将不显示高度提示。

4）指定高度或"两点（2P）"<默认值>：指定高度或为"两点"选项输入"2P"。

5）输入正值将沿当前 UCS 的 Z 轴正方向绘制高度。输入负值将沿 Z 轴负方向绘制高度。

6）始终将长方体的底面绘制为与当前 UCS 的 XY 平面（工作平面）平行。在 Z 轴方向上指定长方体的高度。可以为高度输入正值和负值。

各选项含义如下：

中心点：用指定的中心点创建长方体，如图 9-19 所示。

图 9-18 长方体菜单创建

立方体：创建一个长、宽、高相同的正方体，如图9-20所示。

长度：按照指定长宽高创建长方体。长度与X轴对应，宽度与Y轴对应，高度与Z轴对应。如果拾取点已指定长度，则还要指定在XY平面上的旋转角度，如图9-21所示。

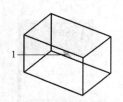　　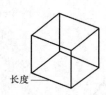　　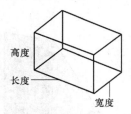

图9-19　中心点创建长方体　　图9-20　正方体　　图9-21　长宽高创建长方体

2. 长方体创建选项

可以使用以下选项来控制创建的长方体的大小和旋转：

1）创建立方体。可以使用BOX命令的"立方体"选项创建等边长方体。

2）指定旋转。如果要在XY平面内设定长方体的旋转，可以使用"立方体"或"长度"选项。

3）从中心点开始创建。可以使用"中心点"选项创建使用指定中心点的长方体。

3. 操作步骤

（1）基于两个点和高度创建实心长方体的步骤。

1）依次单击常用标签"三维建模"工作空间→"实体"面板→"长方体"。

2）或者在命令提示下，输入"box"。

3）指定底面第一个角点的位置。

4）指定底面对角点的位置。

5）指定高度。

（2）创建实体立方体的步骤。

1）依次单击常用标签"三维建模"工作空间→"实体"面板→"长方体"。

2）或者在命令提示下，输入"box"。

3）指定第一个角点或输入"c"（中心点）以指定底面的中心点。

4）在命令提示下，输入"c"（立方体）。指定立方体的长度和旋转角度。长度值用于设定立方体的宽度和高度。

9.2.2　创建三维实体楔体WEDGE

1. 创建面为矩形或正方形的实体楔体

如图9-22所示，将楔体的底面绘制为与当前UCS的XY平面平行，斜面正对第一个角点。楔体的高度与Z轴平行。创建方法如下：

1）功能区：常用标签"三维建模"工作空间→"实体"面板→"楔体"，当前工作空间的功能区尚未提供，如图9-23所示，打开拓展面板。

2）工具栏："建模"如图9-24所示。

3）菜单："绘图（D）"→"建模（M）"→"楔体（W）"如图9-25所示。

9.2.2　创建矩形

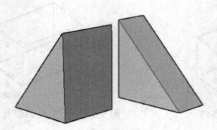

图9-22 创建实体楔体

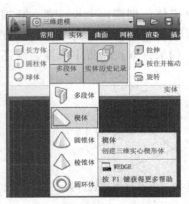

图9-23 三维建模创建实体楔体

图9-24 工具栏创建实体楔体

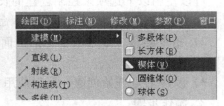

图9-25 菜单创建实体楔体

倾斜方向始终沿 UCS 的 X 轴正方向。

如图9-26所示,创建实体楔体步骤,提示列表将显示以下提示:

1)指定第一个角点或"中心点(C)":指定点或输入"c"指定圆心。

2)指定其他角点或"立方体(C)/长度(L)":指定楔体的另一角点或输入选项。

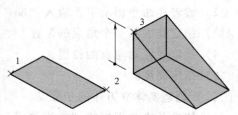

图9-26 创建实体楔体步骤

3)如果使用与第一个角点不同的 Z 值指定楔体的其他角点,那么将不显示高度提示。

4)指定高度或"两点(2P)"<默认值>:指定高度或为"两点"选项输入"2P"。

5)输入正值将沿当前 UCS 的 Z 轴正方向绘制高度。输入负值将沿 Z 轴负方向绘制高度。

各选项含义如下:

中心点:使用指定的中心点创建楔体,如图9-27所示。

立方体:创建等边楔体,如图9-28所示。

长度:按照指定长宽高创建楔体。长度与 X 轴对应,宽度与 Y 轴对应,高度与 Z 轴对应。如果拾取点已指定长度,则还要指定在 XY 平面上的旋转角度,如图9-29所示。

两点:指定楔体的高度为两个指定点之间的距离。

2. 楔体创建选项

可以使用以下选项来控制创建的楔体的大小和旋转:

1)创建等边楔体:使用 WEDGE 命令的"立方体"选项。

第9章 三维建模工具

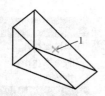

图 9-27 中心点创建长方体楔体

图 9-28 创建正方体楔体

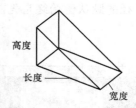

图 9-29 长宽高创建长方体楔体

2）指定旋转：如果要在 XY 平面内设定楔体的旋转，可以使用"立方体"或"长度"选项。

3）从中心点开始创建：可以使用"中心点"选项创建使用指定中心点的楔体。

3. 操作步骤

（1）基于两个点和高度创建实体楔体的步骤。

1）依次单击常用标签"三维建模"工作空间→"实体"面板→"楔体"。

2）或在命令提示下，输入"wedge"。

3）指定底面第一个角点的位置。

4）指定底面对角点的位置。

5）指定楔形高度。

（2）创建长度、宽度和高度均相等的实体楔体的步骤。

1）依次单击常用标签"三维建模"工作空间→"实体"面板→"楔体"→"楔体"。

2）或在命令提示下，输入"wedge"。

3）指定第一个角点或输入"c"（中心点）以设定底面的中心点。

4）在命令提示下，输入"c"（立方体）。指定楔体的长度和旋转角度。长度值用于设定楔体的宽度和高度。

9.2.3 创建三维实体圆锥体 CONE

1. 创建三维实体圆锥体 CONE

创建三维实体圆锥体有如下三种方法。

1）功能区：常用标签"三维建模"工作空间→"实体"面板→"圆锥体"。当前工作空间的功能区尚未提供，打开拓展面板，如图 9-30 所示。

2）工具栏："建模"如图 9-31 所示。

3）菜单："绘图（D）"→"建模（M）"→"圆锥体（O）"，如图 9-32 所示。

创建一个三维实体，该实体以圆或椭圆为底面，以对称方式形成锥体表面，最后交于一点，或交于圆或椭圆的平整面，如图 9-33 所示。可以通过 FACETRES 系统变量控制着色或隐藏视觉样式的三维曲线式实体（例如圆锥体）的平滑度。

使用"顶面半径"选项创建圆台。

最初，默认底面半径未设定任何值。执行绘图任务时，底

图 9-30 三维建模创建实体圆锥体

面半径的默认值始终是先前输入的任意实体图元的底面半径值。

图 9-31　工具栏创建实体圆锥体

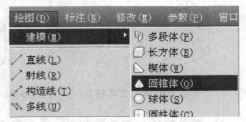

图 9-32　菜单创建实体圆锥体

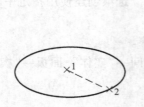
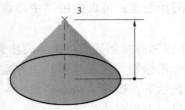

图 9-33　创建圆锥体

发起命令后将显示以下提示：

1）指定底面的"圆心"或"三点（3P）/两点（2P）/相切、相切、半径（T）/椭圆（E）"：指定点或输入选项，如图 9-34 所示。

2）指定"底面半径"或"直径（D）"<默认值>：指定底面半径、输入"d"指定直径或按 Enter 键指定默认的底面半径值，如图 9-35 所示。

3）指定高度或"两点（2P）/轴端点（A）/顶面半径（T）"<默认值>：指定高度、输入选项或按 Enter 键指定默认高度值。

图 9-34　圆心创建圆锥体　　　　图 9-35　半径高度创建圆锥体

各命令选项的含义：

（1）圆心：使用指定的圆心创建圆锥体的底面。

（2）三点（3P）：通过指定三个点来定义圆锥体的底面周长和底面。

（3）两点（2P）：通过指定两个点来定义圆锥体的底面直径。

（4）切点、切点、半径：定义具有指定半径，且与两个对象相切的圆锥体底面。有时会有多个底面符合指定的条件。程序将绘制具有指定半径的底面，其切点与选定点的距离最近。

（5）椭圆（E）：指定圆锥体的椭圆底面。

（6）底面半径：指定创建圆锥体平截面时圆锥体的底面半径。最初，默认底面半径未

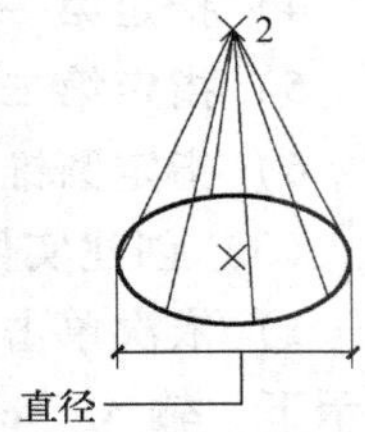

设定任何值。执行绘图任务时，底面半径的默认值始终是先前输入的任意实体图元的底面半径值。

（7）直径（D）：指定圆锥体的底面直径。最初，默认直径未设定任何值。执行绘图任务时，直径的默认值始终是先前输入的任意实体图元的直径值，如图 9-36 所示。

（8）两点（2P）：指定圆锥体的高度为两个指定点之间的距离。

图 9-36　直径高度创建圆锥

（9）轴端点（A）：指定圆锥体轴的端点位置。轴端点是圆锥体的顶点，或圆台的顶面圆心，"顶面半径"选项。轴端点可以位于三维空间的任意位置。轴端点定义了圆锥体的长度和方向。

（10）顶面半径（T）：指定创建圆锥体平截面时圆锥体的顶面半径。最初，默认顶面半径未设定任何值。执行绘图任务时，顶面半径的默认值始终是先前输入的任意实体图元的顶面半径值。

2. 可以使用以下选项来控制创建的圆锥体的大小和旋转

（1）设定高度和方向。使用 CONE 命令的"轴端点"选项。可以使用"顶面半径"选项将轴端点指定为圆锥体的顶点或顶面的中心点。轴端点可以位于三维空间的任意位置。

（2）创建圆台。使用 CONE 命令的"顶面半径"选项来创建从底面逐渐缩小为椭圆面或平整面的圆台，如图 9-37 所示。

也可以通过工具选项板的"建模"选项卡使用"平截面"工具。还可以使用夹点编辑圆锥体的尖端，并将其转换为平面。

（3）指定圆周和底面。CONE 命令的"三点"选项可在三维空间内的任意位置处定义圆锥体底面的大小和所在平面。

图 9-37　创建圆锥台体

（4）定义倾斜角。要创建要求以一定角度定义侧面的圆锥形实体，先绘制一个二维圆。然后使用 EXTRUDE 和"倾斜角"选项沿 Z 轴以一定角度倾斜圆。但是，使用此方法创建的实体为拉伸实体，而不是真正的实体圆锥体图元。

3. 操作步骤

（1）以圆作底面创建圆锥体的步骤。

1）依次单击常用标签"三维建模"工作空间→"实体"面板→"圆锥体"。

2）或者在命令提示下，输入"cone"。

3）指定底面中心点。

4）指定底面半径或直径。

5）指定圆锥体的高度。

（2）以椭圆底面创建实体圆锥体的步骤。

1）依次单击常用标签"三维建模"工作空间→"实体"面板→"圆锥体"。或者在命令提示下，输入"cone"。

2）在命令提示下，输入"e"（椭圆）。

3）指定第一条轴的起点。

4）指定第一条轴的端点。

5）指定第二条轴的端点（长度和旋转）。

6）指定圆锥体的高度。

（3）创建实体圆台的步骤。

1）依次单击常用标签"三维建模"工作空间→"实体"面板→"圆锥体"。或者在命令提示下，输入"cone"。

2）指定底面中心点。

3）指定底面半径或直径。

4）在命令提示下，输入"t"（顶面半径）。指定顶面半径。

5）指定圆锥体的高度。

（4）创建由轴端点指定高度和方向的实体圆锥体的步骤。

1）依次单击常用标签"三维建模"工作空间→"实体"面板→"圆锥体"。

2）或者在命令提示下，输入"cone"。

3）指定底面中心点。

4）指定底面半径或直径。

5）在命令提示下，输入"a"（轴端点）。指定圆锥体的端点和旋转。此端点可以位于三维空间的任意位置。

9.2.4 创建实体圆柱体

1. 创建实体圆柱体 CYLINDER，如图 9-38 所示。

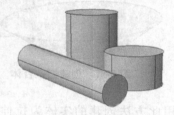

图 9-38 圆柱体

9.2.4~9.2.5 创建圆柱与球体

创建实体圆柱体有如下三种方法：

1）功能区：常用标签"三维建模"工作空间→"实体"面板→"圆柱体"，如图 9-39 所示。

2）工具栏："建模"，如图 9-40 所示。

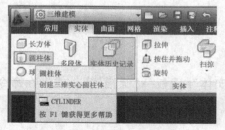

图 9-39 三维建模创建实体圆柱体

图 9-40 工具栏创建实体圆柱体

3）菜单："绘图（D）"→"建模（M）"→"圆柱体（C）"，如图9-41所示。

如图9-42所示，使用圆心（1）半径上的一点（2）和表示高度的一点（3）创建了圆柱体。圆柱体的底面始终位于与工作平面平行的平面上。可以通过FACETRES系统变量控制着色或隐藏视觉样式的三维曲线式实体（例如圆柱体）的平滑度。

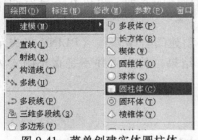

图9-41 菜单创建实体圆柱体

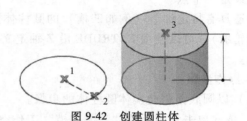

图9-42 创建圆柱体

执行绘图任务时，底面半径的默认值始终是先前输入的底面半径值。

提示列表将显示以下提示：

1）指定底面的圆心或"三点（3P）/两点（2P）/相切、相切、半径（T）/Elliptical（E）"：指定圆心或输入选项。

2）指定底面半径或"Diameter（D）"<默认值>：指定底面半径、输入"d"指定直径或按Enter键指定默认的底面半径值。

3）指定高度或"2POINT（2P）/轴端点（A）"<默认值>：指定高度、输入选项或按Enter键指定默认高度值。

各选项的含义如下：

（1）三点（3P）：通过指定三个点来定义圆柱体的底面周长和底面。

（2）两点：指定圆柱体的高度为两个指定点之间的距离。

（3）轴端点：指定圆柱体轴的端点位置。此端点是圆柱体的顶面圆心。轴端点可以位于三维空间的任意位置。轴端点定义了圆柱体的长度和方向。

（4）两点（2P）：通过指定两个点来定义圆柱体的底面直径。

（5）切点、切点、半径：定义具有指定半径，且与两个对象相切的圆柱体底面。

有时会有多个底面符合指定的条件。程序将绘制具有指定半径的底面，其切点与选定点的距离最近。

（6）椭圆：指定圆柱体的椭圆底面，如图9-43所示。

（7）直径：指定圆柱体的底面直径。

（8）圆心：使用指定的圆心创建圆柱体的底面，如图9-44所示。

图9-43 创建椭圆柱体

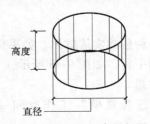

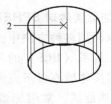

图9-44 直径与圆心创建椭圆柱体

2. 圆柱体创建选项

可以使用以下选项来控制创建的圆柱体的大小和旋转：

设定旋转：使用 CYLINDER 命令的"轴端点"选项设定圆柱体的高度和旋转。圆柱体顶面的圆心为轴端点，可将其置于三维空间中的任意位置。

使用三个点定义底面：使用"三点"选项定义圆柱体的底面。可以在三维空间中的任意位置设定三个点。

构造具有特定细节（例如凹槽）的圆柱体形式：创建闭合多段线（PLINE 以表示底面的二维轮廓）。可以使用 EXTRUDE 沿 Z 轴定义高度。结果拉伸实体并不是真正的实体圆柱体图元。

3. 操作步骤

（1）以圆底面创建实体圆柱体的步骤。

1）依次单击常用标签"三维建模"工作空间→"实体"面板→"圆柱体"。

2）或者在命令提示下，输入"cylinder"。

3）指定底面中心点。

4）指定底面半径或直径。

5）指定圆柱体的高度。

（2）以椭圆底面创建实体圆柱体的步骤。

1）依次单击常用标签"三维建模"工作空间→"实体"面板→"圆柱体"。

2）或者在命令提示下，输入"cylinder"。

3）在命令提示下，输入"e"（椭圆）。

4）指定第一条轴的起点。

5）指定第一条轴的端点。

6）指定第二条轴的端点（长度和旋转）。

7）指定圆柱体的高度。

（3）创建采用（轴端点）指定高度和旋转的实体圆柱体的步骤。

1）依次单击常用标签"三维建模"工作空间→"实体"面板→"圆柱体"。

2）或者在命令提示下，输入"cylinder"。

3）指定底面中心点。

4）指定底面半径或直径。

5）在命令提示下，输入"a"（轴端点）。指定圆柱体的轴端点。此端点可以位于三维空间的任意位置。

9.2.5 创建实体球

1. 创建实体球 SPHERE

可以使用多种方法中的一种创建实体球体。如果从圆心开始创建，球体的中心轴将与当前用户坐标系（UCS）的 Z 轴平行，如图 9-45 所示。

创建实体球有以下三种方式。

1）功能区：常用标签"三维建模"工作空间→"实体"面板→"球体"，如图 9-46 所示。

第9章 三维建模工具

图 9-45　实体球　　　　　　　　图 9-46　三维建模创建实体球体

2）工具栏："建模"，如图 9-47 所示。

图 9-47　工具栏创建实体球体

3）菜单："绘图（D）"→"建模（M）"→"球体（S）"，如图 9-48 所示。

如图 9-49 所示，可以通过指定圆心和半径上的点创建球体。可以通过 FACETRES 系统变量控制着色或隐藏视觉样式的曲线式三维实体（例如球体）的平滑度。

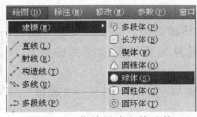
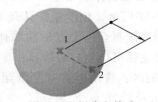

图 9-48　菜单创建实体球体　　　　　　　图 9-49　创建实体球

如果从圆心开始创建，球体的中心轴将与当前用户坐标系（UCS）的 Z 轴平行。指定球体的圆心之后，将放置球体以使其中心轴与当前用户坐标系（UCS）的 Z 轴平行。纬线与 XY 平面平行。如图 9-50 所示，半径定义球体的半径或直径定义球体的直径。

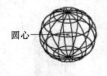

图 9-50　创建实体球选项

2. 创建提示选项

发起命令后，将显示以下提示：

指定中心点或"三点（3P）/两点（2P）/切点、切点、半径（T）"：指定点或输入选项。

277

各选项的含义如下：

（1）三点（3P）：指定三个点以设定圆周或半径的大小和所在平面。通过在三维空间的任意位置指定三个点来定义球体的圆周。三个指定点也可以定义圆周平面。

（2）两点（2P）：指定两个点以设定圆周或半径。通过在三维空间的任意位置指定两个点来定义球体的圆周。第一点的 Z 值定义圆周所在平面。

（3）切点、切点、半径：基于其他对象设定球体的大小和位置。通过指定半径定义可与两个对象相切的球体。指定的切点将投影到当前 UCS。

3．操作步骤

（1）创建实体球体的步骤。

1）依次单击常用标签"三维建模"工作空间→"实体"面板→"球体"。或者在命令提示下，输入"sphere"。指定球体的球心。

2）指定球体的半径或直径。

（2）创建由三个点定义的实体球体的步骤。

1）依次单击常用标签"三维建模"工作空间→"实体"面板→"球体"。或者在命令提示下，输入"sphere"。

2）在命令提示下，输入"3p"（三点）。指定第一点。

3）指定第二点。

4）指定第三个点。

9.2.6 创建实体棱锥体

1．创建三维实体棱锥体 PYRAMID

如图 9-51 所示，创建最多具有 32 个侧面的实体棱锥体。

可以创建倾斜至一个点的棱锥体，也可以创建从底面倾斜至平面的棱台。有如下三种途径可以创建棱锥体：

1）功能区：常用标签"三维建模"工作空间→"实体"面板→"球体"，如图 9-52 所示。

2）工具栏："建模"，如图 9-53 所示。

9.2.6 几何锥体创建

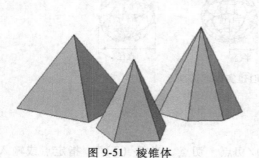

图 9-51 棱锥体

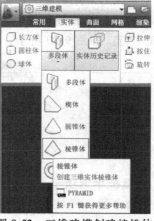

图 9-52 三维建模创建棱锥体

3) 菜单："绘图（D）"→"建模（M）"→"棱锥体（Y）"，如图 9-54 所示。

图 9-53　工具栏创建棱锥体

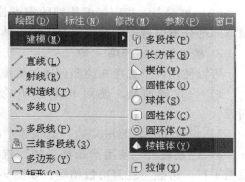

图 9-54　菜单创建棱锥体

默认情况下，如图 9-55 所示。可以通过基点的中心、边的中点和确定高度的另一个点来定义一个棱锥体。

最初，默认底面半径未设定任何值。执行绘图任务时，底面半径的默认值始终是先前输入的任意实体图元的底面半径值。使用"顶面半径"来创建棱锥体平截面，各选项含义如下：

（1）边：指定棱锥体底面一条边的长度：拾取两点。

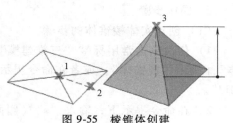

图 9-55　棱锥体创建

指定边的第一个端点：指定点。

指定边的第二个端点：指定点。

（2）侧面：指定棱锥体的侧面数。可以输入 3~32 之间的数。

指定侧面数<默认>：指定直径或按 Enter 键指定默认值。

最初，棱锥体的侧面数设定为 4。执行绘图任务时，侧面数的默认值始终是先前输入的侧面数的值。

（3）内接：指定棱锥体底面内接于（在内部绘制）棱锥体的底面半径。

（4）外切：指定棱锥体外切于（在外部绘制）棱锥体的底面半径。

（5）两点：将棱锥体的高度指定为两个指定点之间的距离。

指定第一个点：指定点。

指定第二个点：指定点。

（6）轴端点：指定棱锥体轴的端点位置。该端点是棱锥体的顶点。轴端点可以位于三维空间的任意位置。轴端点定义了棱锥体的长度和方向。

指定轴端点：指定点。

（7）顶面半径：指定棱锥体的顶面半径，并创建棱锥体平截面。

指定顶面半径：输入值。

最初，默认顶面半径未设定任何值。执行绘图任务时，顶面半径的默认值始终是先前输入的任意实体图元的顶面半径值。

指定高度或"两点（2P）/轴端点（A）"<默认值>：指定高度、输入选项或按 Enter 键指定默认的高度值。

（8）两点：将棱锥体的高度指定为两个指定点之间的距离。

（9）轴端点：指定棱锥体轴的端点位置。该端点是棱锥体的顶点。轴端点可以位于三维空间的任意位置。轴端点定义了棱锥体的长度和方向。

2. 棱锥体创建选项

可以使用以下选项来控制创建的棱锥体的大小、形状和旋转：

1）设定侧面数。使用 PYRAMID 命令的"侧面"选项设定棱锥体的侧面数。

2）设定边长。使用"边"选项指定底面边的尺寸。

3）创建棱台。使用"顶面半径"选项创建倾斜至平面的棱台。平截面与底面平行，边数与底面边数相等，如图 9-56 所示。

4）设定棱锥体的高度和旋转。使用 PYRAMID 命令的"轴端点"选项指定棱锥体的高度和旋转。此端点（或棱锥体的顶点）可以位于三维空间中的任意位置。

9.2.6 多边梯形创建

3. 操作步骤

（1）创建实体棱锥体的步骤。

1）依次单击常用标签"三维建模"工作空间→"实体"面板→"棱锥体"。或者在命令提示下，输入"pyraMId"。

2）在命令提示下，输入"s"（侧面），输入要使用的侧面数。

3）指定底面中心点。

4）指定底面半径或直径。

5）指定棱锥体的高度。

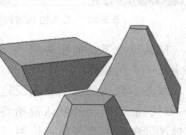

图 9-56 棱锥台体

（2）创建实体棱台的步骤。

1）依次单击常用标签"三维建模"工作空间→"实体"面板→"棱锥体"。或者在命令提示下，输入"pyraMId"。

2）在命令提示下，输入"s"（侧面），输入要使用的侧面数。

3）指定底面中心点。

4）指定底面半径或直径。

5）输入"t"（顶面半径）。指定棱锥体顶部平面的半径。

6）指定棱锥体的高度。

9.2.7 创建实体圆环体

1. 创建圆环形的三维实体 TORUS

创建类似于轮胎内胎的环形实体，如图 9-57 所示。

圆环体具有两个半径值。一个值定义圆管。另一个值定义从圆环体的圆心到圆管的圆心之间的距离。默认情况下，圆环体将绘制为与当前 UCS 的 XY 平面平行，且被该平面平分。

圆环体可以自交。如图 9-58 所示，自交的圆环体没有中心孔，因为圆管半径大于圆环体半径。

第9章 三维建模工具

图9-57 圆环体

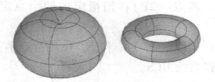
图9-58 自交圆环体

有以下三种方式创建圆环体：

1）功能区：常用标签"三维建模"工作空间→"实体"面板→"圆环体"，如图9-59所示。

2）工具栏："建模" ，如图9-60所示。

3）菜单："绘图（D）"→"建模（M）"→"圆环体（T）"，如图9-61所示。

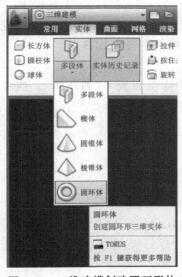
图9-59 三维建模创建圆环形体

图9-60 工具栏创建圆环形体

图9-61 菜单创建圆环形体

如图9-62所示，可以通过指定圆环体的圆心、半径或直径以及围绕圆环体的圆管的半径或直径创建圆环体。可以通过FACETRES系统变量控制着色或隐藏视觉样式的曲线式三维实体（例如圆环体）的平滑度。

图9-62 创建圆环形体

发命令后提示列表，将显示以下提示：

1）指定中心点或"三点（3P）/两点（2P）/切点、切点、半径（TTR）"：指定点（1）或输入选项。

2）指定圆心后，将放置圆环体以使其中心轴与当前用户坐标系（UCS）的Z轴平行。圆环体与当前工作平面的XY平面平行且被该平面平分。

3）指定半径或"直径（D）"<默认值>：指定距离或输入"d"。

各选项含义如下：

（1）三点（3P）：用指定的三个点定义圆环体的圆周。三个指定点也可以定义圆周平面。

（2）两点（2P）：用指定的两个点定义圆环体的圆周。第一点的 Z 值定义圆周所在平面。

（3）切点、切点、半径：使用指定半径定义可与两个对象相切的圆环体。指定的切点将投影到当前 UCS。

（4）半径：定义圆环体的半径（从圆环体中心到圆管中心的距离）。负的半径值创建形似美式橄榄球的实体。

2. 圆环体创建选项

可以使用以下选项来控制创建的圆环体的大小和旋转。

1）设定圆周或半径的大小和所在平面。使用"三点"选项在三维空间中的任意位置定义圆环体的大小。这三个点还可定义圆周所在平面。使用此选项可在创建圆环体时进行旋转。

2）设定圆周或半径。使用"两点"选项在三维空间中的任意位置定义圆环体的大小。圆周所在平面与第一个点的 Z 值相符。

3）基于其他对象设定圆环体的大小和位置。使用"相切、相切、半径"选项定义与两个圆、圆弧、直线和某些三维对象相切的圆环体。切点投影在当前 UCS 上。

3. 创建实体圆环体的步骤

1）依次单击常用标签"三维建模"工作空间→"实体"面板→"圆环体"。或者在命令提示下，输入"torus"。

2）指定圆环体的中心。

3）指定由圆环管扫掠的路径的半径或直径。

4）指定圆管的半径或直径。

9.2.8 创建实体三维墙体的多段体

1. 创建类似于三维墙体的多段体 POLYSOLID（图 9-63）

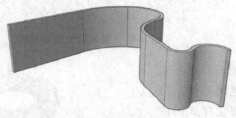

图 9-63 多段体

9.2.8 多段体创建

可以使用 POLYSOLID 命令快速绘制三维墙体。如图 9-64 所示，可以创建具有固定高度和宽度的直线段和曲线段的墙。多段体与拉伸的宽多段线类似。事实上，使用直线段和曲线段能够以绘制多段线的相同方式绘制多段体。多段体与拉伸多段线的不同之处在于，拉伸多段线在拉伸时会丢失所有宽度特性，而多段体会保留其直线段的宽度。在特性选项板中，多段体显示为扫掠实体。

通过 POLYSOLID 命令，可以将现有直线、二维多行段、圆弧或圆转换为具有矩形轮廓的实体。多实体可以包含曲线段，但是默认情况下轮廓始终为矩形。可以使用 POLYSOLID 命令绘制实体，方法与

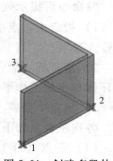

图 9-64 创建多段体

绘制多行段一样。

PSOLWIDTH 系统变量用于为实体设置默认宽度。

PSOLHEIGHT 系统变量用于为实体设置默认高度。

有以下三种途径创建多段体：

1）功能区：常用标签"三维建模"工作空间→"实体"面板→"多段体"，如图 9-65 所示。

2）工具栏："建模"，如图 9-66 所示。

3）菜单："绘图（D）"→"建模（M）"→"多段体（P）"，如图 9-67 所示。

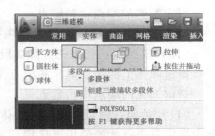

图 9-65 三维建模创建多段体

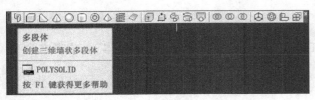

图 9-66 工具栏创建多段体

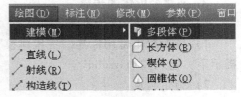

图 9-67 菜单创建多段体

发起命令后将显示以下提示：

指定起点或"对象（O）/高度（H）/宽度（W）/对正（J）"<对象>:指定实体轮廓的起点，按 Enter 指定要转换为实体的对象，或输入选项。

指定下一点或"圆弧（A）/放弃（U）"：指定实体轮廓的下一点，或输入选项。

2. 多段体创建选项

（1）对象：指定要转换为实体的对象。可以转换选择的对象，选择要转换为实体的对象。可以转换为直线、圆弧、二维多段线、圆。

（2）高度：指定实体的高度。默认高度设为当前的 PSOLHEIGHT 设置。指定高度<默认>:指定高度值，或按 Enter 键指定默认值。指定的高度值将更新 PSOLHEIGHT 设置。

（3）宽度：指定实体的宽度。默认宽度设为当前的 PSOLWIDTH 设置。指定宽度<当前>:通过输入值或指定两点来指定宽度的值，或按 Enter 键指定当前宽度值。指定的宽度值将更新 PSOLWIDTH 设置。

（4）对正：使用命令定义轮廓时，可以将实体的宽度和高度设定为左对正、右对正或居中。对正方式由轮廓的第一条线段的起始方向决定。输入对正方式［左对正（L）/居中（C）/右对正（R）］<居中>:输入对正方式的选项或按 Enter 键指定居中对正。

（5）下一点：指定下一点或［圆弧（A）/闭合（C）/放弃（U）］：指定实体轮廓的下一点、输入选项或按 Enter 键结束命令。

（6）圆弧：将圆弧段添加到实体中。圆弧的默认起始方向与上次绘制的线段相切。可以使用"方向"选项指定不同的起始方向。指定圆弧的端点或［闭合（C）/方向（D）/直线（L）/第二个点（S）/放弃（U）］：指定端点或输入选项。

（7）闭合：通过从指定的实体的最后一点到起点创建直线段或圆弧段来闭合实体。必须至少指定两个点才能使用该选项。

（8）方向：指定圆弧段的起始方向。

指定圆弧的起点切向：指定点。

指定圆弧的端点：指定点。

（9）直线：退出"圆弧"选项并返回初始 POLYSOLID 命令提示。

（10）第二点：指定三点圆弧段的第二个点和端点。

指定圆弧上的第二点：指定点

指定圆弧的端点：指定点

（11）关闭：通过从指定的实体的上一点到起点创建直线段或圆弧段来闭合实体。必须至少指定三个点才能使用该选项。

（12）放弃：删除最后添加到实体的圆弧段。

3. 创建多段体的步骤

（1）绘制多段体的步骤。

1）依次单击常用标签"三维建模"工作空间→"实体"面板→"多段体"，或者在命令提示下，输入"Polysolid"。

2）指定起点。

3）指定下一个点。

4）要创建曲线段，请在命令提示下输入"a"（圆弧），并指定下一个点。

5）重复步骤 3）以完成所需的实体。

6）按 Enter 键。

（2）从现有对象创建多段体的步骤。

1）依次单击常用标签"三维建模"工作空间→"实体"面板→"多段体"。

2）或者在命令提示下，输入"Polysolid"。

3）在命令提示下，输入"o"（对象）。

4）选择诸如直线、多段线、圆弧或圆等二维对象。

三维多段体将使用当前的高度和宽度设置创建。删除还是保留原始二维对象取决于 DELOBJ 系统变量的设置。

9.3 绘制三维网格

网格模型由使用多边形表示（包括三角形和四边形）来定义三维形状的顶点、边和面组成。

与实体模型不同，网格没有质量特性。但是，与三维实体一样，从 AutoCAD2010 开始，用户可以创建诸如长方体、圆锥体和棱锥体等图元网格形式。然后，可以通过不适用于三维实体或曲面的方法来修改网格模型。例如，可以应用锐化、分割以及增加平滑度，可以拖动网格子对象（面、边和顶点）使对象变形。要获得更细致的效果，可以在修改网格之前优化特定区域的网格。使用网格模型可提供隐藏、着色和渲染实体模型的功能，而无需使用质量和惯性矩等物理特性。

9.3.1 从其他对象构造网格

通过填充其他对象（例如直线和圆弧）之间的空隙来创建网格形式。

可以使用多种方法创建边由其他对象定义的网格对象。MESHTYPE 系统变量可控制新对象是否为有效的网格对象，还可以控制是使用传统多面几何图形还是多边几何图形创建该对象。

可以通过更改视觉样式（VISUALSTYLES）来控制网格是显示为线框图像、隐藏图像还是概念图像。

1. 从其他对象创建的网格类型

可以创建多种以现有对象为基础的网格类型。

（1）直纹网格。RULESURF 创建表示两条直线或曲线之间的直纹曲面的网格，如图9-68所示。

（2）平移网格。TABSURF 命令可创建表示常规展平曲面的网格。曲面是由直线或曲线的延长线（称为路径曲线）按照指定的方向和距离（称为方向矢量或路径）定义的，如图9-69所示。

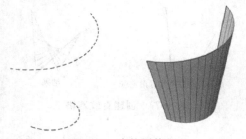
图 9-68　直纹网格面

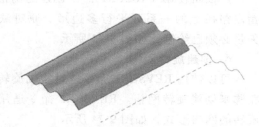
图 9-69　平移网格面

（3）旋转网格。REVSURF 命令可通过绕指定轴旋转轮廓来创建与旋转曲面近似的网格。轮廓可以包括直线、圆、圆弧、椭圆、椭圆弧、多段线、样条曲线、闭合多段线、多边形、闭合样条曲线和圆环，如图9-70所示。

（4）边界定义的网格。EDGESURF 命令可创建一个网格，如图 9-71 所示。此网格近似于一个由四条邻接边定义的孔斯曲面片网格。孔斯曲面片网格是在四条邻接边（这些边可以是普通的空间曲线）之间插入的双三次曲面。

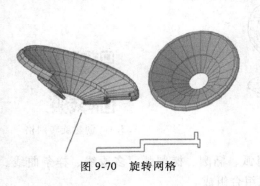
图 9-70　旋转网格　　　　　　　　　图 9-71　边界定义的网格

2. 创建直纹网格

使用 RULESURF 命令，可以在两条直线或曲线之间创建网格。可以使用两种不同的对象定义直纹网格的边界：直线、点、圆弧、圆、椭圆、椭圆弧、二维多段线、三维多段线或样条曲线。

用作直纹网格"轨迹"的两个对象必须全部开放或全部闭合。点对象可以与开放或闭合对象成对使用。可以在闭合曲线上指定任意两点来完成此操作。对于开放曲线，将基于曲线上指定点的位置构造直纹网格，如图9-72所示。

3. 创建平移网格

使用TABSURF命令可以创建网格，该网格表示由路径曲线和方向矢量定义的常规展平曲面。路径曲线可以是直线、圆弧、圆、椭圆、椭圆弧、二维多段线、三维多段线或样条曲线。方向矢量可以是直线，也可以是开放的二维或三维多段线。

可以将使用TABSURF命令创建的网格看作是指定路径上的一系列平行多边形。原对象和方向矢量必须已绘制，如图9-73所示。

4. 创建旋转网格

可以使用REVSURF命令通过绕轴旋转对象的轮廓来创建旋转网格。REVSURF命令适用于对称旋转的网格形式，如图9-74所示。

定义的曲线

结果

在边上的相向位置指定点　　结果

在边上的对角位置指定点　　结果

图9-72　创建直纹网格

指定的对象　　指定的方向矢量　　结果

图9-73　创建平移网格

9.3.1　创建平移网格

 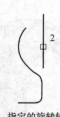 
指定的轮廓　　指定的旋转轴　　结果

图9-74　创建旋转网格

9.3.1　创建旋转网格

该轮廓称为路径曲线。它可以由直线、圆、圆弧、椭圆、椭圆弧、多段线、样条曲线、闭合多段线、多边形、闭合样条曲线或圆环的任意组合组成。

5. 创建边界定义的网格

使用EDGESURF命令，可以通过称为边界的四个对象创建孔斯曲面片网格，如图9-75所示。边界可以是可形成闭合环且共享端点的圆弧、直线、多段线、样条曲线或椭圆弧。孔斯片是插在四个边界间的双三次曲面（一条 M 方向上的曲线和一条 N 方向上的曲线）。

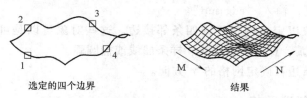

图 9-75 创建边界定义的网格

6. 操作步骤

（1）创建直纹网格的步骤。

1）依次单击"绘图（D）"→"建模（M）"→"网格（M）"→"直纹网格（R）"。在命令提示下，输入"rulesurf"。

2）选择要用作第一条定义曲线的对象。

3）再选择一个对象作为第二条定义曲线。网格线段在定义曲线之间绘制。线段的数目与为 SURFTAB1 设定的值相等。

9.3.1 创建直纹网格

4）如果需要，删除原曲线。

（2）创建平移网格的步骤。

1）依次单击"绘图（D）"→"建模（M）"→"网格（M）"→"平移网格（T）"。在命令提示下，输入"tabsurf"。

2）指定对象以定义展平曲面（路径曲线）的整体形状。

3）该对象可以是直线、圆弧、圆、椭圆或二维/三维多段线。

4）指定用于定义方向矢量的开放直线或多段线。

5）网格从方向矢量的起点延伸至端点。

6）如果需要，删除原对象。

（3）创建旋转网格的步骤。

1）依次单击"绘图（D）"→"建模（M）"→"网格（M）"→"旋转网格（M）"。在命令提示下，输入"revsurf"。

2）指定对象以定义路径曲线。

3）路径曲线定义了网格的 N 方向，它可以是直线、圆弧、圆、椭圆、椭圆弧、二维多段线、三维多段线或样条曲线。如果选择了圆、闭合椭圆或闭合多段线，则将在 N 方向上闭合网格。

4）指定对象以定义旋转轴。

5）方向矢量可以是直线，也可以是开放的二维或三维多段线。如果选择多段线，矢量设定从第一个顶点指向最后一个顶点的方向为旋转轴。中间的任意顶点都将被忽略。旋转轴确定网格的 M 方向。

6）指定起点角度，如果指定的起点角度不为零，则将在与路径曲线偏移该角度的位置生成网格。

7）指定包含角，包含角用于指定网格绕旋转轴延伸的距离。

8）如果需要，删除原对象。

（4）创建边界定义孔斯曲面片网格的步骤。

建筑CAD

1）依次单击"绘图（D）"→"建模（M）"→"网格（M）"→"边界网格（D）"。在命令提示下，输入"edgesurf"。

2）选择四个对象以定义网格片的四条邻接边。这些对象可以是可形成闭合环且共享端点的圆弧、直线、多段线、样条曲线或椭圆弧。

3）选择的第一条边可确定网格的 M 方向。

9.3.1 创建边界定义曲面

9.3.2 通过转换创建网格

将实体、曲面和传统网格类型转换为网格对象。

可以使用 MESHSMOOTH 命令将某些对象转换为网格。将三维实体、曲面和传统网格对象转换为增强的网格对象，以便利用平滑化、优化、锐化和分割等功能，如图 9-76 所示。

1. 可以转换的对象类型

将图元实体对象转换为网格时可获得最稳定的结果。也就是说，结果网格与原实体模型的形状非常相似。尽管转换结果可能与期望的有所差别，但也可转换其他类型的对象。这些对象包括扫掠曲面和实体、传统多边形和多面网格对象、面域、闭合多段线和使用 3DFACE 创建的对象。对于上述对象，通常可以通过调整转换设置来改善结果。

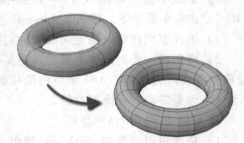

图 9-76 转换创建网格

2. 调整网格转换设置

如果转换未获得预期效果，请尝试更改"网格镶嵌选项"对话框中的设置。在"三维建模"工作空间→"网格"选项卡→"网格"，打开"网格图元选项"对话框例如，如果"平滑网格优化"网格类型致使转换不正确，如图 9-77 所示。

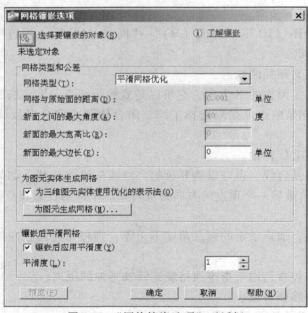

图 9-77 "网格镶嵌选项"对话框

图 9-78 所示为使用不同镶嵌设置转换为网格的三维实体螺旋。已对优化后的网格版本进行平滑处理,但其他两个转换的平滑度为零。但是要注意,镶嵌值较小的主要象限点转换会创建与原版本最相似的网格对象。对此对象进行平滑处理会进一步改善其外观。

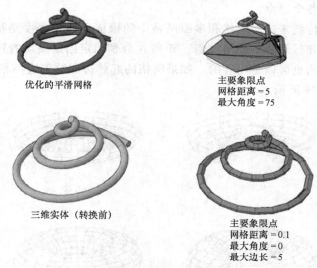

图 9-78 调整网格转换设置

同样,如果注意到转换后的网格对象具有大量长薄面(有时可能导致形成间隙),请尝试减小"新面的最大边长"值。如果转换的是图元实体对象,此对话框还会提供使用与用于创建图元网格对象的默认设置相同的默认设置的选项。直接从此对话框中选择转换候选对象时,可以在接受结果之前预览结果。

3. 操作步骤

(1) 使用默认设置将对象转换为网格的步骤。

1) 依次单击"修改(M)"→"曲面编辑(F)"→"转换为网格(M)"。或者在命令提示下,输入"meshsmooth"。

2) 选择某个对象(例如三维实体或曲面)。将使用"网格镶嵌选项"对话框中的设置将对象转换为网格(有关符合条件的对象的列表,请参见可以转换为网格的对象)。

(2) 将对象转换为网格时修改转换设置的步骤。

1) 依次单击"常用"选项卡→"网格"面板→"对话框启动器"。

2) 在"网格镶嵌选项"对话框中,更新要更改的设置。

3) 单击"选择要镶嵌的对象"。

4) 选择某个对象(例如三维实体或曲面),然后按 Enter 键。

5) 要显示转换后对象的预览,请单击"预览"。更新后的对象将显示在绘图区域中。

6) 要调整设置,请按 Esc 键以再次显示对话框。重复步骤 2)~5)。或者要接受转换,请按 Enter 键。

(3) 修改网格转换设置的步骤。

1) 依次单击"常用"选项卡→"网格"面板→"对话框启动器"。

2) 在"网格镶嵌选项"对话框中,更新要更改的设置,然后单击"确定"。

9.3.3 创建自定义网格

通过指定顶点来创建自定义多边形网格或多面网格。使用 3DMESH、PFACE 和 3DFACE 命令创建网格时指定各个顶点。

网格密度可控制传统多边形网格和多面网格中的镶嵌面数。密度是根据 M 和 N 顶点的矩阵定义的，与由列和行组成的栅格类似。M 和 N 分别指定给定顶点的列和行的位置。

网格可以是开放的也可以是闭合的。如果网格的起始边和结束边不相连，则网格在给定方向上开放，如图 9-79 所示。

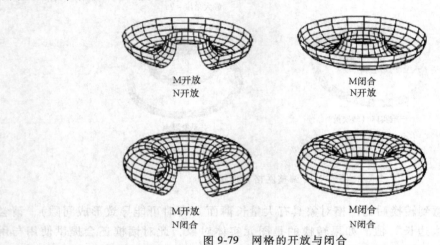

图 9-79 网格的开放与闭合

1. 创建矩形网格

使用 3DMESH 命令可以在 M 和 N 方向（类似于 XY 平面的 X 轴和 Y 轴）上创建开放多边形网格。通常，如果已知网格点数，可以将 3DMESH 命令与脚本或 AutoLISP 程序配合使用。

创建网格时，需指定网格在 M 和 N 方向上的大小。为网格指定的总顶点数等于 M 乘以 N 的值，如图 9-80 所示。

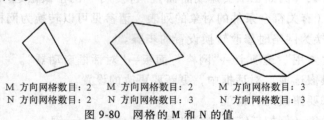

M 方向网格数目：2　　M 方向网格数目：2　　M 方向网格数目：3
N 方向网格数目：2　　N 方向网格数目：3　　N 方向网格数目：3

图 9-80 网格的 M 和 N 的值

可以使用 PEDIT 命令闭合网格。可以使用 3DMESH 命令构造不规则网格。

2. 创建多面网格

PFACE 命令可创建多面（多边形）网格，每个面都可以有多个顶点。通常情况下，通过应用程序而不是用户直接输入来使用 PFACE 命令。

创建多面网格与创建矩形网格类似。要创建多面网格，首先要指定其顶点坐标。然后通过输入每个面的所有顶点的顶点号来定义每个面。创建多面网格时，可以将特定的边设定为不可见,指定边所属的图层或颜色。要使边不可见,请输入负数值的顶点号。例如,在下图中要使顶点 5 和 7 之间的边不可见,可以输入:面 3,顶点 3:-7。

如图 9-81 所示,面 1 由顶点 1、5、6 和 2 定义。面 2 由顶点 1、4、3 和 2 定义。面 3 由顶点 1、4、7 和 5 定义,面 4 由顶点 3、4、7 和 8 定义。

3. 逐个顶点创建多面网格

使用 3DFACE 命令,可以通过指定每个顶点来创建三维多面网格。可以控制每条网格边线段的可见性。

如果在执行某些网格平滑处理操作(例如使用 MESHSMOOTHMORE)过程中选择 3DFACE 对象,则系统会提示用户将 3DFACE 对象转换为网格对象。

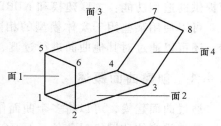

图 9-81 创建多面网格

使用 3D 命令可以创建以下三维形状:长方体、圆锥体、下半球面、上半球面、网格、棱锥体、球体、圆环体和楔体。

如图 9-82 所示,数字表示创建网格需要指定的点的数目。

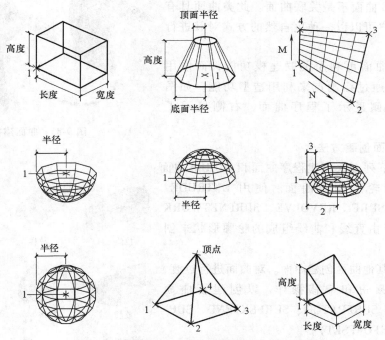

图 9-82 数字表示创建网格需要指定的点的数目

要更清晰地查看使用三维命令创建的对象,请通过 3DORBIT、DVIEW 或 VPOINT 设定观察方向。

9.4 绘制三维曲面

曲面模型是不具有质量或体积的薄抽壳。AutoCAD 提供两种类型的曲面:程序曲面和

NURBS 曲面。使用程序曲面可利用关联建模功能，而使用 NURBS 曲面可利用控制点造型功能。

典型的建模工作流是使用网格、实体和程序曲面创建基本模型，然后将它们转换为 NURBS 曲面。这样，用户不仅可以使用实体和网格提供的独特工具和图元形，还可使用曲面提供的造型功能：关联建模和 NURBS 建模。

可以使用某些用于实体模型的相同工具来创建曲面模型：例如扫掠、放样、拉伸和旋转。还可以通过对其他曲面进行过渡、修补、偏移、创建圆角和延伸来创建曲面。

9.4.1 创建曲面概述

通过曲面建模，可以将多个曲面作为一个关联组或者以一种更自由的形式进行编辑。

除三维实体和网格对象外，AutoCAD 还提供了两种类型的曲面，即程序曲面和 NURBS 曲面。

1）程序曲面可以是关联曲面，即保持与其他对象间的关系，以便可以将它们作为一个组进行处理。

2）NURBS 曲面不是关联曲面。此类曲面具有控制点，使用户可以以一种更自然的方式对其进行造型。

使用程序曲面可利用关联建模功能，而使用 NURBS 曲面可通过控制点来利用造型功能。如图 9-83 所示，左侧显示了程序曲面，右侧显示了 NURBS 曲面。

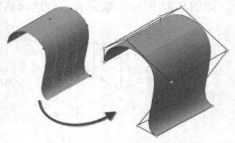

图 9-83 曲面建模

1. 选择曲面创建方法

可以使用下列方法创建程序曲面和 NURBS 曲面：

（1）基于轮廓创建曲面。使用 EXTRUDE、LOFT、PLANESURF、REVOLVE、SURFNETWORK 和 SWEEP 基于由直线和曲线组成的轮廓形状来创建曲面。

（2）基于其他曲面创建曲面。对曲面进行过渡、修补、延伸、圆角和偏移操作，以创建新曲面（SURFBLEND、SURFPATCH、SURFEXTEND、SURFFILLET 和 SURFOFFSET）。

1）将对象转换为程序曲面。将现有实体（包括复合对象）、曲面和网格转换为程序曲面（CONVTOSURFACE）。

2）将程序曲面转换为 NURBS 曲面。无法将某些对象（例如网格对象）直接转换为 NURBS 曲面。在这种情况下，可将对象先转换为程序曲面，然后再将其转换为 NURBS 曲面（CONVTONURBS），如图 9-84 所示。

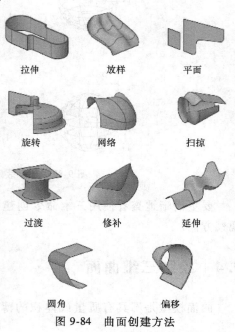

图 9-84 曲面创建方法

2. 曲面连续性和凸度幅值

（1）曲面连续性。曲面连续性和凸度幅值是创建曲面时的常用特性。创建新曲面时，可以使用特殊夹点指定连续性和凸度幅值。连续性是衡量两条曲线或两个曲面交汇时平滑程度的指标。如果需要将曲面输出到其他应用程序，连续性的类型可能很重要。

连续性类型包括：

1) G0（位置）。仅测量位置。如果各个曲面的边共线，则曲面在边曲线处是位置连续的（G0）。请注意，两个曲面能以任意角度相交并且仍具有位置连续性。

2) G1（相切）。包括位置连续性和相切连续性（G0+G1）。对于相切连续的曲面，各端点切向在公共边一致。两个曲面看上去在合并处沿相同方向延续，但它们显现的"速度"（方向变化率，也称为曲率）可能大不相同。

3) G2（曲率）。包括位置、相切和曲率连续性（G0+G1+G2）。两个曲面具有相同曲率。

（2）凸度幅值。凸度幅值是测量曲面与另一曲面汇合时的弯曲或"凸出"程度的一个指标。幅值可以是0~1的值，其中0表示平坦，1表示弯曲程度最大。

可以在创建曲面对象之前和之后设定用于控制各种曲面特性的默认设置。

3. 曲面建模系统变量

SUBOBJSELECTIONMODE：过滤在将鼠标悬停于面、边、顶点或实体历史记录子对象上时是否亮显它们。

SURFACEASSOCIATIVITY：控制曲面是否保留与从中创建了曲面的对象的关系。

SURFACEASSOCIATIVITYDRAG：设定关联曲面的拖动预览行为以提高性能。

SURFACEMODELINGMODE：控制是将曲面创建为程序曲面还是NURBS曲面。

4. 命令参考

3DOSNAP：设定三维对象的对象捕捉模式。

ANALYSISZEBRA：将条纹投影到三维模型上，以便分析曲面连续性。

BREP：删除三维实体和复合实体的历史记录以及曲面的关联性。

CONVTONURBS：将三维实体和曲面转换为NURBS曲面。

CONVTOSURFACE：将对象转换为三维曲面。

EXTRUDE：通过延伸对象的尺寸创建三维实体或曲面。

JOIN：合并相似的对象以形成一个完整的对象。

LOFT：在若干横截面之间的空间中创建三维实体或曲面。

PLANESURF：创建平面曲面。

REVOLVE：通过绕轴扫掠对象创建三维实体或曲面。

SURFBLEND：在两个现有曲面之间创建连续的过渡曲面。

SURFNETWORK：在U方向和V方向（包括曲面和实体边子对象）的几条曲线之间的空间中创建曲面。

SURFOFFSET：创建与原始曲面相距指定距离的平行曲面。

SURFPATCH：通过在形成闭环的曲面边上拟合一个封口来创建新曲面。

SWEEP：通过沿路径扫掠二维对象或者三维对象或子对象来创建三维实体或曲面。

VISUALSTYLES：创建和修改视觉样式，并将视觉样式应用于视口。

3DOSMODE：控制三维对象捕捉的设置。
DELOBJ：控制保留还是删除用于创建三维对象的几何图形。
FACETRES：调整着色和渲染对象以及删除了隐藏线的对象的平滑度。
ISOLINES：指定对象上每个曲面的轮廓素线数目。

9.4.2 创建程序曲面

通过对现有曲面进行过渡、修补和偏移操作或通过转换三维实体、网格和其他平面几何图形，可以创建程序曲面。

1. 从其他曲面创建曲面

基于现有曲面创建程序曲面的方法有多种，其中包括过渡、修补及偏移或创建网络曲面和平面曲面。

（1）创建平面曲面。可以在边子对象、样条曲线与其他二维与三维曲线之间的空间中创建平面曲面。可使用 PLANESURF 命令创建平面曲面。可以基于多个闭合对象创建平面曲面，并且曲线可以是曲面边子对象或实体边子对象。创建时可指定切点和凸度幅值。

9.4.2 创建平面曲面

创建平面曲面的步骤：

1）依次单击"绘图（D）"→"建模（M）"→"曲面（F）"→"平面（L）"。或者在命令提示下，输入"Planesurf"。

2）在屏幕上单击并拖动一个区域。

3）按住 Shift 键并按鼠标滚轮，以便动态观察和检验平面曲面。

（2）创建网络曲面。

可以在边子对象、样条曲线和其他二维和三维曲线之间的空间中创建非平面曲面。可以使用 SURFNETWORK 命令创建非平面网络曲面。网络曲面与放样曲面的相似之处在于，它们都在 U 和 V 方向几条曲线之间的空间中创建。曲线可以是曲面边子对象或实体边子对象。创建曲面时，可指定曲面边的切点和凸度幅值。

9.4.2 创建网络曲面

创建网络曲面的步骤：

1）依次单击"绘图（D）"→"建模（M）"→"曲面（F）"→"网络（N）"。或者在命令提示下，输入"surfnetwork"。

2）在绘图区域中，沿第一个方向（U 或 V）选择横截面曲线，然后按 Enter 键。

3）沿第二个方向选择横截面，然后按 Enter 键。

（3）对曲面进行过渡操作。可以在两个现有曲面之间创建过渡曲面。可以使用 SURFBLEND 在现有曲面和实体之间创建新曲面。对各曲面过渡以形成一个曲面时，可指定起始边和结束边的曲面连续性和凸度幅值。

在曲面和实体之间创建过渡曲面的步骤：

1）依次单击"绘图（D）"→"建模（M）"→"曲面（F）"→"过渡（B）"。或者在命令提示下，输入"surfblend"。

2）依次单击"常用"选项卡→"子对象"面板→"边"。或者在命令提示下，输入"subobjectselectionmode"。

3）在绘图区域中，选择曲面边子对象和实体边子对象。

4）指定每条边的连续性和凸度幅值，然后按 Enter 键。

（4）修补曲面。可以通过修补闭合曲面或闭合曲线来创建曲面。使用 SURFPATCH 可在作为另一个曲面的边的一条闭合曲线（例如闭合样条曲线）内创建曲面。还可以绘制导向曲线，以使用约束几何图形选项来约束修补曲面的形状。修补曲面时，请指定连续性和凸度幅值。

修补闭合曲面顶部的步骤：

1）依次单击"曲面"选项卡→"创建"面板→"修补"。或者在命令提示下，输入"surfblend"。

2）依次单击"常用"选项卡→"子对象"面板→"边"。或者在命令提示下，输入"subobjectselectionmode"。

3）在绘图区域中，选择曲面边子对象。

4）指定连续性和凸度幅值，然后按 Enter 键。

（5）对曲面进行偏移操作。可以创建与原始曲面相距指定距离的平行曲面。使用 SURFOFFSET 可指定偏移距离，以及偏移曲面是否保持与原始曲面的关联性。还可使用数学表达式指定偏移距离。请参见通过公式和方程式约束设计。

从偏移曲面创建实体的步骤：

1）依次单击"绘图（D）"→"建模（M）"→"曲面（F）"→"偏移（O）"。或者在命令提示下，输入"surfblend"。

2）在绘图区域中，选择一个曲面并按 Enter 键。将显示箭头以表明偏移方向。

3）输入"s"并按 Enter 键。

4）输入偏移距离并按 Enter 键。

曲面将创建一个平行曲面，然后将两个曲面连接起来以形成三维实体对象。

2．将对象转换为程序曲面

将三维实体、网格和二维几何图形转换为程序曲面。

（1）使用 CONVTOSURFACE 可将下列任一对象转换为曲面：二维实体、网格、面域、开放的具有厚度的零宽度多段线、具有厚度的直线、具有厚度的圆弧、三维平面。

（2）操作步骤。将一个或多个对象转换为曲面的步骤。

1）依次单击"修改（M）"→"三维操作（3）"→"转换为曲面（U）"。在命令提示下，输入"convtosurface"。

2）选择要转换的对象，然后按 Enter 键。

9.4.3 创建 NURBS 曲面

可通过启用 NURBS 创建功能并使用用于创建程序曲面的很多命令来创建 NURBS 曲面。还可将现有程序曲面转换为 NURBS 曲面。可以从许多二维对象（包括边子对象、多段线和圆弧）创建 NURBS 曲面，但样条曲线工具是唯一具有适合创建 NURBS 曲面的选项的对象。样条曲线不仅由 Bezier 圆弧组成，而且可以使用控制点和拟合点进行定义。拟合点和控制点提供不同的编辑选项，例如节点参数化和阶数选项。

1. 移动拟合点与移动控制点

NURBS 曲线具有拟合点与控制点。拟合点位于线上，而控制点位于线外。使用拟合点可对曲线的一小部分进行更改，使用控制点进行更改将影响到整条曲线的形状。

2. 使用开放和闭合的几何图形剪裁曲面和曲线

NURBS 曲面和曲线可以有剪裁、闭合或开放的形式。形式会影响对象变形的方式。

（1）开放的曲线和曲面。起始控制点和结束控制点处于不同位置，不形成环。如果将开放曲线的起始控制点和结束控制点捕捉到同一位置，该曲线仍然是开放曲线，因为用户仍可以将这些点相互拖开。

（2）闭合的曲线和曲面。起始控制点和结束控制点重合的环。这些点接触的位置称为接缝。如果移动一个控制点，另一个控制点也随之移动。

（3）剪裁曲线。一个闭合环，具有可产生看不见的额外控制点的接缝。这些看不见的控制点可导致形状在重塑时出现皱褶和锐化现象。

NURBS 曲面以 Bezier 曲线或样条曲线为基础。因此，诸如阶数、拟合点、控制点、线宽和节点参数化等设置对于定义 NURBS 曲面或曲线很重要。AutoCAD 样条曲线经过优化可创建 NURBS 曲面，使用户可以控制上述很多选项（请参见 SPLINE 和 SPLINEDIT）。图 9-85 所示为当选择 NURBS 曲面或样条曲线时显示的控制点。

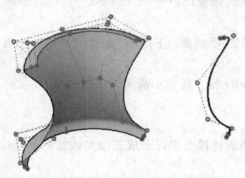

图 9-85 NURBS 曲面或样条曲线的控制点

9.4.3 轮廓进行放样来创建

3. 创建 NURBS 曲面的方法

（1）命令与系统变量。SURFACEMODELINGMODE 系统变量是控制将曲面创建为程序曲面还是 NURBS 曲面。当该系统变量设定为 1 时，使用任何曲面创建命令。

CONVTONURBS 命令，使用此命令转换任何现有曲面。

注意：事先规划 NURBS 建模很重要，因为 NURBS 曲面无法转换回程序曲面。

（2）创建 NURBS 曲面操作步骤。

1）通过放样创建 NURBS 曲面的步骤。

① 依次单击"修改（M）"→"曲面编辑（F）"→"转换为 NURBS（N）"。或者在命令提示下，输入"convtonurbs"。

② 依次单击"曲面"选项卡→"创建"面板→"放样"。或者在命令提示下，输入"loft"。

③ 选择横截面轮廓并按 Enter 键。按照希望新三维对象通过轮廓的顺序选择这些轮廓。放样操作后删除还是保留原对象，取决于 DELOBJ 系统变量的设置。

2）将实体转换为 NURBS 曲面的步骤。

① 依次单击"修改（M）"→"曲面编辑（F）"→"转换为 NURBS（N）"。或者在命令提示下，输入"convtonurbs"。

② 选择实体并按 Enter 键。该对象将转换为多个 NURBS 曲面（每个面成为一个单独的曲面）。

注意：若要显示控制点，请依次单击"修改（M）"→"曲面编辑（F）"→"转换为 NURBS（N）"。或者在命令提示下，输入"cvshow"。

3）将网格对象转换为 NURBS 曲面的步骤。

① 请依次单击"修改（M）"→"三维操作（3）"→"转换为曲面（U）"。或者在命令提示下，输入"convtosurface"。选择网格对象并按 Enter 键。该对象将转换为程序曲面。

② 请依次单击"曲面"选项卡→"创建"面板→"NURBS 创建"。或者在命令提示下，输入"convtonurbs"。该对象将转换为 NURBS 曲面。

注意：若要显示控制点，请依次单击"修改（M）"→"曲面编辑（F）"→"转换为 NURBS（N）"。或者在命令提示下，输入"cvshow"。

9.4.4 创建关联曲面

关联曲面会根据对其他相关对象所做的更改自动进行调整。当曲面关联性处于打开状态时，创建的曲面将带有与创建它们的曲面或轮廓之间的关系。

1. 可利用关联性的作用

重塑生成曲面所依据的轮廓形状，以自动重塑该曲面的形状。

将一组曲面作为一个对象进行处理。正如重塑实心长方体一个面的形状会调整整个图元一样，重塑关联曲面组中一个曲面或边的形状也会调整整个组。

对曲面的二维轮廓使用几何约束。

可以指定数学表达式来导出曲面的特性（例如高度和半径）。例如，指定拉伸后曲面的高度等于另一个对象长度的一半。

当添加更多对象并进行编辑时，所有这些对象将变得相关并生成一个从属关系链。编辑一个对象可能造成涟漪效应，而影响所有关联的对象。了解关联性链是很重要的，因为移动或删除链中的一个链接可能会破坏所有对象之间的关系。若要修改从曲线或样条曲线生成的曲面的形状，必须选择并修改生成曲面所依据的曲线或样条曲线，而不是曲面本身。如果修改曲面本身，将失去关联性。当关联性处于启用状态时，将忽略 DELOBJ 系统变量。如果"曲面关联性"和"NURBS 创建"都处于打开状态，则曲面将创建为 NURBS 曲面而不是关联曲面。

注意：事先规划模型可以节省时间；创建模型后不能再返回并添加关联性。此外，还应该注意不要将对象拖离组而不慎破坏关联性。

2. 关联曲面的基本操作步骤

（1）创建关联曲面的步骤。依次单击"曲面"选项卡→"创建"面板→"曲面关联性"。或者在命令提示下，输入"surfaceassociativity"。

任何新程序曲面都是关联曲面。

注意：如果"曲面关联性"和"NURBS 创建"都处于打开状态，则曲面关联性不起作用。

(2) 查看与曲面关联的对象的步骤。

1) 在图形中，选择一个关联曲面。

2) 打开特性选项板，在"曲面关联性"的"显示关联性"下拉列表中，选择"显示"。

3) 将鼠标悬停在该曲面和附近的对象上。关联对象会与曲面本身一起亮显。

(3) 对特定曲面禁用关联性的步骤。

1) 在图形中，选择一个关联曲面。

2) 打开特性选项板，在"曲面关联性"的"保持关联性"下拉列表中，选择"无"。

注意：曲面将保持与其他对象的关联性。但是，所创建的任何新对象将不会与该曲面相关联。该操作打断了关联性链条。

(4) 从曲面删除关联性的步骤。

1) 在图形中，选择一个关联曲面。

2) 打开特性选项板，在"曲面关联性"的"保持关联性"下拉列表中，选择"删除"。

注意：该曲面将成为基本曲面。不能再从特性选项板中更改任何特性或该曲面的特性，且该曲面失去与其他对象的关系。

3. 对曲面轮廓使用几何约束

正如限制二维草图一样，几何约束也可用于限制三维曲面的移动。例如，可以指定曲面保持在与其他对象垂直或平行的固定位置。约束将应用于创建曲面所使用的二维轮廓对象，而不是曲面本身。使用选择循环功能能确保选定的是轮廓曲线而不是曲面或边子对象。

4. 使用数学表达式导出曲面特性

1) 标注约束是用户定义的表达式，这些表达式在该曲面的特性选项板中应用，如图9-86所示。

2) 有关表达式中可以使用的运算符和函数的完整列表。请参见使用参数管理器控制几何图形。下表列出了可接受表达式的曲面类型及其特性。

图9-86 曲面的特性选项板

曲面类型	可约束的曲面特性。
过渡曲面	凸度幅值
延伸曲面	延伸距离
拉伸曲面	高度 倾斜
圆角曲面	圆角半径
放样曲面	凸度幅值
网络曲面	凸度幅值
偏移曲面	偏移距离
修补曲面	凸度幅值
旋转曲面	旋转角度

5．曲面轮廓使用几何约束基本操作步骤

（1）在两个曲面之间创建平行关系的步骤。

1）输入"dsettings"并选择"选择循环"选项卡。

2）单击"允许选择循环"打开选择循环功能。

3）输入"geomconstraint"。输入"pa"以选择平行选项。

4）选择第一个和第二个轮廓对象。当心不要选择曲面或边子对象。

5）如果曲面不是平行的，它们会移至平行位置，此时将显示平行约束符号。

（2）添加用户表达式以指定曲面高度的步骤。

1）在曲面上单击鼠标右键，选择"特性"。

2）将显示特性选项板。

3）在"几何图形"部分的"高度"字段中，输入表达式。

4）该字段旁将显示一个符号，指示标注约束已应用于该特性。

9.5 利用二维图形创建三维实体

可以使用二维图形直线和曲线来拉伸、扫掠、放样和旋转三维实体、曲面和 NURBS 曲面。

9.5.1 创建复合实体和曲面概述

了解使用"拉伸"EXTRUDE、"扫掠"SWEEP、"放样"LOFT 和"旋转"REVOLVE 命令创建实体和创建曲面的不同之处。

1．曲面与实体

拉伸、扫掠、放样和旋转曲线时，可以创建实体和曲面。开放曲线总是创建曲面，而闭合曲线将视情况创建实体或曲面。如果选择闭合曲线并在功能区上单击"拉伸"、"扫掠"、"放样"和"旋转"，则会创建：

1）实体，如果"实体"选项卡处于活动状态。

2）程序曲面，如果"曲面"选项卡处于活动状态。

3）NURBS 曲面，如果"曲面"选项卡处于活动状态且 SURFACEMODELINGMODE 系统变量设定为 NURBS。

4）关联曲面，如果"曲面"选项卡处于活动状态并且如果曲面关联性处于启用状态。

如图 9-87 所示，同一轮廓生成了实体（左）、程序曲面（中）和 NURBS 曲面（右）。

若要在"实体"选项卡处于活动状态时创建曲面或者在"曲面"选项卡处于活动状态时创建实体，请选择"模式"选项并在创建对象时选择曲面。

2．可用作轮廓和导向曲线的几何图形

可以在拉伸、扫掠、放样和旋转时用作轮廓和导向曲线的曲线包括：开放的或闭合的、平面或非平面、实体和曲面边子对象、单个对象（为

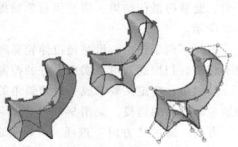

图 9-87 "实体"选项卡"模式"选项

了拉伸多线，使用 JOIN 命令将其转换为单个对象）、单个面域（为了拉伸多个面域，使用 REGION 命令将其转换为单个对象）。

3. 创建关联曲面

曲面可以具有关联性，而实体不能具有关联性。如果创建曲面时曲面关联性处于启用状态，则曲面与生成该曲面所依据的曲线之间会保持关系（即使曲线是另一实体或曲面的子对象）。如果重塑了曲线的形状，曲面轮廓将会自动更新。请参见创建关联曲面。

注意：若要修改关联曲面，必须修改生成该曲面所依据的曲线，而不是曲面本身。如果重塑曲面的形状，指向生成该曲面所依据的曲线的链接将会断开，曲面将失去关联性而成为基本曲面。

删除生成实体或曲面所依据的曲线 DELOBJ 系统变量控制在创建实体或曲面后，是否自动删除生成对象所依据的曲线。但如果曲面关联性处于启用状态，则会忽略 DELOBJ 设置并且不会删除生成对象所依据的曲线。

4. 相关系统变量

3DOSMODE：控制三维对象捕捉的设置。

DELOBJ：控制保留还是删除用于创建三维对象的几何图形。

SOLIDHIST：控制实体对象的默认历史记录特性设置。

SUBOBJSELECTIONMODE：过滤在将鼠标悬停于面、边、顶点或实体历史记录子对象上时是否亮显它们。

SURFACEASSOCIATIVITY：控制曲面是否保留与从中创建了曲面的对象的关系。

SURFACEASSOCIATIVITYDRAG：设定关联曲面的拖动预览行为以提高性能。

SURFACEMODELINGMODE：控制是将曲面创建为程序曲面还是 NURBS 曲面。

9.5.2 通过拉伸创建实体或曲面

通过将曲线拉伸到三维空间可创建三维实体或曲面。EXTRUDE 命令可创建延伸曲线的形状的实体或曲面。开放曲线可创建曲面，而闭合曲线可创建实体或曲面。

1. 拉伸选项

拉伸对象时，可以指定以下任意一个选项：

模式：设定拉伸是创建曲面还是实体。

指定拉伸路径：使用"路径"选项，可以通过指定要作为拉伸的轮廓路径或形状路径的对象来创建实体或曲面。拉伸对象始于轮廓所在的平面，止于在路径端点处与路径垂直的平面。要获得最佳结果，请使用对象捕捉确保路径位于被拉伸对象的边界上或边界内，如图 9-88 所示。

拉伸不同于扫掠。沿路径拉伸轮廓时，轮廓会按照路径的形状进行拉伸，即使路径与轮廓不相交。扫掠通常可以实现更好的控制，并能获得更出色的结果。

倾斜角：在定义要求成一定倾斜角的零件方面，倾斜拉伸非常有用，例如铸造车间用来制造金属产品的铸模，如图 9-89 所示。

方向：通过"方向"选项，可以指定两个点以设定拉伸的长度和方向。

表达式：输入数学表达式可以约束拉伸的高度。请参见在关联曲面之间创建几何关系。

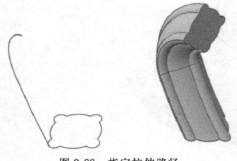

图 9-88 指定拉伸路径

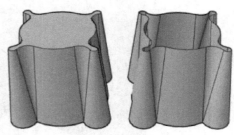

图 9-89 倾斜拉伸

2．拉伸基本操作步骤

（1）拉伸 NURBS 曲面的步骤。

1）依次单击"修改（M）"→"曲面编辑（F）"→"转换为 NURBS（N）"。或者在命令提示下，输入"convtonurbs"。

2）依次单击"常用"选项卡→"曲面"面板→"拉伸"。在命令提示下，输入"extrude"。

3）选择要拉伸的对象或边子对象。

4）指定高度。拉伸后删除还是保留原对象，取决于 DELOBJ 系统变量的设置。

（2）拉伸实体的步骤。

1）依次单击"绘图（D）"→"建模（M）"→"拉伸（X）"。在命令提示下，输入"extrude"。

2）选择要拉伸的对象或边子对象。

3）指定高度。拉伸后删除还是保留原对象，取决于 DELOBJ 系统变量的设置。

（3）沿路径拉伸程序曲面的步骤。

1）依次单击"曲面"选项卡→"创建"面板→"拉伸"。在命令提示下，输入"extrude"。

2）选择要拉伸的对象或边子对象。

3）在命令提示下，输入"p"（路径）。

4）选择要用作路径的对象或边子对象。拉伸后删除还是保留原对象，取决于 DELOBJ 系统变量的设置。

9.5.3 通过扫掠创建实体或曲面

可以通过沿路径扫掠轮廓来创建三维实体或曲面。SWEEP 命令通过沿指定路径延伸轮廓形状（被扫掠的对象）来创建实体或曲面。沿路径扫掠轮廓时，轮廓将被移动并与路径垂直对齐。开放轮廓可创建曲面，而闭合曲线可创建实体或曲面，可以沿路径扫掠多个轮廓对象。

1．扫掠选项

拉伸对象时，可以指定以下任意一个选项：

1）模式：设定扫掠是创建曲面还是实体。

2）对齐：如果轮廓与扫掠路径不在同一平面上，如图 9-90 所示为指定轮廓与扫掠路径对齐的方式。

3）基点：在轮廓上指定基点，以便沿轮廓进行扫掠。

9.5.3 扫掠创建

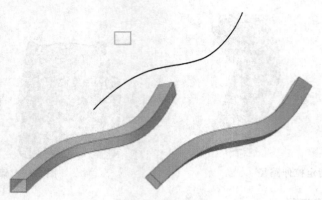

图 9-90　对齐扫掠

4）比例：指定从开始扫掠到结束扫掠将更改对象大小的值。输入数学表达式可以约束对象缩放。请参见在关联曲面之间创建几何关系，如图 9-91 所示。

5）扭曲：通过输入扭曲角度，对象可以沿轮廓长度进行旋转。输入数学表达式可以约束对象的扭曲角度。请参见在关联曲面之间创建几何关系，如图 9-92 所示。

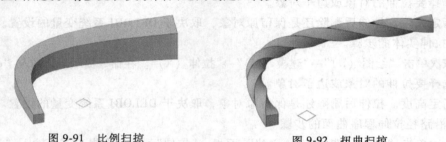

图 9-91　比例扫掠　　　　　　　　图 9-92　扭曲扫掠

2．掠扫操作步骤

（1）通过沿路径扫掠对象创建实体的步骤。

1）依次单击"绘图（D）"→"建模（M）"→"扫掠（P）"。或者在命令提示下，输入"sweep"。

2）选择要扫掠的对象。

3）按 Enter 键。

4）选择对象或边子对象作为扫掠路径。

（2）通过沿路径扫掠对象创建曲面的步骤。

1）依次单击"曲面"选项卡→"创建"面板→"扫掠"。在命令提示下，输入"sweep"。

2）选择要扫掠的对象。

3）按 Enter 键。

4）选择对象或边子对象作为扫掠路径。

注意：扫掠后删除还是保留原对象，取决于 DELOBJ 系统变量的设置。

9.5.4　通过放样创建实体或曲面

通过在包含两个或更多横截面轮廓的一组轮廓中对轮廓进行放样来创建三维实体或曲面。

横截面轮廓可以是开放曲线或闭合曲线。开放曲线可创建曲面,而闭合曲线可创建实体或曲面,如图 9-93 所示。

1. 放样选项

1)模式:设定放样是创建曲面还是实体。
2)横截面轮廓:如图 9-94 所示,选择一系列横截面轮廓以定义新三维对象的形状。

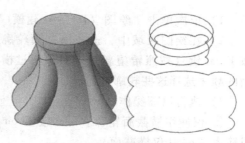

图 9-93 放样创建实体或曲面

创建放样对象时,可以通过指定轮廓穿过横截面的方式调整放样对象的形状(例如尖锐或平滑的曲线)。也可以过后在"特性"对话框中修改设置。有关详细信息,可以通过修改三维实体、曲面和网格的特性知道。

直纹　　　　　平滑拟合　　　　与所有截面垂直

图 9-94 具有不同横截面设置的放样对象

3)路径:为放样操作指定路径,以更好地控制放样对象的形状。为获得最佳结果,路径曲线应始于第一个横截面所在的平面,止于最后一个横截面所在的平面,如图 9-95 所示。
4)导向曲线:指定导向曲线,以与相应横截面上的点相匹配。此方法可防止出现意外结果,例如结果三维对象中出现皱褶,如图 9-96 所示。

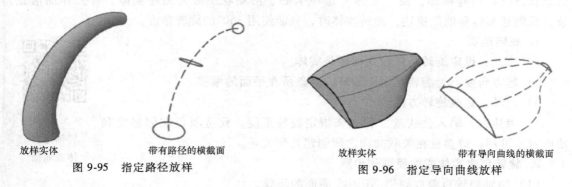

放样实体　　带有路径的横截面　　　　　放样实体　　带有导向曲线的横截面

图 9-95 指定路径放样　　　　　　　图 9-96 指定导向曲线放样

每条导向曲线必须满足三个条件:①与每个横截面相交;②始于第一个横截面;③止于最后一个横截面。

2. 放样操作步骤

(1)通过放样创建 NURBS 曲面的步骤。

1)依次单击"修改(M)"→"曲面编辑(F)"→"转换为 NURBS(N)"。在命令提示下,输入"convtonurbs"。
2)依次单击"曲面"选项卡→"创建"面板→"放样"。在命令提示下,输入"loft"。
3)在绘图区域中,选择横截面轮廓并按 Enter 键(按照希望新三维对象通过横截面的顺序选择这些轮廓)。

(2)通过对一组横截面轮廓进行放样来创建实体的步骤。

建筑CAD

1）依次单击"绘图（D）"→"建模（M）"→"放样（L）"。在命令提示下，输入"loft"。

2）在绘图区域中，选择横截面轮廓并按 Enter 键（按照希望新三维对象通过横截面的顺序选择这些轮廓）。

3）执行以下操作之一：

① 仅使用横截面轮廓。再次按 Enter 键或输入"c"（仅横截面）。

② 在"放样设置"对话框中，如图9-97所示，修改用于控制新对象的形状的选项。完成后，单击"确定"。

③ 遵循导向曲线。输入"g"（导向曲线）。选择导向曲线，然后按 Enter 键。

④ 遵循路径。输入"p"（路径）。选择路径，然后按 Enter 键。

注意：放样操作后删除还是保留原对象，取决于 DELOBJ 系统变量的设置。

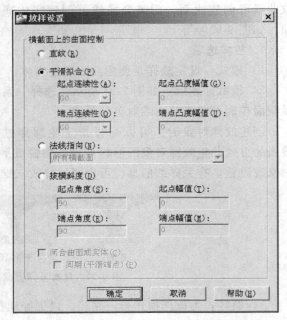

图 9-97 "放样设置"对话框

9.5.5 通过旋转创建实体或曲面

通过绕轴旋转曲线来创建三维对象。无论曲线是开放还是闭合的，"曲面"选项卡处于活动状态时将创建曲面，而"实体"选项卡处于活动状态时将创建实体。有关详细信息，请参见创建实体和曲面概述。旋转实体时，只能使用 360°的旋转角度。

1. 旋转选项

1）模式：设定旋转是创建曲面还是实体。

2）起点角度：为旋转指定距旋转的对象所在平面的偏移。

3）反转：更改旋转方向。

4）表达式：输入公式或方程式来指定旋转角度。此选项仅在创建关联曲面时才可用。请参见在关联曲面之间创建几何关系。

9.5.5 旋转创建实体或曲面

2. 旋转创建实体或曲面操作步骤

（1）绕轴旋转对象以创建 NURBS 曲面的步骤。

1）依次单击"曲面"选项卡→"创建"面板→"旋转"。或者在命令提示下，输入"revolve"。

2）选择要旋转的对象或边子对象。

3）要指定旋转轴，请指定以下各项之一：

① 起点和端点。单击屏幕上的点以设定轴方向。轴点必须位于旋转对象的一侧。轴的正方向为从起点延伸到端点的方向。

② X、Y 或 Z 轴。输入 x、y 或 z。

③ 一个对象。选择直线、多段线线段的线性边或曲面或实体的线性边。

4）指定旋转角。

（2）绕轴旋转对象以创建实体的步骤。

1）依次单击"绘图(D)"→"建模(M)"→"旋转(R)"。或者在命令提示下，输入"revolve"。

2）选择要旋转的对象或边子对象。

3）要指定旋转轴，请指定以下各项之一：

① 起点和端点。单击屏幕上的点以设定轴方向。轴点必须位于旋转对象的一侧。轴的正方向为从起点延伸到端点的方向。

② X、Y 或 Z 轴。输入 x、y 或 z。

③ 一个对象。选择直线、多段线线段的线性边或曲面或实体的线性边。

4）按 Enter 键。若要创建实体，角度必须为 360°。如果输入更小的旋转角度，则会创建曲面而不是实体。

9.6 本章练习

1. 绘制三维练习图 9-1。

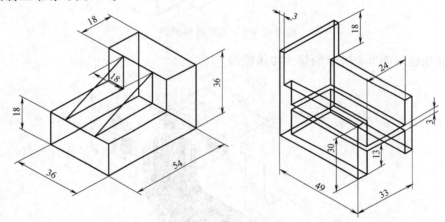

练习图 9-1　实体模型

2. 绘制三维练习图 9-2。

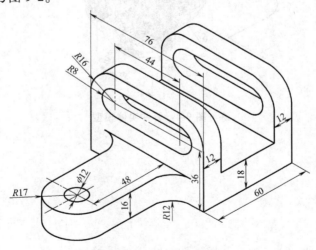

练习图 9-2　三维实体模型

3. 绘制三维练习图 9-3。

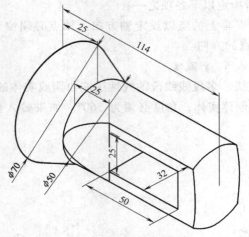

练习图 9-3　三维实体模型

4. 完成如练习图 9-4 所示的管件实体模型。

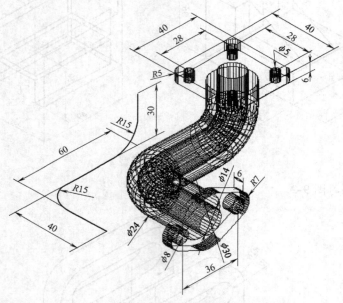

练习图 9-4　管件实体模型

第 10 章

实体编辑工具

10.1 利用布尔运算创建复合实体的编辑

10.1.1 创建复合对象

通过合并、减去或找出两个或两个以上三维实体、曲面或面域的相交部分来创建复合三维对象。复合实体是使用 UNION、SUBTRACT 和 INTERSECT 命令从两个或两个以上实体、曲面或面域中创建。三维实体将记录如何创建这些实体的历史记录。该历史记录允许用户查阅组成复合实体的原始形状。

1. 创建复合对象的方法

可以使用三种方法创建复合实体、曲面或面域：

（1）合并两个或两个以上对象。使用 UNION 命令，可以合并两个或两个以上对象的总体积。如图 10-1 所示。

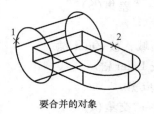
要合并的对象

结果

10.1.1 布尔运算创建复合对象

图 10-1 合并实体对象

（2）从一组实体中减去另一组实体。使用 SUBTRACT 命令，可以从一组实体中删除与另一组实体的公共区域。如图 10-2 所示，可以使用 SUBTRACT 命令从对象中减去圆柱体，从而在机械零件中添加孔。

（3）查找公共体积。使用 INTERSECT 命令，可以从两个或两个以上重叠实体的公共部分创建复合实体。INTERSECT 命令用于删除非重叠部分，如图 10-3 所示，从公共部分创建复合实体。

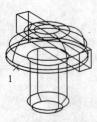 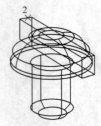 

选定被减去的对象　　　　选定要减去的对象　　　　结果(为清楚起见而隐藏的线)

图 10-2　减去实体对象

2. 从混合对象类型创建复合对象

可以从混合曲面和实体创建复合对象。

1）混合交集：实体和曲面相交可生成曲面。

2）混合差集：从曲面减去三维实体会生成曲面；但是，无法从三维实体对象中减去曲面。

3）混合并集：无法在三维实体和曲面对象之间创建并集。

注意：不能将实体与网格对象合并。但可以将网格对象转换为三维实体，以与实体合并。如果混合对象的选择集包含面域，则将忽略面域。

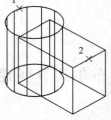

选定要相交的对象　　　　结果

图 10-3　重叠部分实体对象

3. 操作步骤

（1）合并对象的步骤。

1）依次单击"修改(M)"→"实体编辑(N)"→"并集（U）"。

2）在命令提示下，输入"union"。

3）选择要合并的三维实体、曲面或面域对象，按 Enter 键。

（2）从一个对象中减去另一个对象的步骤。

1）依次单击"修改(M)"→"实体编辑(N)"→"差集(S)"。

2）在命令提示下，输入"subtract"。

3）选择要执行减操作的三维实体、曲面或面域，按 Enter 键。

4）选择要减去的三维实体、曲面或面域，按 Enter 键。

（3）从与其他对象的交集中创建复合对象的步骤。

1）依次单击"修改(M)"→"实体编辑(N)"→"交集(I)"。

2）在命令提示下，输入"intersect"。

3）选择要相交的三维实体、曲面或面域，按 Enter 键。

10.1.2　显示复合实体的原始形状

可以修改复合三维对象的整体形状，也可以修改组成复合三维对象的原始形状。默认情况下，三维复合对象会保留历史记录，用于显示其原始部件形状的可编辑图像。

1. 保留复合部件的历史记录

创建复合对象后，可以通过修改该对象原始部件的亮显线框图像来修改新对象的形状。

如果"显示历史记录"特性为"是",则将以暗显状态显示原始形状(包括已删除的形状)的线框(SHOWHIST 系统变量还控制此设置)。若要保留复合实体原始部分的历史记录,必须在执行复合操作时将"历史记录"特性设定为"记录"(特性选项板)。也可以使用 SOLIDHIST 系统变量设定此特性。

2. 显示和删除历史记录以修改复合对象

修改复合对象时,可以显示历史记录。然后使用历史记录子对象上的夹点来修改该对象。

可以删除选定的复合对象的历史记录,方法是:将"历史记录"设置更改为"无",或输入 BREP 命令。删除历史记录后,将无法再选择和修改实体已删除的原始部件。可以通过将"历史记录"设置更改回"记录"为实体重新启动历史记录保留,如图 10-4 所示。

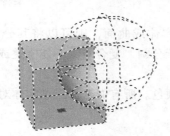 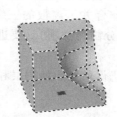

显示历史设为"是"的复合实体　　历史记录已删除且显示历史设为
　　　　　　　　　　　　　　　　"是"的复合实体

图 10-4　复合对象"历史记录"特性

处理复杂复合实体时,删除复合实体历史记录非常有用。创建初始复杂形状后,将"历史记录"设定为"无"可以删除历史记录。然后将值重置为"记录"。通过此过程,可以创建复杂复合对象,然后将其重置为用作其他复合操作的基本形状。

3. 操作步骤

(1) 显示复合实体的原始部件的步骤。

1) 如果未显示特性选项板,请选择任意对象。在对象上单击鼠标右键以显示快捷菜单。单击"特性"。

2) 在图形中,选择三维复合实体。

3) 在特性选项板的"实体历史记录"区域上的"显示历史记录"下,选择"是"。

(2) 删除实体对象的历史记录的步骤。

1) 如果未显示特性选项板,请选择任意对象。在对象上单击鼠标右键以显示快捷菜单。单击"特性"。

2) 在图形中,选择三维实体。

3) 在特性选项板的"实体历史记录"区域上的"历史记录"下,选择"无"。

(3) 将三维实体设定为记录其原始形状的历史记录的步骤。

1) 如果未显示特性选项板,请选择任意对象。在对象上单击鼠标右键以显示快捷菜单。单击"特性"。

2) 在图形中,选择实体。

3) 在特性选项板的"实体历史记录"区域上的"历史记录"下,选择"记录"。

10.1.3 修改复合实体和曲面

可以修改复合三维对象的整体形状，也可以修改组成复合三维对象的原始形状。可以使用夹点或小控件移动、缩放或旋转选定的复合对象，如图10-5所示。

复合对象可能由其他复合对象组成。可以通过按住Ctrl键同时单击形状来选择复合对象的历史记录图像。要获得最佳结果，请将子对象的选择过滤器设定为"实体历史记录"。还可以通过单击并拖动各个面、边和顶点上的夹点来更改复合对象的大小和形状。

图10-5 使用夹点或小控件移动、缩放或旋转选定的复合对象

1. 分割通过并集操作合并的离散对象

如果已通过并集操作合并了离散的三维实体或曲面，则可以将其分割为原始部件（使用SOLIDEDIT命令的"分割"选项）。要进行分割，复合对象不能重叠或共用公共的面积或体积。

分割后，各个实体仍保留其原始图层和颜色。所有嵌套的三维实体对象都将恢复为其最简单的形状。

2. 操作步骤

（1）选择作为复合实体一部分的单个实体的步骤。按Ctrl键并单击属于复合实体的单个实体。

（2）将三维复合实体分割为单独实体的步骤。

1）依次单击"修改（M）"→"实体编辑（N）"→"分割（S）"。在命令提示下，输入"solidedit"。然后输入"b"（体）和"p"（分割）。

2）选择三维实体对象。注意此操作仅适用于已通过并集操作合并的不相交对象。

3）按Enter键完成命令。

10.1.4 抽壳和删除三维对象中的冗余

可以将三维实体转换为壳体并删除冗余的直线和边。

1. 抽壳三维实体

可以将三维实体转换为中空薄壁或壳体。如图10-6所示，将实体对象转换为壳体时，可以通过将现有面朝其原始位置的内部或外部偏移来创建新面。连续相切面处于偏移状态时，可以将其看作一个面。

选定面

抽壳偏移=0.5

抽壳偏移=-0.5

10.1.4 三维实体抽壳

图10-6 将三维实体转换为中空薄壁或壳体

创建三维实体抽壳的步骤：

1) 依次单击"修改（M）"→"实体编辑（N）"→"抽壳（H）"。在命令提示下，输入"solidedit"。然后输入"b"（体）和"s"（抽壳）。

2) 选择三维实体对象。

3) 选择不进行抽壳的一个或多个面。

4) 按 Enter 键。

5) 指定抽壳偏移值。正偏移值沿面的正方向创建壳壁。负偏移值沿面的负方向创建壳壁。

6) 按 Enter 键完成命令。

2. 清除和检查三维实体

可以从三维实体中删除冗余面、边和顶点，并确认该三维实体是否有效。可以删除共用同一个曲面或顶点定义的冗余边或顶点。此操作会合并相邻的面，并删除所有冗余边（包括压印的边和未使用的边）。真实三维实体对象具有可编辑的特性、体积和质量，创建的具有厚度或闭合曲面的对象不共享这些特性、体积和质量。可以查看某个对象是否为有效的三维实体，方法是确认它是否在特性选项板上作为"三维实体"列出。也可以使用 SOLIDEDIT 确认实体对象是否为有效的三维实体对象，如图10-7 所示。

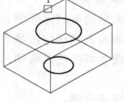

选定实体　　　　　　清除子实体

图10-7　清除和检查三维实体

清除和检查三维实体操作步骤：

（1）从三维实体对象中删除冗余直线的步骤。

1) 依次单击"修改（M）"→"实体编辑（N）"→"清除（N）"。在命令提示下，输入"solidedit"。然后输入"b"（体）和"L"（清除）。

2) 选择三维实体对象。

3) 按 Enter 键完成命令。

（2）校验三维实体对象的步骤。

1) 依次单击"修改（M）"→"实体编辑（N）"→"检查（K）"。在命令提示下，输入"solidedit"。然后输入"b"（体）和"c"（检查）。

2) 选择三维实体对象。

3) 按 Enter 键完成命令。

注意：如果对象为有效的三维对象，则命令提示下将显示一条消息。如果无效，则系统会继续提示用户选择三维实体。

10.1.5　按住或拖动有边界区域

在有边界区域的形状中创建正拉伸或负拉伸。按入或拖出有限区域或闭合区域以创建三维孔和正拉伸，如图10-8 所示。

1. 按住和拖动修改的方法

使用 PRESSPULL 命令，可以指定要拉伸的区域，然后移动光标或输入值以指定拉伸的长度。最终会生成单个三维实体对象，该对象通常具有复合形状。

实体上的边界
区域(圆型)

压入边界区域

拉出边界区域

10.1.5 按住和拖动修改

图 10-8 按住或拖动有边界区域

也可以按 Ctrl+Shift+E 组合键启动按住或拖动操作。要限制可用作边界的对象类型，请关闭 IMPLIEDFACE 系统变量。关闭变量后，使用 Ctrl+Shift+E 组合键只能拉伸三维面和三维实体面（此变量不影响 PRESSPULL 命令）。

注意：如果交互使用 EXTRUDE 拉伸三维实体上的现有面，则将创建一个独立的拉伸对象。

2. 可以按住或拖动的对象类型

可以按住或拖动多种类型的有边界区域，包括闭合对象、由共面几何图形包含的区域、三维实体的面以及三维实体面上的压印区域。要获得可按住或拖动拉伸的对象的完整列表。

注意：创建形状时不能倾斜按住或拖动的形状。但是，过后可以通过修改有边界区域的边来达到相同的效果。

按住或拖动有边界区域的步骤：
1）按住 Ctrl+Shift+E 组合键。
2）单击由共面直线或边围成的任意区域。
3）拖动鼠标以按住或拖动有边界区域。
4）单击两个点或输入值以指定拉伸的高度或深度。

10.1.6 将边和面添加到实体

可以通过压印其他对象（例如圆弧和圆）向三维实体和曲面添加可编辑的面。使用 IMPRINT 命令，可以通过压印与选定的面重叠的共面对象向三维实体添加新的面。压印提供修改以重塑实体对象的形状的其他边。

如图 10-9 所示，如果圆与长方体的面重叠，则可以压印实体上的相交曲线。

图 10-9 将边和面添加到实体

压印时可以删除或保留原始对象。可以在三维实体上，压印的对象包括圆弧、圆、直线、二维和三维多段线、椭圆、样条曲线、面域、体及其他三维实体。

1. 编辑压印的对象

可以使用与编辑其他面时可用的多种相同方式编辑压印的对象和子对象。例如，可以按住 Ctrl 键并单击以选择新边，然后进行拖动以更改其位置。

注意以下压印对象时的限制：

1) 只能在面所在的平面内移动压印面的边。
2) 可能无法移动、旋转或缩放某些子对象。
3) 移动、旋转或缩放某些子对象时可能会丢失压印的边和面。
4) 具有编辑限制的子对象包括：①具有压印边或压印面的面；②包含压印边或压印面的相邻面的边或顶点。

2. 压印三维实体对象的步骤

1) 依次单击"修改(M)"→"实体编辑(N)"→"压印边(I)"。
2) 在命令提示下，输入"imprint"。
3) 选择三维实体对象。
4) 选择要压印的共面对象。
5) 按 Enter 键保留原始对象，或输入"y"将其删除。
6) 选择要压印的其他对象或按 Enter 键。
7) 按 Enter 键完成命令。

10.2 修改网格对象

10.2.1 修改网格概述

对网格对象进行建模与对三维实体和曲面进行建模在某些重要方式上有一定差异。

网格对象不具有三维实体的质量和体积特性。但是，网格对象确实具有独特的功能，通过这些功能，用户可以设计角度更小、圆度更大的模型。网格对象比对应的实体和曲面对象更容易进行模塑和形状重塑。可以通过更改平滑度、优化特定区域或增加锐化对网格对象进行建模。

注意本节中介绍的功能仅适用于在 AutoCAD 2011 及更高版本中创建的网格对象。这些功能不能用于传统多面网格或多边形网格。

网格对象是由面和镶嵌面组成的。面为非重叠单元，与其边和顶点一起形成网格对象的基本可编辑单元。移动、旋转和缩放单个网格面时，周围的面会被拉伸并发生变形以避免产生间隙。如果产生间隙，通常可以通过平滑对象或优化各个面来闭合这些间隙。

1. 网格镶嵌面

网格面具有底层结构，称为镶嵌面。镶嵌面栅格的密度与网格的平滑度相对应。平滑度增加时，底层镶嵌面栅格的密度也会增加。如果希望将详细的网格编辑限制在较小的区域内，可以通过优化将镶嵌面转换为可编辑的面，如图 10-10 所示。

与面不同，不能单独修改镶嵌面。但是，可以通过修改 VSLIGHTINGQUALITY 系统变量使镶嵌面的可见度更大。

2. 关于网格建模

可以通过以下方法处理网格对象：

1）"添加平滑度"增加或降低平滑度以圆整模型的整体形状。底层网格镶嵌面栅格的密度随网格对象平滑度的增加而增加（MESHSMOOTHMORE 和 MESHSMOOTHLESS）。

2）"优化对象以重置基线平滑度"优化网格对象以将底层镶嵌面栅格转换为可编辑的面。优化还可以重置可应用于对象的最低平滑度（MESHREFINE）。

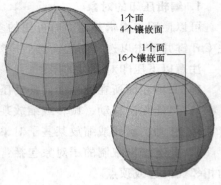

图 10-10　网格镶嵌面

3）"优化面"限制对特定网格面所做的优化。此方法可避免重置平滑度基线。

4）"锐化边"删除指定边的平滑度。也可以删除现有的锐化（MESHCREASE）。

5）"分割或合并面"将一个现有面沿指定路径分为独立的部件。合并两个或两个以上的面以创建单个面（MESHSPLIT 和 MESHMERGE）。

6）"收拢顶点"通过将相邻面的顶点收拢为单个点来改变网格模型（MESHCOLLAPSE）。

7）"旋转边"旋转相邻三角面的共用边来改变面的形状和方向（MESHSPIN）。

8）"拉伸面"通过将指定的面拉伸到三维空间中来延伸该面。与三维实体拉伸不同，网格拉伸并不创建独立的对象（MESHEXTRUDE）。

9）"修复孔"通过选择周围的边来闭合面之间的间隙。网格对象中的孔可能会防止用户将网格对象转换为实体对象（MESHCAP）。

3. 对网格使用夹点编辑

夹点不适用于网格（如使用夹点编辑三维实体和曲面中所述）。但是，可以使用以下方法操作整个网格模型或各个子对象：

（1）子对象选择和编辑。使用与选择三维实体子对象相同的方法选择面、边和顶点。按 Ctrl 键并单击部件。子对象亮显指示所选的内容。按 Shift 键并再次单击以从子对象中删除选择。通过打开子对象选择过滤器，可以将选择限制为特定子对象（无需按 Ctrl 键即可选择）。请参见使用三维子对象夹点。

（2）小控件编辑。选择网格对象或子对象后，会自动显示三维移动、旋转或缩放小控件（可以设定默认情况下显示的小控件）。可以使用这些小控件统一修改选择，也可以沿指定平面或轴修改。请参见使用小控件修改对象。

4. 相关系统变量

由于密集网格可能会难以处理，因此，用户可以将设置更改为改进夹点的显示和行为。

将子对象选择过滤器设定为仅选择面、边或顶点：设定 DEFAULTGIZMO 系统变量或使用快捷菜单。

设定选择子对象后是否立即激活面、边或顶点上的夹点：设定 GRIPSUBOBJMODE 系统变量。

10.2.2 修改网格面

修改网格面是指分割、拉伸、合并、收拢或旋转网格面以修改其形状。

1. 分割网格面

可以分割网格面以创建自定义细分。使用此方法可以防止由于小规模修改而导致较大的区域发生变形，如图 10-11 所示。

由于指定了分割的起点和端点，因此，此方法还可以控制两个新面的形状。使用"顶点"选项可自动捕捉到面的顶点。若要分割面以创建两个三角面，然后旋转这两个三角面的边（MESHSPIN），则可以使用"顶点"选项来确保精度。

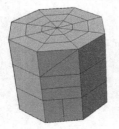
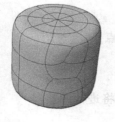
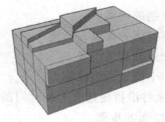

10.2.2 拉伸网格面

图 10-11　分割网格面　　　　图 10-12　拉伸网格面

2. 拉伸网格面

可以通过拉伸网格面向三维对象添加定义。拉伸其他类型的对象会创建独立的三维实体对象。但是，拉伸网格面会展开现有对象或使现有对象发生变形，并分割拉伸的面。

如图 10-12 所示。可以使用与拉伸其他类型的对象时所用的相同方法拉伸三维实体和网格的面。可以指定拉伸方向、路径或倾斜角。但是，当用户拉伸网格面时，MESHEXTRUDE 命令会提供一个选项，用于设定是单独拉伸相邻面还是保持其共用边处于合并状态。

3. 重新配置相邻的网格面

可以通过重新配置相邻面来扩展编辑选项。产品提供以下几个选项：

（1）合并相邻面。合并相邻面以形成单个面。合并最适用于在同一平面上的面，如图 10-13 所示。

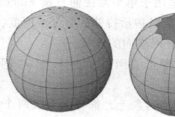

尽管用户可以合并沿角点折返的面，但对生成的网格对象进行其他修改时可能会产生意外的结果。

图 10-13　合并相邻面

（2）收拢网格顶点。合并周围的面的相邻顶点以形成单个点。将删除选定的面，如图 10-14 所示。

（3）旋转三角面的边。旋转两个三角面所共用的边。旋转共用边以便从相对的顶点延伸。当相邻三角形形成矩形而不是三角形时，此方法最为适用，如图 10-15 所示。

4. 基本操作步骤

（1）分割网格面的步骤。

1）依次单击"网格"选项卡→"网格编辑"面板→"分割面"。在命令提示下，输入

"meshsplit"。

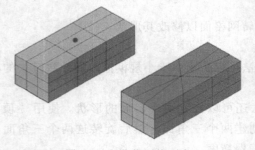

图 10-14　收拢网格顶点

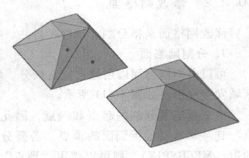

图 10-15　旋转三角面的边

2）单击要分割的网格面。
3）若要捕捉到面的顶点，请输入"v"（顶点）。
4）单击要开始分割的位置。
5）单击另一个位置结束分割。

注意：网格面将沿指定边界分割，周围的面将进行调整。

（2）拉伸网格面的步骤。

1）依次单击"网格"选项卡→"网格编辑"面板→"拉伸面"。在命令提示下，输入"extrude"。

2）若要查看或更改拉伸方法，请输入"s"（设置）并设定以下选项之一：

① 若要在延伸相邻面的同时保持其合并状态，请输入"y"（是）。
② 若要单独延伸相邻面，请输入"n"（否）。

3）单击一个或多个网格面并按 Enter 键。

4）通过以下方法之一指定拉伸量：

① （仅适用于单个面拉伸）按 Enter 键动态设定拉伸。
② 输入值以指示拉伸的高度或深度，然后按 Enter 键，将拉伸选定的面。

10.2.2　合并网格面

（3）合并网格面的步骤。

1）依次单击"网格"选项卡→"网格编辑"面板→"合并面"。在命令提示下，输入"meshmerge"。

2）在网格对象上，选择两个或两个以上的网格面，然后按 Enter 键，将合并选定的面以形成单个面。

（4）收拢网格面的步骤。

1）依次单击"网格"选项卡→"网格编辑"面板→"网格编辑"下拉菜单→"收拢面或边"。在命令提示下，输入"meshcollapse"。

2）选择网格面或网格边。选定的面或边的顶点将收拢为单个点。

注意：如果无法选择面或边，请验证是否为不同子对象类型打开了子对象选择过滤（在绘图区域中单击鼠标右键，然后单击"子对象选择过滤器"）。

（5）旋转三角网格面的共用边的步骤。

1）依次单击"网格建模"选项卡→"网格编辑"面板→"网格编辑"下拉菜单→"旋转三角面"。在命令提示下，输入"meshspin"。

2）选择两个彼此相邻的三角网格面。将旋转原始三角形所共用的边以连接两个不同的顶点。

10.2.3 产生和闭合网格间隙

可以删除网格面或闭合网格对象中的间隙。

1. 删除网格面

可以按 Delete 键或使用 ERASE 命令删除网格面。删除操作将会在网格中留下间隙。

（1）删除面的操作只会删除面，如图10-16所示。

（2）删除边的操作将会删除每个相邻面，如图10-17所示。

（3）删除顶点的操作将会删除该顶点所共用的所有面，如图10-18所示。

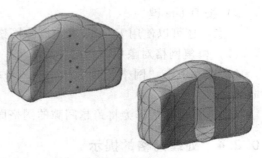

图 10-16　删除面

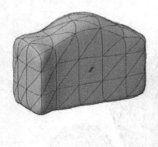 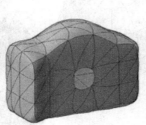 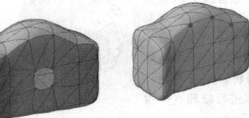

图 10-17　删除边　　　　　　　　图 10-18　删除顶点

注意：如果删除网格面产生了间隙，网格对象将不是"无间隙"对象。它可以转换为曲面对象，但不能转换为三维实体对象。

2. 闭合网格对象中的间隙

如果网格对象因为网格中有间隙或孔而不是无间隙对象，则可以通过闭合孔使其无间隙。封口或新的面会跨越由用户指定的网格边所形成的边界（MESHCAP），如图10-19所示。

当所有边位于同一平面上时，此方法最为适用。选为边界的边不能由两个面共用。例如，不能闭合网格圆环体中的中心孔。

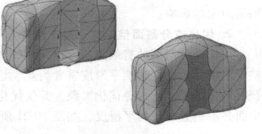

图 10-19　闭合网格对象中的间隙

注意有时可以通过使对象平滑化、使用 MESHCOLLAPSE 或分割相邻面（MESHSPLIT）来闭合网格中的间隙。

3. 基本操作步骤

（1）从网格对象删除面的步骤。

1）按 Ctrl 键并单击以下网格子对象类型之一：

① 若要仅删除某个面，请单击该面。
② 若要删除相邻面，请单击这些面的共用边。
③ 若要删除共用一个顶点的所有面，请单击该顶点。
注意：如果无法选择所需的子对象，请验证是否为不同子对象类型打开了子对象选择过滤（在绘图区域中单击鼠标右键，然后单击"子对象选择过滤器"）。

2）按 Delete 键。

注意：还可以使用 ERASE 命令删除网格面。

（2）修复网格对象中的孔的步骤。

1）依次单击"网格"选项卡→"网格编辑"面板→"闭合孔"。在命令提示下，输入"meshcap"。

2）选择相邻边作为将跨越间隙的网格面的边界。

10.2.4 处理网格的提示

网格通过其增强的建模功能提供了一种创建更加流畅、更加自由的设计的方法。

1. 在平滑之前对网格进行建模

网格建模是一种功能强大的设计方法，但是，平滑度越高，网格越复杂，并且可能会影响性能。如果完成了对尚未执行平滑的网格对象的编辑操作（例如小控件编辑、拉伸和面分割），则可以更有效地进行处理（平滑度为 0），如图 10-20 所示。

首先通过夹点编辑和拉伸进行建模，然后执行平滑操作的网格球体在特性选项板中，可以在各种平滑度之间快速切换，以预览所执行的操作对平滑对象的影响。

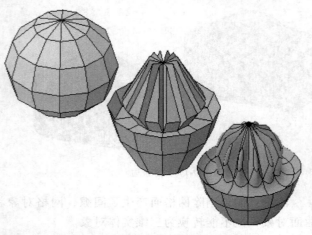

图 10-20 在平滑之前对网格进行建模

2. 优化或分割面但不优化整个对象

优化是分割面的有效方法。但是面数会增加，模型的整体复杂性也会增加。此外，优化整个网格对象会将基准平滑度重置为 0。此更改可能会导致生成无法再简化的密集栅格。要获得最佳结果，请避免优化对象，并仅优化或分割要求更详细建模的单个面。注意：优化各个面并不重置对象的平滑度，如图 10-21 所示。

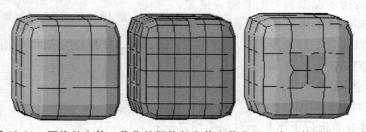

图 10-21 网格长方体、优化的网格长方体和优化了一个面的网格长方体

3. 锐化边有助于限制平滑对象时发生的扭曲

可以将锐化的边设定为保持其锐度，而无论对象的平滑程度如何。可能还需要锐化周围面的边，以获得想要的结果，如图 10-22 所示。

将锐化设定为"始终"会在平滑之后保留其锐度。如果设定锐化值，则锐化的边将在相应平滑度下变得更加平滑。

4. 使用小控件对面、边和顶点进行建模

可以使用三维移动小控件、三维旋转小控件和三维缩放小控件修改整个网格对象或特定的子对象，如图 10-23 所示。

图 10-22 网格圆环体上已锐化和未锐化的拉伸面

图 10-23 三维移动小控件

例如，可以使用三维移动小控件、三维旋转小控件和三维缩放小控件旋转和缩放单个面。通过将修改约束到指定的轴或平面上，小控件可帮助避免出现意外结果。无论何时选择使用三维视觉样式的视图中的对象，都会显示默认小控件（也可以禁止此显示）。因此，用户无须明确启动"三维移动"、"三维旋转"或"三维缩放"命令即可启动这些活动。只需选择对象即可。

选中小控件后，可以使用快捷菜单切换到其他类型的小控件。

5. 使用子对象选择过滤器缩小可用候选选择的范围

在平滑网格中，尝试选择特定的对象可能会很困难，除非用户打开子对象选择（快捷菜单）。通过指定将选择集限于面、边、顶点甚至实体历史记录子对象，可以限制可供选择的子对象类型，如图 10-24 所示。

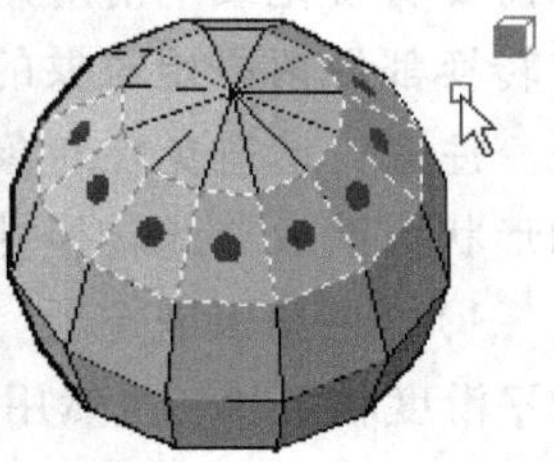

面子对象选择过滤器处于打开状态时选中的网格面过滤器对选择网格顶点特别有用，将鼠标移动到这些顶点上时它们并不亮显。为了选择整个网格对象，需关闭子选择过滤器。

6. 通过拉伸面进行建模

小控件编辑与拉伸之间的一个重要区别在于修改每个面所用的方法。对于小控件编辑，如果选择并拖动一组面，则相邻的面将进行拉伸以适应所做的修改。平滑对象后，相邻的面可适应面的新位置，如图 10-25 所示。

图 10-24 三维选择过滤器

但是，网格拉伸会插入其他面以闭合拉伸面与其原始曲面之间的间隙。通过网格拉伸，可以设定相邻面是作为单元（处于合并状态）拉伸还是单独（处于非合并状态）拉伸。首先进行拉伸，然后执行平滑操作的网格面，如图 10-26 所示。

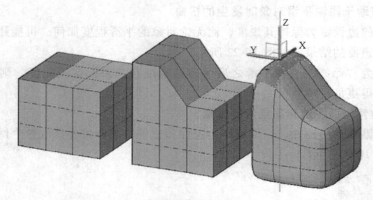

图 10-25　通过三维移动小控件进行延伸的网格面

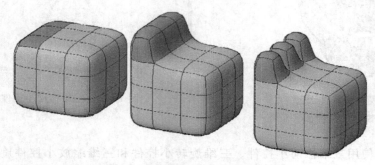

图 10-26　平滑操作对拉伸产生的影响

如果正在处理尚未平滑化的对象，则尝试定期对其进行平滑操作以查看平滑操作如何对拉伸产生影响。

7. 在网格和三维实体或曲面之间转换

网格建模非常有用，但是它与实体建模可以实现的操作并不完全相同。如果需要通过交集、差集或并集操作来编辑网格对象，则可以将网格转换为三维实体或曲面对象。同样，如果需要将锐化或平滑应用于三维实体或曲面对象，则可以将这些对象转换为网格。并不是所有转换都保留原始对象的形状的完整逼真度，如图 10-27 所示。

注意：请避免在对象之间执行多次切换。如果注意到转换以不可接受的方式修改了对象的形状，请放弃此转换并再次尝试使用其他设置。

1）"网格镶嵌选项"对话框（MESHOPTIONS）用于转换为网格的三维实体或曲面控制面的平滑度和形状。虽然用户可以将对象转换为网格而无须打开此对话框（MESHSMOOTH），但是，通过从此对话框内启动转换操作，可以更加轻松地尝试使用各种转换设置。

2）SMOOTHMESHCONVERT 系统变量（还可以从功能区获取）设定转换为三维实体或曲面的网格对象是平滑对象还是镶嵌对象，以及是否优化（合并）其共面的面。

3）网格中的间隙。在将某些非图元网格转换为实体对象时可能会遇到困难，如果注意到间隙，有时可以通过平滑对象或优化与间隙相邻的面来闭合这些间隙。在各种平滑度下已通过三维旋转扭曲的网格圆环体，还可以使用 MESHCAP 来闭合孔。

注意：相交的网格面。移动、旋转或缩放子对象时，请特别小心，不要创建自交（如

图 10-27　各种平滑度下已通过三维旋转扭曲的网格圆环体

果致使一个或多个面穿过同一个网格模型中的其他面或与其相交,则会创建自交。)从所有视点查看对象以确保创建可行的模型。

4)避免合并沿角点折返的面。合并面时,可以创建合并面沿角点折返的网格配置。如果生成的面具有连接两条边和两个面的顶点,则不能将网格转换为平滑的三维实体对象。

解决此问题的一种方法是将网格转换为具有镶嵌面的实体而不是平滑实体。通过从共用顶点开始分割相邻面,也可能可以修复此问题(MESHSPLIT)。

10.3　修改三维子对象

可以通过编辑三维实体或曲面的子对象(面、边和顶点)来修改三维实体或曲面的形状。

10.3.1　移动、旋转和缩放三维子对象

要移动、旋转和缩放三维实体和曲面上的各个子对象。可以使用与修改整个对象所用的方法修改面、边或顶点:①拖动夹点;②使用小控件(3DMOVE、3DROTATE 和 3DSCALE);③输入对象编辑命令(MOVE、ROTATE 和 SCALE)。

1. 关于修改子对象

移动、旋转或缩放子对象时,将以能够保持三维实体或曲面完整性的方式来修改子对象。如图 10-28 所示,拖动以移动边时,相邻的面将调整,以便保持与该边相邻。

2. 移动、旋转和缩放复合实体上的子对象

修改复合实体时,编辑的效果取决于"历史记录"特性的当前设置。

要分别修改每个历史记录部件的子对象,必须将"历史记录"特性设定为"记录"。

图 10-28　修改子对象拖动以移动边

要作为整体修改组合复合实体的子对象,必须将"历史记录"特性设定为"无"。

3. 移动、旋转和缩放子对象时的规则和限制

只能移动、旋转和缩放三维实体上的子对象(如果该操作可以保持实体的完整性)。以下规则和限制适用于移动、旋转和缩放子对象:

1)使用夹点修改子对象时,在无法进行移动、旋转或缩放的子对象上不会显示夹点。

2)大多数情况下,用户可以移动、旋转和缩放平整面和非平整面。

3）只能修改是直线且至少具有一个相邻平整面的边。相邻平整面所在的平面将进行调整以包含已修改的边。

4）不能移动、旋转或缩放在面内压印的边（或其顶点）。

5）只能修改至少具有一个相邻平整面的顶点。相邻平整面所在的平面将进行调整以包含已修改的顶点。

6）拖动子对象时，最终结果可能与修改过程中显示的预览不同。如果调整实体几何图形以保持其拓扑结构，则将会出现此结果。在某些情况下，由于更改会严重改变实体的拓扑结构，因此更改无法实现。

7）如果修改导致拉伸样条曲线曲面，则该操作通常不会成功。

8）不能移动、旋转或缩放非流形边（由两个以上面共享的边）或非流形顶点。同样，如果某些非流形边或非流形顶点显示在修改的面、边和顶点旁边，则该操作可能无法实现。

10.3.2 修改三维对象上的面

可以使用多种方法修改三维对象上的各个面。

1. 移动、旋转和缩放三维实体和曲面上的面

修改三维实体和曲面上面的位置、旋转和大小，如图10-29所示。用于移动面的修改选项。移动、旋转和缩放了顶面的立方体。

图10-29　修改三维对象上的面

可以使用 MOVE、ROTATE 和 SCALE 命令修改面，方法将与修改任何其他对象类似。按住 Ctrl 键并单击以选择实体上的面。

注意：移动、旋转或缩放三维实体图元上的面，将删除实体图元的历史记录。实体不再是真实图元，无法使用夹点或特性选项板进行操作。

2. 面修改选项

拖动面时，按 Ctrl 键以在修改选项之间循环，如图10-30所示。

保持面的形状，修改相邻面：在未按 Ctrl 键的情况下移动或旋转面时，该面的形状和大小保持不变。但是，相邻面所在的平面可能会发生变化。

修改面的形状，保留边：如果移动或旋转面，并在拖动过程中按下并释放 Ctrl 键一次，将在相邻面的边界或底面内修改该面的大小。

修改面，将相邻面分为三角形：如果移动或旋转面，并在拖动过程中按下并释放 Ctrl 键两次，该面的大小和形状保持不变（此行为是相同的，如同尚未按 Ctrl 键一样）。但是，如果需要，会将相邻的平面分为三角形（分为两个或两个以上三角形平面）。

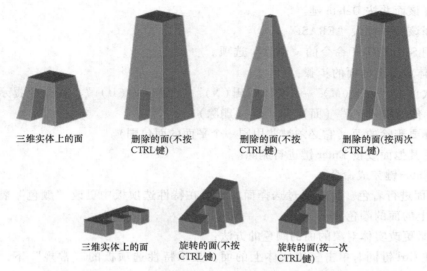

图 10-30 修改三维对象上的面按 Ctrl 键以在修改选项之间循环

如果按下并释放 Ctrl 键三次，则修改将返回第一个选项（如同尚未按 Ctrl 键一样）。

3．复制、删除三维实体上的面以及对其着色

（1）复制面。可以使用 SOLIDEDIT 命令的复制选项复制三维实体对象的面。选定的面将复制为面域或体，如图 10-31 所示。

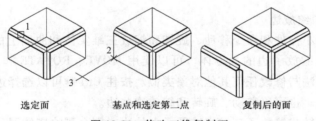

图 10-31 修改三维复制面

复制实体对象上的面的步骤：

1）依次单击→"修改（M）"→"实体编辑（N）"→"复制面（F）"。或者在命令提示下，输入"solidedit"。然后输入"f"（面）和"c"（复制）。

2）选择要复制的面。

3）选择其他面或按 Enter 键进行复制。

4）指定复制的基点。指定位移的第二个点，然后按 Enter 键。

（2）删除面。如图 10-32 所示，指定两个点，第一个点将用作基点，并相对于基点放置一个副本。如果指定单个点并按 Enter 键，则原始选择点将用作基点。下一个点为位移点。

某个面被共面的面包围，则可以使用以下方法删除该面：

选定面　　　　　　删除面

图 10-32 修改三维删除面

1）选择该面并按 Delete 键。

2）选择该面并输入"ERASE"。

3）使用 SOLIDEDIT 命令的"删除"选项。

删除实体对象上的面的步骤：

1）依次单击"修改（M）"→"实体编辑（N）"→"删除面（D）"。在命令提示下，输入"solidedit"。然后输入"f"（面）和"d"（删除）。

2）选择要删除的面（它必须被共用同一个平面的面包围）。

3）选择其他面或按 Enter 键进行删除。

4）按 Enter 键完成命令。

（3）对面进行着色。可以通过选择面，然后在特性选项板中更改"颜色"特性，来更改三维实体上的面的颜色。

以下列举更改实体对象的面的颜色的方法：

1）按住 Ctrl 键同时单击三维实体上的面。显示特性选项板的"常规"下，单击"颜色"箭头，然后从列表中选择一种颜色。

2）在对象上单击鼠标右键以显示快捷菜单。单击"特性"。在特性选项板的"常规"下，单击"颜色"箭头，然后从列表中选择一种颜色。

3）单击"选择颜色"以显示"选择颜色"对话框。指定一种颜色并单击"确定"。

10.3.3 修改三维对象上的边

1. 移动、旋转和缩放边

可以使用夹点、小控件和命令移动、旋转和缩放三维实体和曲面上的边。图 10-33 显示了用于移动、旋转和缩放了边的立方体，可以使用 MOVE、ROTATE 和 SCALE 修改三维实体和曲面上的边，方法与修改任何其他对象类似。按住 Ctrl 键可以选择边。可以选择面域上的边，但不显示夹点。也可以移动、旋转和缩放这些边。

注意：移动、旋转或缩放了三维实体图元上的边，则会删除实体图元的历史记录。实体不再是真实图元，无法使用夹点和特性选项板进行操作。

2. 边修改选项

拖动边时，按 Ctrl 键以在修改选项之间循环，如图 10-33 所示。

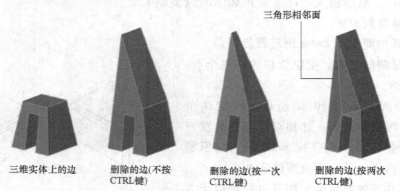

图 10-33 Ctrl 键以在修改选项之间循环

保持边的长度不变。如果在未按 Ctrl 键的情况下移动、旋转或缩放边,边的共享长度及其顶点将保持不变。但是,相邻面所在的平面可能会发生变化。

更改边的长度。如果移动、旋转或缩放边,并在拖动过程中按下并释放 Ctrl 键一次,将会修改边而不修改其顶点。相邻面所在的曲面保持不变,但修改的边的长度可能会发生变化。

将相邻面分为三角形。如果移动、旋转或缩放边,并在拖动过程中按下并释放 Ctrl 键两次,将会修改边及其顶点(此行为是相同的,如同尚未按 Ctrl 键一样)。但是,如果相邻面不再为平面,会将其分为三角形(分为两个或两个以上三角形平面)。

如果按下并释放 Ctrl 键三次,则修改将返回第一个选项(如同尚未按 Ctrl 键一样)。

3. 删除边

也可以使用以下方法删除完全分为两个共面的面的边:①选择该边并按 Delete 键。②选择该边并输入 ERASE 命令。

4. 为三维实体添加圆角和倒角

可使用 FILLETEDGE 和 CHAMFEREDGE 向三维实体添加圆角和倒角,如图 10-34 所示。

图 10-34　三维实体添加圆角和倒角

使用圆角和倒角夹点可修改倒角距离的圆角半径。默认半径由系统变量 FILLETRAD 设定。

(1) 为实体对象添加圆角的步骤。

1)依次单击"修改(M)"→"实体编辑(N)"→"圆角边(F)"。在命令提示下,输入"FILLET"。

2)选择要进行圆角的实体的边。

3)指定圆角半径。

4)选择其他边或按 Enter 键添加圆角。

10.3.3　为实体对象添加圆角

(2) 对三维实体对象进行倒角的步骤。

1)依次单击"修改(M)"→"实体编辑(N)"→"倒角边(C)"。在命令提示下,输入"CHAMFER"。

2)选择要倒角的基面的边。将亮显与选定的边相邻的两个曲面之一,执行以下操作之一:

①要选择其他曲面,请输入"n"(下一个)。

②要使用当前曲面,请按 Enter 键。

③指定基面距离。

注意:基面距离是指从选定的边到基面上一点的距离。另一个曲面距离是指从选定的边到相邻曲面上一点的距离。

可使用以下选项指定倒角的位置：①要指定单条边，请选择该边。②要选择基面周围的所有边，请输入"l"（环），指定边。③要完成倒角，请按 Enter 键。

（3）修改三维实体上的圆角或倒角的步骤。

按住 Ctrl 键同时选择三维实体上的圆角或倒角。

如果未显示特性选项板，请选择任意对象。在对象上单击鼠标右键以显示快捷菜单。单击"特性"。在特性选项板中，修改圆角或倒角的特性。

5．为边着色

通过选择边，然后在特性选项板中更改"颜色"特性，可以修改三维对象上边的颜色。

以下列举更改实体对象上边的颜色的方法：

1）按住 Ctrl 键同时单击三维实体上的边。显示特性选项板，在特性选项板的"常规"下，单击"颜色"箭头，然后从列表中选择一种颜色。

2）在对象上单击鼠标右键以显示快捷菜单。单击"特性"。显示特性选项板，在特性选项板的"常规"下，单击"颜色"箭头，然后从列表中选择一种颜色。

3）请单击"选择颜色"以显示"选择颜色"对话框。指定一种颜色并单击"确定"。

6．复制边

绘制中可以复制三维实体对象的各个边。边被复制为直线、圆弧、圆、椭圆或样条曲线。如果指定两个点，第一个点将用作基点，并相对于基点放置一个副本。如果指定单个点，然后按 Enter 键，则原始选择点将用作基点。下一个点将用作位移点，如图 10-35 所示。

选定边　　　基点和选定第二点　　　复制后的边

图 10-35　三维实体复制边

复制实体对象的边的步骤：

1）依次单击"修改（M）"→"实体编辑（N）"→"复制边（G）"。在命令提示下，输入"solidedit"。然后输入"e"（边）和"c"（复制）。

2）按住 Ctrl 键并单击面的边以进行复制。

3）选择其他边（如果需要），然后按 Enter 键。

4）指定复制边的基点。

5）指定位移的第二个点以指示复制边的位置。

6）按 Enter 键完成命令。

10.3.4　修改三维对象上的顶点

移动、旋转、缩放或拖动三维实体和曲面的顶点，如图 10-36 所示。

1．修改定点

可以通过修改一个或多个顶点来修改三维实体

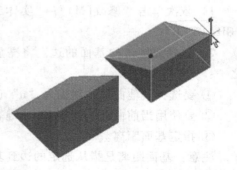

图 10-36　移动了两个顶点的楔体

或曲面的形状。可以使用夹点和小控件，也可以运行 MOVE、ROTATE 或 SCALE 命令。缩放或旋转顶点时，必须选择两个或两个以上的顶点以在对象中查看更改。单击并拖动顶点以"拉伸"三维对象。

注意：如果移动、旋转或缩放了三维实体图元上的一个或多个顶点，则将删除实体图元历史记录。实体不再是真实图元，无法使用夹点和特性选项板进行修改。

2. 顶点修改选项

拖动顶点时，按 Ctrl 键以在修改选项之间循环如图 10-37 所示：

（1）将相邻面分为三角形。如果在未按 Ctrl 键的情况下移动、旋转或缩放了顶点，可能会将某些相邻的平面分为三角形（分为两个或两个以上三角形平面）。

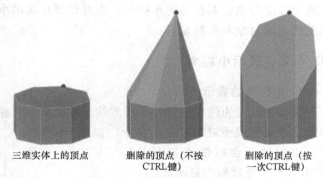

图 10-37 Ctrl 键以在修改选项

（2）修改某些相邻面但不将其分为三角形。如果在移动、旋转或缩放顶点时按下并释放 Ctrl 键一次，可能会调整某些相邻平面。

（3）如果按下并释放 Ctrl 键两次，则修改将返回第一个选项（如同尚未按 Ctrl 键一样）。

3. 删除顶点

可以删除用于连接两条平行边（共线但不相交于任何其他边）的顶点。

（1）移动三维对象上的顶点的步骤。

1）依次单击"常用"选项卡→"子对象"面板→"顶点"。

2）单击三维对象上的顶点。

3）将顶点拖动到所需位置。

（2）删除三维对象上的顶点的步骤。

1）依次单击"常用"选项卡→"子对象"面板→"顶点"。

2）单击用于连接共线边（平行但不位于任何其他边上）的顶点。

3）按 Delete 键。

10.4 三维操作

三维操作是指可以通过操作对象及其部件来更改三维模型的外观。

10.4.1 使用小控件修改对象

使用小控件可以移动、旋转或缩放三维视图中的对象和子对象。

有三种类型的小控件：

三维移动小控件：沿轴或平面旋转选定的对象。

三维旋转小控件：绕指定轴旋转选定的对象。

三维缩放小控件：沿指定平面或轴或沿全部三条轴统一缩放选定的对象。

默认情况下，选择视图中具有三维视觉样式的对象或子对象时，会自动显示小控件。由于小控件是沿特定平面或轴约束所做的修改，因此，它们有助于确保获得更理想的结果。可以指定选定对象后要显示的小控件，也可以禁止显示小控件。使用小控件可帮助移动、旋转和缩放三维对象和子对象。

10.4.2 显示小控件

1. 小控件的显示

只能在设定为使用三维视觉样式的三维视图中才能使用小控件。可以将小控件设定为在选择三维对象或子对象时自动显示，如图 10-38 所示。小控件还会在使用 3DMOVE、3DROTATE 和 3DSCALE 命令过程中显示。

如果将视觉样式设定为"二维线框"，则输入 3DMOVE、3DROTATE 或 3DSCALE 命令会自动将视觉样式转换为三维线框。

默认情况下，小控件最初置于选择集的中心位置。但是，可以将其重新定位在三维空间中的任意位置。小控件的中心框（或基准夹点）用于设定修改的基点。此行为相当于在用户移动或旋转选定的对象时临时更改 UCS 的位置。小控件上的轴控制柄将移动或旋转约束到轴或平面上。要获得最佳结果，请使用对象捕捉来定位夹点中心框。

图 10-38 三维视图中使用小控件

2. 在小控件之间切换

无论何时选择三维视图中的对象，均会显示默认小控件。可以选择功能区上的其他默认值，也可以更改 DEFAULTGIZMO 系统变量的值。还可以在选中对象后禁止显示小控件。

激活小控件后，还可以切换到其他类型的小控件。切换行为根据选择对象的时间而变化。

（1）先选择对象。如果正在执行小控件操作，则可以重复按 SPACEBAR 键以在其他类型的小控件之间循环。通过此方法切换小控件时，小控件活动会约束到最初选定的轴或平面上。执行小控件操作过程中，还可以在快捷菜单上选择其他类型的小控件。

（2）命令。如果在选择对象之前开始执行三维移动、三维旋转或三维缩放操作，小控件将置于选择集的中心。使用快捷菜单上的"重新定位小控件"选项可以将小控件重新定位到三维空间中的任意位置。也可以在快捷菜单上选择其他类型的小控件。

3. 更改小控件的设置

（1）小控件。DEFAULTGIZMO 系统变量是指定在具有三维视觉样式的视图中选择对象时，默认情况下显示的小控件，可以关闭小控件的显示，也可以在功能区上获取此设置。

（2）默认位置。GTLOCATION 系统变量设定小控件的默认位置。小控件可以显示在选择集的中心（默认位置），也可以位于当前 UCS 的（0，0，0）坐标处。

（3）自动显示。GTAUTO 系统变量设定无论何时选择设定为三维视觉样式（默认设置）的三维视图中的对象，均自动显示小控件。如果关闭此系统变量，则夹点在激活小控件之后才显示。

(4) 从二维移动、旋转和缩放操作到三维操作的转换。在三维视图中启动 MOVE、ROTATE 和 SCALE 命令时，打开 GTDEFAULT 系统变量可以自动启动 3DMOVE、3DROTATE 和 3DSCALE 命令。默认情况下，此系统变量处于关闭状态。

(5) 子对象夹点的激活状态。如果选择子对象，GRIPSUBOBJMODE 系统变量将设定是否立即激活子对象夹点。将子对象夹点设定为选择时激活有助于修改网格子对象的编组，而无需再次选择这些编组。

4. 使用显示小控件的操作步骤

(1) 选定对象后指定默认情况下显示的三维小控件的步骤：依次单击"常用"选项卡→"子对象"面板→"移动小控件"、"旋转小控件"或"缩放小控件"。

(2) 选中对象后禁止显示三维小控件的步骤：依次单击"常用"选项卡→"子对象"面板→"无小控件"。

(3) 设定小控件的默认位置的步骤。

1) 在命令提示下，输入"gtlocation"。

2) 执行以下操作之一：

① 输入"1"将位置设定在选择集的几何中心。

② 输入"0"将位置设定为与 UCS 图标重叠。

3) 按 Enter 键。

(4) 重新定位小控件的步骤。

1) 在小控件的中心框（基准夹点）上单击鼠标右键。单击"重新定位小控件"。

2) 在绘图区域中单击以指定新位置。

(5) 移动、旋转或缩放对象时更改小控件的类型的步骤。

1) 选择要移动、旋转或缩放的三维对象。

2) 要修改整个对象，请选择该对象。

3) 要修改子对象（面、边或顶点），请按住 Ctrl 键并单击该子对象（可以通过在快捷菜单上指定子对象选择过滤来限制选择集）。

4) 将光标悬停在小控件的轴控制柄上，直至变为黄色并显示轴矢量。然后单击轴控制柄。

5) 按 SPACEBAR 键在各种类型的小控件之间循环，直至显示正确的小控件。

注意：通过此方法更改小控件时，移动将保持约束到选定的轴上。如果 3DMOVE、3DROTATE 或 3DSCALE 命令处于激活状态，则不能使用 SPACEBAR 键更改小控件的类型。

10.4.3 移动三维对象

移动小控件（图 10-39）是指可以自由移动对象和子对象的选择集，也可以将移动约束到轴或平面上。

要移动三维对象和子对象，请单击小控件并将其拖动到三维空间中的任意位置。该位置由小控件的中心框（或基准夹点）指示设定移动的基点，并在用户移动选定的对象时临时更改 UCS 的位置。

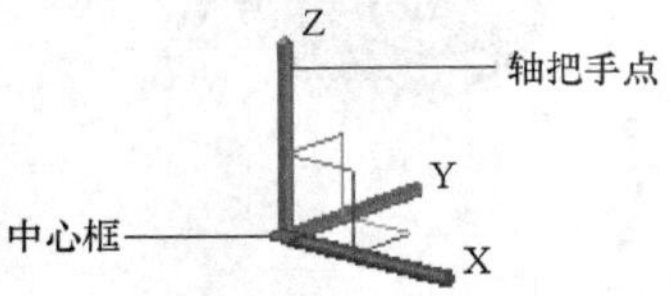

图 10-39 移动小控件

要自由移动对象,请将对象拖动到小控件外部,或指定要将移动约束到的轴或平面上。

1. 将移动约束到轴上

可以使用移动小控件将移动约束到轴上,如图10-40所示。将光标悬停在小控件上的轴控制柄上时,将显示与轴对齐的矢量,且指定轴将变为黄色。单击轴控制柄。

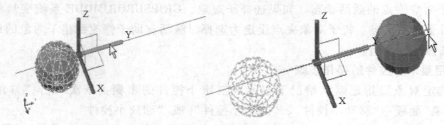

图10-40 移动约束到轴上

拖动光标时,选定的对象和子对象的移动将约束到亮显的轴上。可以单击或输入值以指定距基点的移动距离。如果输入值,对象的移动方向将沿光标移动的初始方向。

在三维空间沿指定的轴移动对象的步骤:

1)依次单击"修改(M)"→"三维操作(3)"→"三维移动(M)"。或者在命令提示下,输入"3dMOVE"。

2)通过以下方法选择要移动的对象和子对象:

① 按住 Ctrl 键选择子对象(面、边和顶点)。

② 释放 Ctrl 键以选择整个对象。

注意:如果子对象过滤器处于活动状态,则不需要按 Ctrl 键选择子对象。若要选择整个对象,请关闭过滤器。

3)选中所有对象后,按 Enter 键。

4)选定的对象的中心处将显示移动小控件。将光标移动到小控件的轴控制柄上,直至变为黄色并显示矢量。然后单击轴控制柄。

5)单击另一位置或输入值以指定移动的距离。

2. 将移动约束到平面上

可以使用移动小控件将移动约束到平面上。如图10-41所示。每个平面均由从各自的轴控制柄开始延伸的矩形标识。可以通过将光标移动到该矩形上来指定移动所在的平面。矩形变为黄色后,单击该矩形。

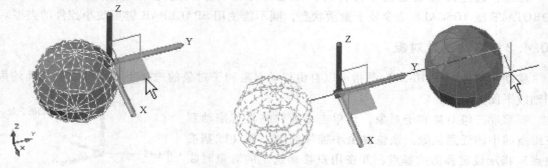

图10-41 移动约束到平面上

拖动光标时，选定的对象和子对象将仅沿亮显的平面移动。单击或输入值可以指定距基点的移动距离。

移动三维空间中约束到指定平面上的对象的步骤：

1）依次单击"修改(M)"→"三维操作(3)"→"三维移动(M)"。或者在命令提示下，输入 3dMOVE。

2）通过以下方法选择要移动的对象和子对象：

① 按住 Ctrl 键选择子对象（面、边和顶点）。

② 释放 Ctrl 键以选择整个对象。

注意：如果子对象过滤器处于活动状态，则不需要按 Ctrl 键选择子对象。若要选择整个对象，请关闭过滤器。

3）选中所有对象后，按 Enter 键。

选定的对象的中心处将显示移动小控件。将光标移动到与轴控制柄（用于定义约束所在的平面）相交的平面矩形上。矩形变为黄色后，单击该矩形。

单击另一位置或输入值以指定移动的距离。

10.4.4 旋转三维对象

旋转三维小控件，将三维对象和子对象的旋转约束到轴上（图10-42）。选择要旋转的对象和子对象后，小控件将位于选择集的中心。此位置由小控件的中心框（基准夹点）指示。该位置设定移动的基点，并在用户旋转选定的对象时临时更改 UCS 的位置。然后可以通过将对象拖动到小控件外部来自由旋转对象，也可以指定要将旋转约束到的轴上。

如果要重新对齐旋转的中心，可以通过使用快捷菜单上的"重新定位小控件"选项来重新定位小控件。可以将旋转约束到指定的轴上。将光标移动到三维旋转小控件的旋转路径上时，将显示表示旋转轴的矢量线。如图10-43 所示，通过在旋转路径变为黄色时单击该路径，可以指定旋转轴。

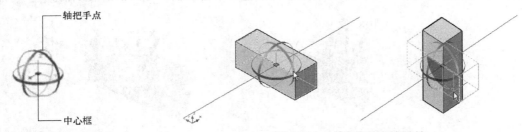

图10-42　旋转三维小控件　　　　图10-43　小控件指定旋转轴

拖动光标时，选定的对象和子对象将沿指定的轴绕基点旋转。小控件将显示对象移动时从对象的原始位置旋转的度数。可以单击或输入值以指定旋转的角度。

在三维空间沿指定的轴旋转的步骤：

1）依次单击"修改(M)"→"三维操作(3)"→"三维旋转(R)"，或者在命令提示下，输入"3dROTATE"。

2）通过以下方法选择要旋转的对象和子对象：

① 按住 Ctrl 键选择子对象（面、边和顶点）。

② 释放 Ctrl 键以选择整个对象。

3）选中所有对象后，按 Enter 键。将显示附着在光标上的旋转小控件。

4）单击以放置旋转小控件，从而指定移动的基点。

5）将光标悬停在小控件上的轴路径，直至该路径变为黄色并显示表示旋转轴的矢量。单击该路径。

6）单击或输入值以指定旋转的角度。

10.4.5 缩放三维对象

缩放三维对象小控件轴向，可以统一更改三维对象的大小，也可以沿指定轴或平面进行更改，如图 10-44 所示。

选择要缩放的对象和子对象后，可以约束对象缩放，方法是单击小控件轴、平面或所有三条轴之间的小控件的部分。

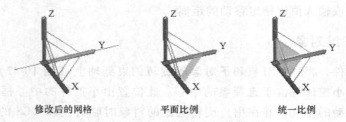

图 10-44 缩放三维对象小控件轴向

注意：不按统一比例缩放则（沿轴或平面）仅适用于网格，不适用于实体和曲面。

1. 沿轴缩放三维对象

将网格对象缩放约束到指定轴。将光标移动到三维缩放小控件的轴上时，将显示表示缩放轴的矢量线。如图 10-45 所示，当轴变为黄色时单击该轴，可以指定缩放轴。

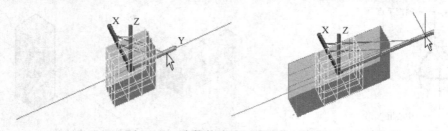

图 10-45 小控件缩放三维对象 y 轴向

拖动光标时，选定的对象和子对象将沿指定的轴调整大小。单击或输入值以指定选定基点的比例。沿指定轴缩放三维对象的步骤：

1）依次单击"常用"选项卡→"修改"→"缩放小控件"。或者在命令提示下，输入"3dSCALE"。

2）通过以下方法选择要缩放的对象和子对象：

① 按住 Ctrl 键选择子对象（面、边和顶点）。

② 释放 Ctrl 键以选择整个对象。

3）选中所有对象后，按 Enter 键。选定的对象或对象的中心处将显示缩放小控件。

4）指定缩放基点。

5）将光标悬停在小控件的其中一条轴上，直至该轴变为黄色。单击黄色轴。

6）单击或输入值以指定选定的对象的比例。

2．沿平面缩放三维对象

将网格对象缩放约束到指定平面。每个平面均由从各自轴控制柄的外端开始延伸的条标识。通过将光标移动到一个条上来指定缩放平面。条变为黄色后，单击该条，如图 10-46 所示。

拖动光标时，选定的对象和子对象将仅沿亮显的平面缩放。单击或输入值以指定选定基点的比例。沿指定平面缩放三维对象的步骤：

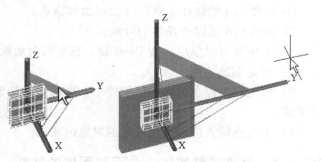

图 10-46 小控件三维对象缩放平面

1）依次单击"常用"选项卡→"修改"→"缩放小控件"。或者在命令提示下，输入"3dSCALE"。

2）通过以下方法选择要缩放的对象和子对象：

① 按住 Ctrl 键选择子对象（面、边和顶点）。

② 释放 Ctrl 键以选择整个对象。

3）选中所有对象后，按 Enter 键。选定的对象或对象的中心处将显示缩放小控件。

4）指定缩放基点。

5）将光标悬停于在小控件的每条轴之间找到的其中一个条上，直至该条变为黄色。单击黄色条。

6）单击或输入值以指定选定的对象的比例。

3．统一缩放三维对象

沿所有轴按统一比例缩放实体、曲面和网格对象。朝小控件的中心点移动光标时，亮显的三角形区域指示用户可以单击以沿全部三条轴缩放选定的对象和子对象，如图 10-47 所示。

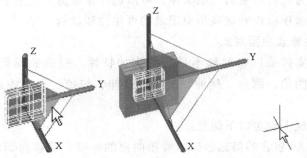

图 10-47 小控件等比缩放三维对象

10.4.5 统一缩放三维对象

拖动光标时，将统一缩放选定的对象和子对象。单击或输入值以指定选定基点的比例。

统一缩放三维对象的步骤：

1）依次单击"常用"选项卡→"修改"→"缩放小控件"。或者在命令提示下，输入"3dSCALE"。

2）通过以下方法选择要缩放的对象和子对象：

① 按住 Ctrl 键选择子对象（面、边和顶点）。

② 释放 Ctrl 键以选择整个对象。

3）选中所有对象后，按 Enter 键。选定的对象或对象的中心处将显示缩放小控件。

4）指定缩放基点。

5）将光标悬停在最靠近小控件中心点的三角形区域上，直至该区域变为黄色。单击黄色区域。

6）单击或输入值以指定选定的对象的比例。

10.4.6 修改三维实体、曲面和网格的特性

可以在特性选项板中通过更改三维对象的设置来更改实体、曲面和网格以及它们的子对象等三维对象。

1. 通过更改特性修改实体对象

通过在特性选项板中更改设置，可以修改图元实体的基本大小、高度和形状特征。如图 10-48 所示，要更改具有以下特征的四棱锥：顶点为顶面是平面曲面的八棱锥（棱台）上的点，请更新"顶面半径"和"侧面"特性。设定是否保留复合对象历史记录。

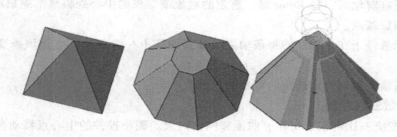

图 10-48 特性修改实体对象

对于已重新组合为复合对象的三维实体，可以选择保留历史记录子对象，该子对象表示已删除的部件。特性选项板控制这些历史记录的可用性和显示。

2. 通过更改特性修改曲面对象

曲面对象有三维实体或网格对象不具备的附加特性。根据曲面类型（NURBS、过渡、修补、网络、偏移、圆角、倒角、延伸、放样、拉伸、扫掠、平面或旋转）的不同，这些特性也不相同。

曲面的特性选项板上包含以下信息：

（1）基本几何信息-包含的信息包括：圆角曲面的半径、偏移曲面的偏移距离和拉伸曲面的倾斜角等。也可以输入数学表达式来控制其中某些特性。

（2）修剪的边/曲面：表明曲面是否有任何修剪的区域以及修剪边是哪些。

（3）保持关联性：显示曲面是否保持关联。使用此特性可关闭关联性。

（4）显示关联性：如果曲面与其他曲面关联，打开和关闭亮显从属关系。

（5）边连续性和"凸度幅值"：为与其他曲面合并的曲面显示。

（6）"线框显示"和"U 素线"/"V 素线"：打开和关闭线框及 U/V 素线的显示（对于非 NURBS 曲面）。

（7）"控制点外壳线显示"和 U/V 等参线：打开和关闭 CV 外壳线和 U/V 等参线的显示（对于 NURBS 曲面）。

3. 通过更改特性修改网格对象

网格对象具有用于控制平滑度和锐化的其他特性。面、边和顶点子对象的锐化特性也在特性选项板中有所反映。

（1）指定平滑度。平滑或锐化网格对象的边，如图 10-49 所示。

图 10-49　特性修改平滑度

（2）指定锐化类型。指定锐化（或锐化边）的显示以及平滑的效果。平滑并不影响值为"始终"的锐化。将网格对象平滑到指定锐化级别之前，设定为"ByLevel"的锐化会保留其锐度。

（3）指定锐化级别。将锐化设定为"ByLevel"时，表示锐化开始丢失其锐度时的平滑度。

4. 修改三维子对象特性

除了修改实体、曲面和网格之外，使用特性选项板还可修改各个子对象的特性，例如面、边和顶点子对象。不同类型的子对象具有不同的特性。

在某些情况下，根据对象类型的不同，特性的应用可能也不同。例如，可以修改网格面的特性（包括颜色）。但是，网格面的颜色外观可能会不同于三维实体面上的等效颜色。由于更改面的颜色会修改面的词汇表，但不会修改词汇表（来自网格材质特性），因此会出现此种差异。要使三维实体的颜色与网格面更加匹配，可以增加光源并关闭默认光源（此操作会禁用环境光源）。还可以尝试指定具有相同环境色和漫射颜色的材质。

5. 修改三维对象特性操作步骤：

（1）通过更改曲面法线设置（特性选项板）来修改放样实体或曲面轮廓的步骤。

1）在图形中，选择使用横截面创建的放样实体或曲面。

2）如果未显示特性选项板，请选择任意对象。在对象上单击鼠标右键以显示快捷菜单。单击"特性"。

3）在特性选项板的"几何图形"区域，更改"曲面法线"设置（有关说明，请参见 ModifyLoftSettings）。

（2）在特性选项板中修改网格对象的步骤。

1）如果未显示特性选项板，请选择任意对象。在对象上单击鼠标右键以显示快捷菜单。单击"特性"。

2）单击网格对象以选择该对象。

3）在特性选项板中，修改要更改的特性。

（3）在特性选项板中修改网格面、边或顶点的步骤。

1)如果未显示特性选项板,请选择任意对象。在对象上单击鼠标右键以显示快捷菜单。单击"特性"。

2)按 Ctrl 键并单击要修改的网格面、边或顶点。

注意:如果无法选择特定子对象,请验证是否为不同子对象类型打开了子对象选择过滤(在绘图区域中单击鼠标右键,然后单击"子对象选择过滤器")。

3)在特性选项板中,修改要更改的特性。

10.5 使用夹点修改实体和曲面

使用夹点可以更改实体和曲面的形状和大小。

10.5.1 使用三维子对象夹点

选择三维对象上的面、边和顶点。

子对象是指实体、曲面或网格对象的面、边或顶点。

1. 选择子对象

要选择三维对象的面、边或顶点,请在选择对象时按 Ctrl 键(如果已设定子对象过滤器,则不需要先按 Ctrl 键)。选定的子对象会根据子对象的类型显示不同类型的夹点,如图 10-50 所示。

图 10-50 选择子对象

可以选择任意数量的三维对象上的一个或多个子对象。如图 10-51 所示,选择集可以包含多种类型的子对象。在 MOVE、ROTATE、SCALE 和 ERASE 命令的选择提示下按 Ctrl 键选择子对象。

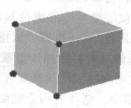

图 10-51 多选择子对象

通过按 Shift 键并再次选择某个项目,可以从选择集中删除该项目。

2. 选择复合三维实体上的子对象

按住 Ctrl 键可以选择复合实体上的面、边和顶点。如果将复合实体的"历史记录"特性设定为"记录",则第一个"拾取"可能会选择历史记录子对象(历史记录子对象是并集、差集或交集操作过程中删除的原始对象的一部分)。如图 10-52 所示,继续按住 Ctrl 键并再次拾取可以选择原始形状上的面、边或顶点。

如果设定了子对象选择过滤器,则可以通过单击一次来选择面、边或顶点。

3. 基本操作步骤

(1)选择三维对象上的一个或多个面、边或顶点的步骤。

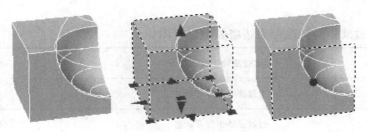

图 10-52　复合三维实体上的子对象

1）按住 Ctrl 键并单击面、边或顶点。

2）重复步骤 1）直至选中所有子对象。

注意：如果子对象选择过滤器处于活动状态，则不需要在单击面、边或顶点之前按 Ctrl 键。

（2）从选择集中删除子对象的步骤。按住 Ctrl+Shift 组合键。单击选定的面、边或顶点。夹点（如果显示）将由红色变为蓝色。

注意：如果子对象选择过滤器处于活动状态，则不需要在单击面、边或顶点之前按 Ctrl 键。

（3）选择复合实体的历史记录形状上的面、边或顶点的步骤。

1）依次单击"常用"选项卡→"子对象"面板→"边"、"顶点"或"面"。

2）在历史记录形状上，单击面、边或顶点。

注意：如果没有为历史记录子对象启用"显示历史记录"特性，则可以通过按 Ctrl 键同时将光标移动到对象上来显示历史记录。

10.5.2　在子对象之间循环和过滤子对象

子对象是指实体、曲面或网格对象的面、边或顶点。过滤并选择三维对象上的面、边和顶点。

1. 在多个子对象之间循环

在三维视图中，某些对象或子对象可能会隐藏在其他对象或子对象后面。要选择的对象亮显之前，可以按 Ctrl+SPACEBAR 键在隐藏的子对象之间循环。

例如，选择长方体上的面时，首先会检测前景中的面。要选择隐藏面，请按 SPACEBAR 键（始终按住 Ctrl 键）。释放 SPACEBAR 键，然后单击以选择面。

为获得最佳效果，请确保在"选择循环"选项卡（"草图设置"对话框）中启用"选择循环"。或者通过按 Ctrl+SPACEBAR 键在隐藏的子对象之间循环，同时单击子对象直至选中子对象。

2. 打开子对象选择过滤器

在复杂对象（例如网格）上选择特定类型的子对象可能会非常困难。通过设定子对象选择过滤器，可以将选择限制到面、边、顶点或历史记录子对象。

如果子对象选择过滤器处于打开状态，则不需要按 Ctrl 键来选择三维模型的面、边或顶点。但若要选择整个对象，则需要关闭过滤器。

此过滤器存储在 SUBOBJSELECTIONMODE 系统变量中，可以从快捷菜单或功能区中进行更改。

打开子对象过滤器时,光标旁边将显示以下图标:

图标	说明	快捷键
	顶点过滤处于打开状态	Shift+F2
	边过滤处于打开状态	Shift+F3
	面过滤处于打开状态	Shift+F4
	历史记录子对象过滤处于打开状态	Shift+F5
	子对象过滤处于关闭状态	Shift+F1

3. 基本操作步骤

(1) 在重叠的子对象之间循环并进行选择的步骤。

1) 按住 Ctrl 键同时按 SPACEBAR 键以在可见和隐藏的子对象之间循环。

2) 如果要选择的子对象在循环过程中未亮显,请移动光标并重复上述操作。

3) 亮显子对象后,释放 SPACEBAR 键并单击。将选中该子对象。

(2) 将选择限制到特定类型的子对象的步骤。

1) 依次单击"常用"选项卡→"子对象"面板→"无过滤器"、"边"、"顶点"、"面"或"实体历史记录"。

2) 单击三维实体或网格子对象。仅可以选择指定的子对象类型。

10.5.3 使用夹点编辑三维实体和曲面

使用夹点可以更改某些单个实体和曲面的大小和形状。

用于操作三维实体或曲面的方法取决于对象的类型以及创建该对象使用的方法。

注意:对于网格对象,仅显示中心夹点。但是,可以使用三维移动小控件、三维旋转小控件或三维缩放小控件编辑网格对象。

1. 图元实体形状和多段体

可以拖动夹点以更改图元实体和多段体的形状和大小。如图 10-53 所示,可以更改圆锥体的高度和底面半径,而不丢失圆锥体的整体形状。拖动顶面半径夹点可以将圆锥体变换为具有平顶面的圆台。

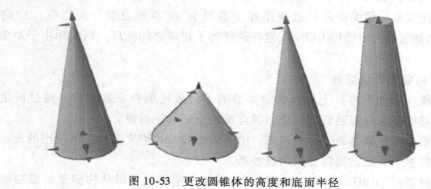

图 10-53 更改圆锥体的高度和底面半径

2. 拉伸实体和曲面

可以使用 EXTRUDE 命令将二维对象转换为实体和曲面。选定拉伸实体和曲面时,将在其轮廓上显示夹点。轮廓是指用于定义拉伸实体或曲面的形状的原始轮廓。拖动轮廓夹点可以修改对象的整体形状。如果拉伸是沿扫掠路径创建的,则可以使用夹点来操作该路径。如果路径未使用,则可以使用拉伸实体或曲面顶部的夹点来修改对象的高度。

3. 扫掠实体和曲面

扫掠实体和曲面将在扫掠截面轮廓以及扫掠路径上显示夹点。可以拖动这些夹点以修改实体或曲面。如图 10-54 所示,在轮廓上单击并拖动夹点时,所作更改将被约束到轮廓曲线的平面上。

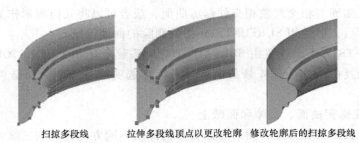

扫掠多段线　　拉伸多段线顶点以更改轮廓　　修改轮廓后的扫掠多段线

图 10-54　更改扫掠实体和曲面

4. 放样实体和曲面

根据放样实体和曲面的创建方式,如图 10-55 所示,实体或曲面在以下定义直线或曲线时显示夹点:"横截面"、"路径"。

拖动定义的任意直线或曲面上的夹点可以修改形状。如果放样对象包含路径,则只能编辑第一个和最后一个横截面之间的路径部分。不能使用夹点来修改使用导向曲线创建的放样实体或曲面。

5. 旋转实体和曲面

旋转实体和曲面在位于其起点上的旋转轮廓上显示夹点。如图 10-56 所示,可以使用这些夹点来修改曲面的实体轮廓。

在旋转轴的端点处也将显示夹点。通过将夹点拖动到其他位置,可以重新定位旋转轴。

横截面　　　放样实体　　修改过横截面的放样实体　　　旋转曲面　　　修改轮廓后的旋转曲面

图 10-55　更改放样实体和曲面　　　　　图 10-56　更改旋转实体和曲面

重新定位旋转实体或曲面的旋转轴的步骤。

1）在图形中,选择旋转实体或曲面。

2）选择旋转轴上的夹点。

3）单击其他位置以重新定位旋转轴。

10.6 修改曲面

重塑曲面的形状，然后进行分析并在必要时重新生成模型，以确保质量和平滑度。编辑三维实体边可以使用控制点对曲面进行圆角、延伸和修剪处理或修改 NURBS 曲面。

10.6.1 修剪和取消修剪曲面

可修剪和取消修剪曲面以使其适合于其他对象的边。曲面建模工作中的一个重要步骤是修剪曲面。可以在曲面与相交对象相交处修剪曲面，或者可以将几何图形作为修剪边投影到曲面上。修剪曲面后，可使用 SURFUNTRIM 替换删除的曲面区域。

注意：URFUNTRIM 不会恢复由 SURFAUTOTRIM 系统变量和 PROJECTGEOMETRY 删除的区域，而只是恢复由 SURFTRIM 修剪的区域。特性选项板可指明曲面是否包含任何修剪的边。

1. 将几何体投影到曲面、实体和面域上

类似于将影片投影到屏幕上，用户可以将几何体从不同方向投影到三维实体、曲面和面域上，以创建修剪边。PROJECTGEOMETRY 命令可在对象上创建一条可以移动和编辑的重复曲线。还可以根据并不实际接触曲面、但在当前视图中看上去与对象相交的二维曲线进行修剪。使用 SURFACEAUTOTRIM 系统变量可以在将几何体投影到曲面上时，自动修剪该曲面。

2. 投影几何体的选项

可从三个不同角度投影几何体：当前 UCS 的 Z 轴、当前视图或两点间的路径。

UCS：沿当前 UCS 的 Z 轴的正向或负向投影几何体。

投影到视图：基于当前视图投影几何体。

投影到两个点：沿两点之间的路径投影几何体。

3. 基本操作步骤

（1）修剪曲面的步骤。

1）依次单击"修改（M）"→"曲面编辑（F）"→"修剪（T）"。在命令提示下，输入"surfTRIM"。

2）选择曲面并按 Enter 键。

3）选择剪切曲线，然后按 Enter 键。

4）选择要删除的曲面区域，然后按 Enter 键。选定区域将被删除。

（2）取消修剪曲面的步骤。

1）依次单击"修改（M）"→"曲面编辑（F）"→"取消修剪（U）"。在命令提示下，输入"surfunTRIM"。

2）选择曲面的可见部分并按 Enter 键。修剪区域将被替换。

注意：如果多次修剪曲面，则可能会丢失某些原始的修剪边。在这种情况下，如果丢失了修剪边，则可能无法执行某些取消修剪动作。

（3）将区域自动修剪为投影曲线的步骤。

1) 依次单击"曲面"选项卡→"投影几何图形"面板→"自动修剪"。在命令提示下，输入"surfautoTRIM"。

2) 依次单击"曲面"选项卡→"投影几何图形"面板→"投影到视图"。在命令提示下，输入"projectgeometry"。

3) 选择要投影到曲面上的曲线，然后按 Enter 键。

4) 选择目标曲面并按 Enter 键。将自动修剪该区域。

4. 系统变量

3DOSMODE：控制三维对象捕捉的设置。

SUBOBJSELECTIONMODE：过滤在将鼠标悬停于面、边、顶点或实体历史记录子对象上时是否亮显它们。

SURFACEAUTOTRIM：设定在将几何图形投影到曲面上时是否自动修剪曲面。

10.6.2 延伸曲面

可通过将曲面延伸到与另一对象的边相交或指定延伸长度来创建新曲面。有两种类型的延伸曲面：合并与附加。

合并曲面是曲面的延续，没有接缝。

附加曲面通过添加另一个曲面来延伸曲面，有接缝。

由于附加曲面会生成接缝，因此此类曲面具有连续性和凸度幅值特性。对于这两种曲面类型，可在特性选项板中更改长度或通过数学表达式导出长度。

通过延伸曲面创建新曲面的步骤：选择一个曲面；单击鼠标右键，然后选择"特性"；在特性选项板中的"几何图形"下，更改所需的设置。

10.6.3 对曲面进行圆角处理

创建一个新的过渡曲面，以对两个现有曲面或面域之间的区域进行圆角处理。在两个曲面或面域之间创建截面轮廓的半径为常数的相切曲面。原始曲面将修剪为适合于圆角曲面。

默认情况下，圆角曲面使用在 FILLETRAD3D 系统变量中设定的半径值。可在创建曲面时使用半径选项或拖放圆角夹点来更改半径。可在特性选项板中更改圆角半径或通过数学表达式导出半径。

创建圆角曲面的步骤：

1) 依次单击"绘图（D）"→"建模（M）"→"曲面（F）"→"圆角（F）"。在命令提示下，输入"surfFILLET"；

2) 选择第一个和第二个曲面。如有必要，将会创建圆角曲面，而原始曲面会自动修剪。

10.6.4 编辑 NURBS 曲面

1. 更改 NURBS 曲面和曲线的形状方法

（1）可以使用三维编辑栏或通过编辑控制点来更改 NURBS 曲面和曲线的形状。

（2）使用控制点编辑栏（3DEDITBAR）可拖动曲面和重塑曲面的形状。

（3）直接拖动和编辑控制点。按住 Shift 键可选择多个控制点。

（4）可使用 CVSHOW 显示 NURBS 曲面和曲线的控制点。

(5) 拖动控制点可以重塑曲线或曲面的形状；还可以沿 U 和 V 方向添加或删除控制点。

2. 典型的曲面建模工作流如下

1) 创建合并了三维实体、曲面和网格对象的模型。
2) 将模型转换为程序曲面，以利用关联建模。
3) 使用 CONVTONURBS 将程序曲面转换为 NURBS 曲面，以利用 NURBS 编辑功能。
4) 使用曲面分析工具检查缺点和瑕疵。
5) 如有必要，使用 CVREBUILD 重新生成曲面以恢复平滑度。

3. 重新生成 NURBS 曲面和曲线

根据指定的阶数和控制点数重新构造 NURBS 曲面和曲线。编辑 NURBS 曲面或曲线可能会导致不连续和皱褶。可通过更改阶数和控制点数重新构造曲面或曲线。重新生成还可让用户删除原始几何图形和重新放置修剪区域（仅适用于曲面）。SURFACEMODELINGMODE 控制是将曲面创建为程序曲面还是 NURBS 曲面。重新生成 NURBS 曲面的步骤：

1) 依次单击"修改（M）"→"曲面编辑（F）"→"NURBS 曲面编辑（E）"→"重新生成（R）"。或者在命令提示下，输入"cvrebuild"。
2) 将显示"重新生成曲面"对话框。
3) 生成选项，然后单击"确定"。

10.7　本章练习

三维进阶练习。

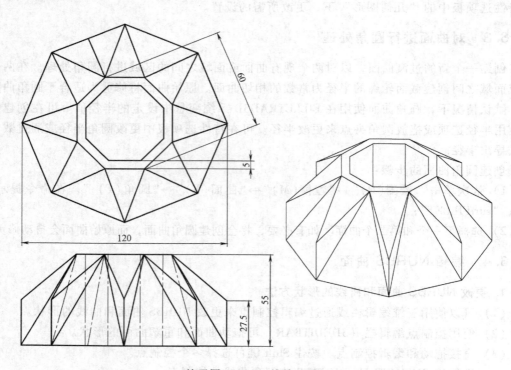

练习图 10-1　三维练习图

第10章 实体编辑工具

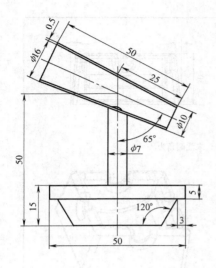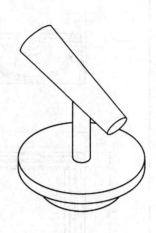

练习图 10-2　三维练习图

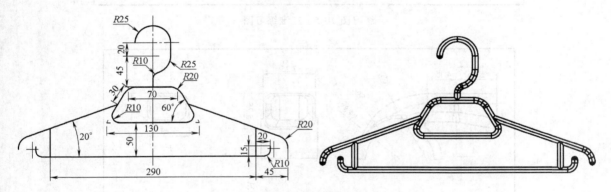

练习图 10-3　三维练习图（衣架）

注：此模型由 $R=4$ 的圆垂直骨架路径扫掠而成；在衣架始末端点处用等半径的圆球封口。

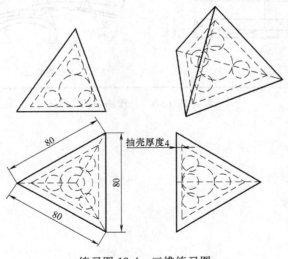

练习图 10-4　三维练习图

343

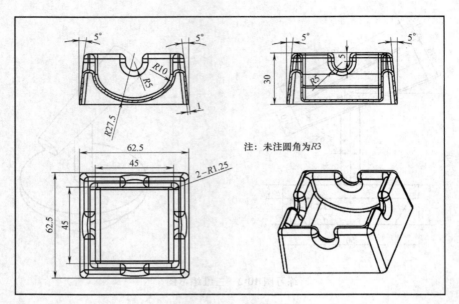

练习图 10-5 三维练习图

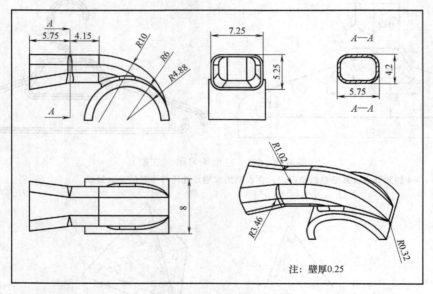

练习图 10-6 三维练习图

后　记

　　随着计算机技术的发展以及我国建筑行业的蓬勃兴起，CAD技术已成为建筑行业各类工程设计人员开展日常工作的不可或缺的重要工具，随着用户对CAD软件功能要求的不对提升，每年Autodesk公司都会对AutoCAD软件进行改进与更新，定期推出新版的CAD软件。目前新版中较为主流的AutoCAD软件是2011版本，因为国内一些流行的二次开发软件，如鲁班、天正等都已基于AutoCAD 2011开始制作，所以编者选取AutoCAD 2011也是为了配合学院中引进的一系列行业软件来展开教材的编写工作。

　　本书以AutoCAD 2011的基础知识、设置、显示控制、二维图形绘制与编辑、文本标注、尺寸标注和图块等为主要内容，辅以约束对象和基础的三维绘图内容。在编写教材时，充分考虑到高职高专的教学要求和人才培养目标，结合相关专业，简化理论知识，强调知识的实用性和对学生的技能培养，重视工程案例教学，力求按高职高专教学的特点，突出实用性，通过本书学习可以使学生较完整地掌握相关专业工程图纸的独立绘制技能。

　　本书顺利完成编写工作，不仅是所有编者积极探讨和努力钻研的结果，也是在各学院领导关心和帮助下的成果。由于编者的水平有限，书中定有纰漏与不足之处，肯请各位专家和读者批评指正，以便我们今后更好地开展相应工作。

编　者

参 考 文 献

［1］ Autodesk，Inc. AutoCAD 2011 标准培训教程［M］. 北京：电子工业出版社，2011.
［2］ 阮永波，刘颖. 城市建设 CAD［M］. 合肥：黄山书社，2010.
［3］ 陈志民. 中文版 AutoCAD 2011 快捷制图速查通［M］. 北京：机械工业出版社，2010.
［4］ 麓山文化. 中文版 AutoCAD 2011 建筑设计与施工图绘制经典实例教程［M］. 北京：机械工业出版社，2011.
［5］ 肖静，唐立新. 中文版 AutoCAD 2011 实用教程［M］. 北京：清华大学出版社，2011.
［6］ 王吉强，AutoCAD 2011 建筑制图与室内工程制图精粹［M］. 2 版. 北京：机械工业出版社，2011.
［7］ 李志国. AutoCAD 2011 中文版机械设计案例实践［M］. 北京：清华大学出版社，2011.
［8］ 梁玲中. 中文版 AutoCAD 2011 电气设计［M］. 北京：清华大学出版社，2011.
［9］ 王建华，程绪琦. AUTO CAD2012 标准培训教程［M］. 北京：电子工业出版社，2012.
［10］ 王仓喜，刘勇. 计算机辅助设计与绘图（AUTO CAD2011）［M］. 北京：中国水利水电出版社，2010.
［11］ 赵志刚. AUTO CAD2011 建筑设计宝典［M］. 北京：电子工业出版社，2011.